食品安全与质量管理

郭元新　主　编
鲍士宝　汪张贵　翟立公　贾小丽　副主编

中国纺织出版社
国家一级出版社
全国百佳图书出版单位

内 容 提 要

本教材是在“健康中国”背景下，结合食品类专业卓越计划及应用型专业的建设需求，由具有多年丰富实践经验的教学一线老师，按照技术—管理途径的视角精心组织编写的规划教材。全书分为八章，内容包括食品安全与质量控制概论、食品安全危害及风险管理、食品安全控制、食品品质设计、食品质量控制、食品质量检验、质量管理体系、GMP与HACCP。本书所涉及的所有标准与法规，均更新至2019年6月之前，并将食品安全控制和质量管理内容进行了整合，使二者相互联系，又相对独立，有利于不同学校根据自己的教学要求进行取舍。

本书可作为食品质量与安全、食品科学与工程、粮食工程等相关专业本科生教材，同时也是从事食品安全检测、质量管理人员、食品研究者及生产者的参考书和重要工具书。

图书在版编目(CIP)数据

食品安全与质量管理 / 郭元新主编. -- 北京 : 中国纺织出版社, 2020.2 (2025.1重印)
普通高等教育食品质量与安全专业“十三五”部委级规划教材
ISBN 978-7-5180-6202-7

Ⅰ. ①食… Ⅱ. ①郭… Ⅲ. ①食品安全—高等职业教育—教材②食品—质量控制—高等职业教育—教材 Ⅳ. ①TS201.6②TS207.7

中国版本图书馆CIP数据核字(2019)第089562号

责任编辑：闫婷　　责任校对：江思飞
责任设计：品欣排版　　责任印制：王艳丽

中国纺织出版社出版发行
地址：北京市朝阳区百子湾东里A407号楼　邮政编码：100124
销售电话：010—67004422　传真：010—87155801
http://www.c-textilep.com
中国纺织出版社天猫旗舰店
官方微博 http://weibo.com/2119887771
北京虎彩文化传播有限公司印刷　各地新华书店经销
2020年2月第1版　2025年1月第2次印刷
开本：787×1092　1/16　印张：16
字数：313千字　定价：42.00元

普通高等教育食品专业系列教材
编委会成员

《食品安全与质量管理》编委会名单

主　　编　郭元新（江苏科技大学）

副 主 编　鲍士宝（安徽师范大学）

　　　　　　汪张贵（蚌埠学院）

　　　　　　翟立公（安徽科技学院）

　　　　　　贾小丽（滁州学院）

编写人员（按姓氏汉语拼音排序）

　　　　　　鲍士宝（安徽师范大学）

　　　　　　郭元新（江苏科技大学）

　　　　　　贾小丽（滁州学院）

　　　　　　李奕璇（江苏科技大学）

　　　　　　汪张贵（蚌埠学院）

　　　　　　汪　姣（安徽科技学院）

　　　　　　严　帆（安徽师范大学）

　　　　　　杨续金（内蒙古农业大学）

　　　　　　翟立公（安徽科技学院）

　　　　　　赵电波（郑州轻工业大学）

前　言

在经济社会快速发展、科学技术日新月异的今天，如果要确定一个能够跨越性别、年龄、职业、国家、民族而成为与人息息相关、国际社会共同面临的重大问题的话，或许几乎所有人都会选择食品安全。的确，“民以食为天、食以安为先”，食品安全关系一个国家的人民群众生命健康、执政党执政能力、政府公信力、社会和谐、经济发展以及国际形象，其重要性如何强调都不为过。习近平总书记曾在2013年中央农村工作会议上强调，“能不能在食品安全问题上给老百姓一个满意的交代，是对我们执政能力的重大考验”。近年来，我国始终将食品安全作为国家治理和社会发展的重大问题，其战略地位和重要意义不断重申和提升。

《食品安全与质量管理》教材就是在十八届五中全会提出推进“健康中国建设”的背景下，将食品安全控制和质量控制内容进行了整合，结合食品质量与安全等专业计划及应用型专业的建设需求，由具有多年丰富实践经验的教学一线老师整合、精心组织编写的规划教材。为了培养高素质应用型专业人才，在本书的编写过程中，贯彻了以下原则：一是精选内容，既注重体系的完整性，又突出知识的实用性，坚持“有用、可用、管用”的原则，并把握好“够用为度”的要求；二是注意教材的可读性，做到通俗易懂、循序渐进；三是以食品相关标准为依据，将多项国际标准、国家标准和行业标准进行了归纳和总结，融合到本教材之中，在内容上进行了进一步的提升。

本书可作为食品质量与安全及相关专业的教材，也可作为从事食品行业专业技术人员的参考书。本书共八章，由江苏科技大学郭元新担任主编，负责全书的统稿。第一章由郭元新、李奕璇编写，第二章由汪张贵编写，第三章由郭元新、赵电波、杨续金编写，第四章由汪姣、郭元新编写，第五章由鲍上宝编写，第六章由严帆编写，第七章由贾小丽编写，第八章由翟立公编写。

本教材的编写得到了编者所在院校和中国纺织出版社的大力协助，在此谨致诚挚的谢意！由于时间紧、任务重，缺乏经验和水平有限，教材中难免有疏漏之处，恳请业内人士批评指正，以便修订。

编者

2019年5月

目　录

第一章　食品安全与质量控制概论

1950 年,美国品质管理专家戴明博士(W. Edwards Deming)应邀到日本讲授品质管制,课程以抽样计划与管制图为主,包括许多统计原理与方法。戴明博士的方法在美国的企业已使用将近百年的时间,但大部分仅局限于工程师在使用。在日本不但技术人员学习使用,他们更把这些方法有技巧地传授给基层的操作人员,让他们自己能够找出影响品质及生产力的问题,并用简单的统计手法进行改善,这是日本产品后来居上的关键所在。统计品管(Statistical Quality Control, SQC)在日本企业界的广泛应用并不是日本产品质量第一的唯一因素,还因为日本的企业重视基层人员的文化特质,愿意对其投资进行质量教育及培训,然后给他们更大的工作挑战空间,一方面磨练自己,另一方面改善工作。

有这么一个故事:在美国有一个家庭主妇买了一包新上市的桂格麦片粥,第二天尝了以后,感觉不满意,于是她就依美国的消费者保护法令要求退款。在她把抱怨信寄给桂格公司后,她又再尝了一次,发现其实也还可以,但在这个时候桂格公司却寄来了一张退款支票,并附上了很诚恳的道歉函,为他们的产品不合口味而道歉,并欢迎继续试用其他产品。这样一来她倒是感觉不好意思,又再写了一封信告诉桂格公司,她现在蛮喜欢这个产品的,并且也退回了退款支票。然而桂格公司却寄来了更多免费的新产品,同时征求她的意见希望把这个情况刊登在公司的刊物上。如此一来桂格公司保住了一位老顾客,并且由于这位老顾客的故事,吸引了更多的新顾客。所以说,除了产品的品质要好,服务的品质也要跟上,你的产品才有机会在市场上成为知名产品。

有经验的管理专家一致认为,质量是拉住客户最有效的武器。事实上,客户购买产品也是要获得利益,有能力提供稳定可靠的产品质量也就等于提供给客户稳定可靠的利益。市场的竞争越来越激烈,质量一词大家均有共识,然而对品质的期待早已不再局限于产品的质量、服务的质量,甚至于企业形象,已经形成了企业永续经营的最重要条件了。不少企业主管已经意识到追求质量是企业建立竞争优势的关键性因素,因此也导引着企业,并动员全体员工,不断地训练,不断地改善,朝追求高质量的目标迈进。

20 世纪 70 年代以来,市场竞争逐步由价格竞争演变为质量竞争。日本被誉为质量型经济战略国家,他们所使用的战略武器就是质量,这一武器使日本迅速崛起,成为世界超级经济大国。世界各国也十分重视推行最新质量管理理论和研究提高产品质量的新方法,认为这是国家富强、企业兴盛的重要战略之一。近年来,食品质量已经成为国际上农产品和食品市场竞争的一个极其重要的方面。为了获得质量优异的产品,人们必须对从原料生产、收购到产品消费全程进行质量控制。另外,消费者也已经清楚食品质量对人类健康的重要性。这就迫使农产品贸易和食品加工的从业人员在生产、加工和技术革新过程中必须将食品质量管理当作一个重要的任务。美国质量管理专家哈林顿说:这不是一场使用枪炮的战争,而是一场商业战争,战争中的主要武器就是产品质量。

第一节　食品安全及食品质量

一、食品安全

食品是人类赖以生存的基本要素,然而在人类漫长的历史进程中,采用自采、自种、自养、自烹的供食方式一直是人类社会繁衍的主要方式,真正意义上的食品工业还不过200余年。西方社会19世纪初开始发展食品工业,英国1820年出现以蒸汽机为动力的面粉厂;法国1829年建成世界上第一个罐头厂;美国1872年发明喷雾式乳粉生产工艺,1885年实现乳品全面工业化生产。我国真正的食品工业诞生于19世纪末20世纪初,比西方晚100年左右。1906年上海泰丰食品公司开创了我国罐头食品工业的先河,1942年建立的浙江瑞安定康乳品厂是我国第一家乳品厂。目前,我国食品工业已经进入了高速发展期,食品的生产实现了全面的工业化,越来越多的传统食品进入工业化时代;企业产量规模化,企业为了创效益、创品牌,需要尽可能增大产能;食品品质标准化,异地贸易与国际贸易都需要产品的一致性、相容性,因此需要有统一的标准体系。食品工业的发展促进了食品贸易的快速发展,使得商品化的食品具有高度的流通性,在一些国际化都市,人们可以购买到来自世界各地的食品。多样化的食品为人们的生活带来了方便,但也带来了危险,一些传染病、地方性疾病有可能随着食品的流通而传播。因此,食品的安全成为食品工业的核心问题。

中国加入世界贸易组织(WTO)以后,我们已经切身感受到经济全球化对我们的影响,比如我们的小孩已经感受到了美国麦当劳、肯德基对我们饮食文化的冲击,现在的小孩已经不能百分之百地接受中国的东方式饮食文化。农产品加工业、食品工业是人类永不衰退的行业,随着中国民众人均收入的增长,中国有着巨大的消费市场,吸引着一些跨国公司和企业。随着各种外资的引入,国内的食品企业不仅要面对国内区域之间、企业之间的竞争,可能更多的还要面临国外跨国公司和大企业的竞争;另一方面,中国的食品行业还要走出国门,走向国际市场,这对我国食品企业来说既是机遇又是挑战。可以说,我国食品行业正处于一个关键时期。在经济全球化背景下,食品行业面临超强的竞争环境,食品企业要想得到更快发展,就应努力创出自己的品牌,生产出有自己特色的产品。由于食品工业的特殊性,食品质量和安全是企业存在的基础,其状况也直接关系到国民的身体健康和生命安全。

食品安全在任何一个国家或地区都是难点问题,也是极为重要的问题,尤其是近十余年来,世界上食品质量安全事件频繁发生,影响深度和广度逐渐递增,解决难度不断增大。典型的事件如1996年英国暴发的疯牛病、1998年德国发生的二噁英事件、2000年日本发生的雪印牛奶事件、2005年英国发生的苏丹红一号事件以及2008年美国发生的沙门菌事件及我国的三聚氰胺事件、2018年暴发的非洲猪瘟疫情等。

近年来,我国食品安全问题频出,严重地影响了我国食品工业的发展和市场竞争力。有关专家指出,中国食品工业入世后的最大敌人不是关税,也不是知识产权,而是为食品质量和安全设置的技术壁垒。据海关数据显示,2001年我国有70多亿美元的出口食品受到"绿色壁垒"的影响。2001年9月欧盟检出我国冻虾氯霉素残留而全面禁止进口我国的动物源性食品和水海产品;2002年2月英国发现中国蜂蜜含氯霉素而要求商家停止销售;2002年3月1日后日本对我国大蒜等植物源性产品每批都加验农药残留。我国有不少食品进出口企业在产品的生产质量与安全管理、生产环境改善、产品包装及贮藏与运输等方面工作不力,致使产品出口受阻。据报道,在历次被美国食品药品监督管理局(Food and Drug Administration, FDA)扣留的我国进口食品所涉及的质量问题主要有杂质超标、食品卫生差、农药残留、含有害食品添加剂(包括合成色素)、标签不清晰、致病菌(李斯特菌、沙门菌)及黄曲霉毒素污染、低酸性罐头食品不符合FDA注册要求等。因此,全面提升出口农产食品的质量已刻不容缓,必须引起业内人士的广泛重视,否则将会大量丧失我国食品的出口市场。在国内市场上,重大食品中毒事件频频发生,假冒伪劣食品屡打不止、屡禁不止。国家尽管早在1996年12月就颁布了《质量振兴纲要(1996—2010年)》,阜阳的"劣质奶粉"事件还是让中国人胆战心寒,国际上流行的"对食物短缺的担忧已被对食品的质量安全恐惧担忧代替"这一说法在我国有一定程度的体现。虽然早在2002年,我国食品工业的总产值就已超过1万亿元,2011年食品工业总产值达7.8万亿元,食品工业不论从质还是量方面都得到长足的发展,但我们仍然应该清醒的认识到,我国食品工业仍存在着资源利用水平低、产品单调、科技含量低、深加工水平不高、标准化程度低、缺乏国际竞争力等问题,特别是食品质量与安全问题相当突出。

食品安全,从广义上来说是"食品在食用时完全无有害物质和无微生物的污染",从狭义上来讲是"在规定的使用方式和用量的条件下长期食用,对食用者不产生可观察到的不良反应",不良反应包括一般毒性和特异性毒性,也包括由于偶然摄入所导致的急性毒性和长期微量摄入所导致的慢性毒性。

一般在实际工作中往往把"食品安全"与"食品卫生"视为同一概念,其实这两个概念是有区别的。1996年,WHO把食品安全问题与食品卫生明确作为两个不同的概念。食品安全是对最终产品而言,是指"对食品按其原定用途进行制作,食用时不会使消费者健康受到损害的一种担保",食品卫生是对食品的生产过程而言,其基本定义是:为确保食品安全性,在食物链的所有阶段必须采取的一切条件和措施。

二、质量与食品质量

(一)质量的基本概念及演变

自从有了商品生产,就有了品质的概念,在我国,一般均称为质量(quality)。本书中,对品质和质量的概念不加以区分。人们对质量的认识是随着生产的发展而逐步深化的，许多学者和机构尝试着对质量的概念进行描述。

(1)克劳士比(Crosby)(1979)认为，质量就是能遵从某种特定规格，而管理则是对实现这种规格的监督。在质量管理的现实世界中最好视质量为诚信，即“说到做到，符合要求”。产品或服务质量取决于对它的要求。质量(诚信)就是严格按要求去做。

(2)朱兰(1990)认为，质量指产品能让消费者满意，没有缺陷，简言之，就是适于使用。更概括地用“适用性”来表述，他说：“该产品在使用中能成功地适合用户目的的程度称为适用性，通俗地称其为质量。”在质量管理活动中频繁应用的三个过程是：质量策划、质量控制和质量改进，即著名的质量管理三部曲。

(3)戴明(1993)认为，质量是某项产品或服务给予顾客帮助并使之享受到愉悦。戴明鼓励研究、设计、销售及生产部门的人员跨部门合作，不断提供能满足顾客要求的产品，服务顾客。

(4)食品科学与技术学会(IFST,1998)对食品质量做出如下定义：(食品)质量指食品的优良程度，能满足使用目的的程度，并拥有营养价值特性。

(5)日本学者十代田三知男认为，产品的质量都应达到下列两项要求：一是产品的各种特性值应是消费者所要求的，二是产品的价格应便宜。

(6)另一些人认为，质量指没有明显缺点的产品和服务，而大多数人承认提高质量是为了满足消费者，因此人们如此定义质量：能满足人们某种特定需要的产品或服务特性。仅仅满足消费者基本要求的产品在市场竞争中很难取得成功，还需要优质的服务质量。要想在行业内的竞争取胜，厂商就必须超越顾客的期望。

(7)国际标准 ISO8402:1994 对质量的定义是：反映实体满足明确和隐含需要的能力和特性总和。其中，实体指可单独描述和研究的事物。明确需要是指在标准、规范、图样、技术要求和其他文件中已经作出规定的需要。隐含需要是指：①顾客和社会对实体的期望；②人们公认的不言而喻的、不必明确的需要。

(8)ISO 9000—2000 对质量的定义是：一组固有特性满足要求的程度。它体现了质量概念及其术语演进至今的最新成果。其中，①术语“质量”可使用形容词如差、好或优秀来修饰。②“固有的”(其反意是“赋予的”)就是指在某事或某物中本来就有的，尤其是那种永久的特性。③“特性”，指可区分的特征。它可以是固有的或赋予的，定性的或定量的。有各种类别的特性，如物理的、感观的、行为的、时间的、功能的特性等。④“要求”，明示的、通常隐含的或必须履行的需求或期望。⑤“质量”表达的是某事或某物中的固有特性满足要求的程度，其定义本身没有“好”或“不好”的含义。⑥质量具有广义性、时效性和相对性。

(9)ISO 9000—2015 对质量的阐述为：质量促进组织所关注的以行为、态度、活动和过程为结果的文化，通过满足顾客和相关方的需求和期望实现其价值。组织的产品和服务质量取决于满足顾客的能力，以及对相关方有意和无意的影响。产品和服务的质量不仅包括其预期的功能和性能,而且还涉及顾客对其价值和利益的感知。质量是一个抽象的概念,在现实中必须有一个载体来表现质量,这个载体即质量特性。质量特性可分为内在特性和外在特性(赋予特性)两种。外在特性是指产品形成后因不同需要所赋予的特性,如环境、包装等。内在特性是指在某事物中本来就有的,尤其是那种永久的特性,它反映了某事物满足需要的能力,如营养性品质和感观品质等。质量的本质是某事或某物具备的某种“能力”,产品不仅要满足内在质量特性要求,还要满足外在质量特性要求。

(二)质量模型与观点

1. 拉链模型(zip model)

该质量模型由 Van den Bery 和 Delsing(1999)提出。拉链模型说明了供应商或生产商按照顾客或消费者的需求来生产和销售产品间的关系。生产商只有生产出满足顾客需求的产品,才能使供给和需求相一致,生产商才能顺利的销售自己的产品,并由于满足的顾客的需求而获得了好的口碑,进而得到良性循环,生产商获得良好的利润。

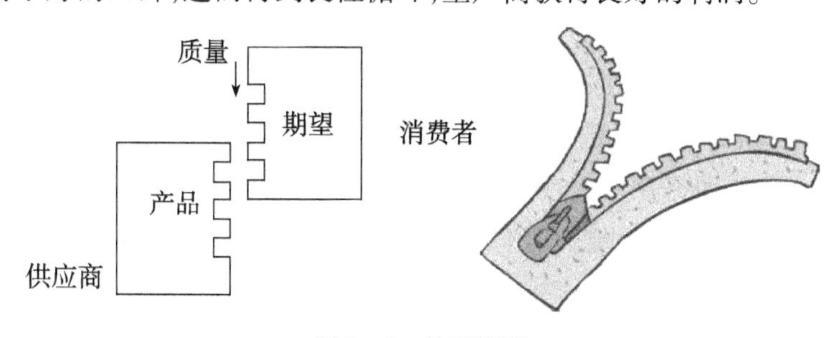

图 1-1　拉链模型

2. 质量观点

Evans 和 Lindsay(1996)指出:质量的概念很容易混淆,因为人们所处的位置不同,因而对质量的理解有差异。他们常用的判断标准有 5 种类型:

(1)评判性的(judgmental)　评判性判定的质量往往是优秀与极好的同义词,即公认的品牌,顾客根据品牌的声誉来判断产品质量的好坏。从这个观点看,质量与产品的性质的关系不紧密,它更多地来自于市场对产品的评价及其声誉。例如,全聚德烤鸭、镇江香醋、老干妈辣椒酱、可口可乐、雀巢咖啡等著名品牌的产品,它们被认为质量优秀,主要是因为它们长期在顾客或消费者中形成了一贯质量优异的印象。当然,这些产品本身即能满足消费者的需求,他们的商标就是质量的保证。

(2)以产品为基础的(product - based)　以产品为基础的质量观点是一种特殊的、可衡量的变化。质量的差异反映了数量上特定指标的变化,质量好就是某些指标比预定的指标高,例如发芽糙米,含有较高的 γ - 氨基丁酸,比普通糙米含有更丰富的营养价值;深海鱼油,含有更丰富的人体必需的脂肪酸,比普通鱼油更受消费者青睐。这种质量通常和价格相关,价值越高质量越好。

(3)以用户为基础的(user - based)　从以用户为基础的质量观点看,质量指符合顾客的要求，即只要满足消费者或顾客的期望的产品质量就是好的，如食品质量好就是指既要安全、有营养，又要可口、能满足个人的嗜好。这种观点在 ISO9001 - 2015 标准中得以主要体现，反映了以顾客为关注焦点的管理理念。

（4）以价值为基础的（value - based） 从以价值为基础的质量观点看，质量与产品的性能和价格有关。一种有质量的产品就可以从性能和价格上与同类产品竞争，即同样价格的产品在性能上高于其他产品，或性能相同的产品在价格上低于其他产品，也就是说性能/价格比好或质量/价格比佳。普通的消费者大多从这个角度来评价产品质量。

（5）以制造为基础的（manufacturing - based） 从以制造为基础的质量观点看，质量描述为设计与生产实践相结合的产物，它指满足某种新产品和服务的设定的特性，当然，这种特性也包括客户的需要和期望，即能够达到产品设计或服务标准所预定的指标。

判断标准的确定往往根据个人在生产和供应链中的定位而定。作为顾客，通常用评判性的、以产品和以价值为基础的判断标准，市场销售人员应该用以用户为基础的判断标准。产品设计者既要考虑制造和成本的平衡作用，还要使产品适合目标市场，因此采用以价值为基础的判断标准。从生产者来说，生产出符合产品特性的商品是生产的主要目标，因此，以产品为基础的判断标准是最实用的。质量的本质是用户对一种产品或服务的某些方面所做出的评价。因此，也是用户通过把这些方面同他们感受到的产品所具有的品质联系起来以后所得出的结论。显而易见，在用户的眼里，质量不是一件产品或一项服务的某一方面的附属物，而是产品或服务各个方面的综合表现特征。

人们对质量的认识经过了两个阶段：①符合型质量观；②用户型质量观。所谓产品质量，即产品的“适用性”，或是产品满足用户需要的优劣程度，它是产品质量特性的综合表现。因为这种被规定了的质量特性是以标准的形式出现的，所以可将产品质量狭义地定义为“产品相对于所选定质量标准的符合程度”。在生产水平不很发达时，由于生产者还不直接面对用户，他们只强调符合标准而很少重视用户需求，狭义定义尚可适用。随着生产力的发展，市场已经向买方型过渡，在这种情况下，不研究用户的需要，产品是很难占有市场的，更何况所谓质量标准存在着相对性、滞后性和间接性的局限，故产品质量的概念有必要加以深化、完善，产品的质量不仅要符合标准，更重要的是满足社会需要。所以产品质量的广义定义是指“产品满足用户需要的程度”。

（三）质量与市场竞争力

美国麻省剑桥政策计划中心的专家对3000个有战略意义的商业部门的数据进行调查后认为，质量决定市场份额。当有优质产品和巨大市场时，利润便得到了保证。商品或半成品的生产者往往通过调整生产周期或其他质量特性将自己的产品与别人的区别开来，从而决定了企业的市场竞争力。除了利润和市场占有率以外，质量有利于企业的成长和降低生产成本，投资回报率也因较好的生产性而得到提高。另外，提高质量也会使产品生产供应链的库存减少。

尽管生产高质量的食品需要成本，但消费者愿意付出更多去购买安全、营养和可口的高质量的食品。事实上,生产高质量的食品成本并不是很高,倒是低质量的商品提高了生产成本。因为当低劣的产品生产出来后,必然要有相当的补救措施,甚至要收回,成本随之增加。在食品工业中,当生产了劣质食品后,很难有补救措施,一般都是将劣质食品销毁,因此,成本就更大。另外,产品要占据市场主导地位,投资开发新产品和改善产品质量是增加利润空间的一个有效方法。因此,质量管理部门要将质量意识贯穿于产品创新、生产、流通和销售的全过程。克劳士比(Crosby)被尊为"本世纪伟大的管理思想家",他率先提出"第一次就做对"理念,并掀起了一个时代至上而下的零缺陷运动。由于产品质量的提升,不合格品率的下降,内部一致性带来成本的降低,符合客户要求则会扩大市场份额、产生溢价,这就是质量免费原理。因此市场的竞争也是产品质量的竞争,特别是农产品(食品)市场的竞争。我国在农产品的国际市场上,有过由于某些质量指标达不到顾客的要求而造成巨大的经济损失的惨痛教训。

(四)食品质量

在农产品贸易和食品加工业中,产品质量是重中之重。消费者对食品质量,特别是食品安全极为敏感。对于消费者而言,安全、健康高于一切。人们每天必须摄入食品,如果食品有质量问题,必然会对健康造成各种直接或间接的影响。起初,食品质量侧重于食品卫生,而现在,质量的概念得到了大大的扩展,不仅要考虑到农产品的安全性(农药、兽药、环境化学物质的残留、是否是转基因的农产品等),还要考虑到食品加工过程中化学、物理和生物的污染,以及食品的营养性、功能性和嗜好性等方面的质量因素。食品的安全性凭肉眼无法判断,消费者只能相信生产商提供的信息。在世界处于领先地位的食品企业,往往通过严密的食品安全管理体系,生产商的产品的质量、品牌和信誉已经得到消费者认可,建立起了相互信任的关系。

食品的安全性可以通过质量保证体系如ISO22000、HACCP、GMP以及ISO9000质量体系来体现。食品容易腐烂变质,在种养殖、运输、加工、贮藏、消费整个链上,均可能造成食品向不利的一面发展。因此对食品质量管理者,需要掌握更多的专业知识,熟悉农产品的特性,才能在质量管理中考虑各种因素的制约,提高企业管理水平。

Hoogland和他的合作者提出了食品质量管理的几个特点:①农产品腐败主要是生理成熟和微生物污染的结果,它会对人们的健康造成损害,要进行有效的质量控制,管理人员须精通或掌握相关领域的知识。②大多数农产品质量差异比较大,如重要的组成成分的含量(糖、脂肪等)、大小、颜色等都不尽相同,造成这种差异的因素(栽培条件和气候变化等)都是不可控制的。因此,食品加工过程中容易产生质量的波动,需要适当的工艺处理进行调整。③农产品的初级生产要经过许多精细的农艺操作,增加了食品质量控制的难度,如作物的施肥和病虫害防治、牲畜喂养和疾病防治等过程中经常会使用化学物质,这使得食品质量控制变得更为复杂。如果食品的原料已经受到一些有毒化学物质的污染,加工过程中质量控制得再好,也无法去除危害性物质,不能保证食品的质量。

除上述特点外,还有一些因素在农产品质量控制过程中需加注意,如病毒的污染、生物毒素的污染等。根据1990年欧洲国家的统计资料，每10万人中就有120例食物中毒案例。另外的统计显示，在某些欧洲国家，每10万人中至少有3万人得过胃肠炎，而食源性疾病发生后，很少会将其原因追溯到食物生产部门。这意味着实际病例远远高于统计出来的病例，同时也反映了对食品安全进行有效控制的紧迫性。2015年，国家卫计委统计的食物中毒类突发公共卫生事件报告169起，中毒5926人，死亡121人。报告中微生物性食物中毒事件的中毒人数最多，主要致病因子为沙门氏菌、副溶血性弧菌、蜡样芽胞杆菌、金黄色葡萄球菌及其肠毒素、致泻性大肠埃希氏菌、肉毒毒素等。有毒动植物及毒蘑菇引起的食物中毒事件报告起数和死亡人数最多，病死率最高，是食物中毒事件的主要死亡原因，主要致病因子为毒蘑菇、未煮熟四季豆、乌头、野生蜂蜜等。化学性食物中毒事件的主要致病因子为亚硝酸盐、毒鼠强、克百威、甲醇、氟乙酰胺等，其中，亚硝酸盐引起的食物中毒事件9起，占该类事件总报告起数的39.1%。

在动物性食品生产中，努力提高和改善动物饲养环境条件，减少抗生素类药物的使用，可以大大提升产品质量。随着农产品原料的流通范围拓展，不同地区间农产品原料的流通增加了疾病传播的风险，如疯牛病、非洲猪瘟和禽流感有可能会传染给人类，影响人体健康。辐射、低温加热、微波加热、高压处理等许多技术在预防新鲜食品微生物污染的方面取得了明显的效果。但是，低温处理的产品虽然很好的保持了产品的营养成分和感官品质，但在贮存过程中如果温度升高，微生物就会迅速繁殖，因此需要冷链作为配套。包装材料的熔化等污染也会影响食品的安全性。食品加工过程和流通过程中存在大量影响食品质量的因素，需要在管理中统筹考虑，食品质量控制应当贯穿从田间到餐桌的所有过程。因此，在食品质量管理中，既要有ISO9000质量保证标准体系，还要符合GAP(Good Agriculture Practice)、GMP(Good Manufacture Practice)、SSOP(Sanitation Standard operating Procedure)和HACCP(Hazard Analysis and Critical Control Points)的要求，使食品质量满足顾客的要求。

第二节　食品质量特性与影响食品质量的因素

一、食品质量特性

质量特性是指产品所具有的满足用户特定需要的，能体现产品使用价值的，有助于区分和识别产品的，可以描述或度量的基本属性。ISO9000标准定义质量特性为产品、过程或体系与要求相关的固有特性。产品质量特性是指直接与食品产品相关的特性，如食品安全、营养、感官及性能特性。过程质量特性是指与生产和加工过程相关的特性，如工人福利、动物福利、生物技术、可追溯性、环境保护及可持续农业发展等。体系质量特性是指与产品质量、安全等管理体系相关的质量特性，如GMP、GAP、HACCP及ISO9001体系等。

由于顾客的需求多种多样，所以反应产品质量的特性也各种各样。有些质量特性，如风味、色泽、包装,消费者可以通过感官判断;然而有些质量特性,如营养、微生物、添加剂、毒素、药物残留、生产加工过程等,通常消费者无法凭经验或感官加以判断,只能通过外部指示,如质量标签、认证标志等加以判断。消费者对食品质量的认识因文化、道德、宗教、法律、价值观等因素而各有不同。他们在选购食品时,不仅根据食品的产品质量特性,还会根据食品的过程质量特性、体系质量特性等多方因素选购复合他们要求的食品。

根据形成特性,食品的质量特性可分为内在质量特性和外在质量特性两方面。内在质量特性也称固有质量特性,尤其是产品永久的特性,它反应了产品满足需要的能力,主要包括:①产品本身的安全特性;②产品的感官特性;③产品的可靠性。外在质量特性也称非固有质量特性,是产品形成之后因不同需求而对产品所增加的特性,包括:①生产系统特性;②环境特性;③市场特性。外在质量特性并不能直接影响产品本身,但却影响到消费者的感觉,例如,市场景气可以影响消费者的期望,但和产品本身却无关系。产品的质量本质是满足需求的能力,因此不仅要满足内在质量特性要求,还要满足外在质量特性要求。

(一)内在质量特性

1. 产品的安全特性

食品的安全特性是其质量特性的首位。从广义上说,食品的安全性指的是食品在食用时完全无有害物质和无微生物的污染。从狭义上说,它指的是在规定的使用方式和用量的条件下长期食用,对食用者不产生可观察到的不良反应。影响食品安全的最主要危害因素有以下几个方面:

(1)微生物污染。

微生物污染是危害食品安全的最主要因素,它会造成农产品和食品的变质和腐败,同时引起食品中毒。引起微生物污染的因素主要是不当的冷藏方法、食品原材料供应不当、操作人员个人卫生差、烹饪或加热不充分和食品贮藏温度适宜细菌的生长等。因此,在食品质量管理过程中,应充分考虑到这些因素。

污染食品的微生物包括细菌、真菌和病毒。病原微生物可以引起食物中毒和感染性疾病。

病原菌通过食物传递给人或动物,它可以穿透肠黏膜,并能在肠道或其他组织中生长繁殖。其中以沙门氏菌最为常见。家禽类、牛肉、鸡蛋、猪肉和生奶等往往会成为传播沙门氏菌的媒介食品。感染后有恶心、呕吐、腹痛、头痛等症状。

病原微生物所致的食物中毒是由于食品中的病原菌产生的有毒成分(真菌毒素和细菌毒素等)而引起的。肉毒梭菌、金黄色葡萄球菌都是引起食物中毒的重要细菌。肉毒梭菌可以芽孢的形式广泛存在于土壤和水中,尤其是在低氧状态下保存的低酸性食品(罐装食品和气调包装的食品等)比较容易发生污染。霉菌也可以引起食物中毒,最著名的真菌毒素就是黄曲霉毒素,这是由黄曲霉菌和寄生曲霉菌产生的毒素。微生物毒素在原料或加工品中释放出来,这些有毒食品可以导致许多病症,诸如急性腹痛、腹泻和慢性疾病如癌症、肝组织的病变等。

(2)毒性成分。

毒性成分来源于食品生产的产业链的每一个阶段。毒性成分可以是原料中本来存在的(如农药等化学物质的残留、动植物毒素等),也可以是在贮存和加工过程中添加或产生的(食品添加剂、熏烤和高度油炸的鱼和肉中会产生杂环胺毒素等)。为了判断有毒物质对食品安全性的危害程度,必须考虑毒性成分的来源、性质、控制或预防的能力。有很多毒性成分是脂溶性的,脂溶性的毒性成分可以在食物链中积累,进而影响人类健康,例如,毒性成分多氯联苯(PCBs)可在鱼脂肪组织中聚集,高脂肪鱼类已成为食物中 PCBs 的最大来源。一些毒性成分非常稳定,因此可以在食物循环中存在很长时间,如有机氯类杀虫剂DDT,它可以经过鱼类、贝类等在食物链中富集。

(3)外源物质外源物质污染是第三类影响安全性的因素,外源成分包括放射性污染、玻璃片、木屑、铁屑、昆虫等,如核工厂的事故导致食品中放射性物质增加而影响食品安全。

2. 产品的感官特性

食品的感官品质是由口味、气味、色泽、外观、质地、声音(如薯条的声音等)等综合决定的,它取决于食品的物理特性和化学成分。食品的感官品质的变化速度是货架期的决定因素。货架期指食品被贮藏在推荐的条件下,能够保持安全以及理想的感官、理化和微生物特性,保留标签声明的任何营养值的一段时间。食品通常比较容易腐烂,在新鲜产品收获或经加工后,其品质将会出现不同程度的降低。加工和包装的目的就是要推迟、抑制和减缓品质的下降,从而延长货架期。例如,新鲜豌豆在 12 h 内会腐烂变质,而罐装的豌豆可以在室温下保存 2 年。影响货架期的主要因素有:微生物(腐败菌)、化学反应、生化反应、物理变化、生理反应等过程。

有害微生物侵入食品,利用食品中的营养物质进行生长繁殖的过程中,会导致食品感官品质的下降,主要包括质构、风味和颜色的劣变等,另外,其代谢过程中产生的有毒有害物质已经让食品不安全了。化学反应中的非酶促褐变(或美拉德反应)主要引起外观变化或营养成分的流失,氧化反应会导致油脂风味改变以及植物褪色等。生物化学反应涉及各种酶类,其中酶促褐变是影响食品感官特性的典型生化反应之一,例如,新鲜蔬菜被切开后可以引起多种酶促反应,如多酚氧化酶引起褐变,脂肪氧化酶产生不良气味等。生理学反应主要是指果蔬的呼吸作用,影响采后贮存阶段的产品质量。物理变化主要指农产品在收获、加工和流通过程中由于处理不当造成物理损伤或温湿度变化从而导致腐烂变质加速或带来产品外观的变化。

食品的货架期受制于上述多种因素,同样地,一种感官特性的变化也可能由上述多种因素引起。例如,腐臭可能是由于脂肪酶引起的短链脂肪的产生或脂肪的氧化。抑制、减少或阻止影响货架期的主要因素可以延长货架期,然而,这应该建立在最大程度降低感官品质劣变的基础之上,例如冷冻食品延长了货架期,但在半年到一年以后,由于物理和化学反应的发生导致食品的色泽和质构发生了改变。为了从技术方面控制产品质量,要全面并深入地了解影响产品货架期和感官品质的不同过程。

3. 产品的可靠性和便利性

产品的可靠性是指产品实际组成与产品规格符合的程度。例如,实际加工、包装和贮存后的成分组成或含量必须与说明书中的相一致。便利性是指消费者使用或消费产品时的方便程度。目前提升便利性正成为全球食品发展的关键趋势。在人们生活日益快节奏化的今天,方便快捷的产品不仅显得更加贴心,而且还能很好的契合广大消费者对方便快捷的需求,而且这种需求还将会越来越大。新一代的现代方便食品正不断涌现,制造商正在应对日益增长的健康饮食需求、对美食口味的要求、对个性化的兴趣以及来自快速送货服务的竞争。

(二)外在质量特性

食品的生产系统特性、环境特性以及市场特性都属于外在质量特性。外在质量特性并不能直接影响产品本身的性质,但却影响到消费者的感觉和认识,例如市场促销宣传活动可以影响消费者的期望,但和产品本身却无关系。

1. 生产系统特性

食品的生产系统特性主要是指食品从采购、加工到成品的整个生产加工过程工艺的特性。它包括很多因素,如果蔬栽培时使用的农药、畜禽繁育时的特殊喂养、为改善农产品特性的基因重组技术以及特定的食品保鲜技术等。这些技术对产品安全性和消费者接受性的影响很复杂的,有的还未能确定。例如,公众对转基因食品十分关注,消费者并不在意食品中有无新技术的使用,而认为产品质量(特别是安全性)是最重要的。

2. 环境特性

食品的环境特性主要是指产品包装和生产废弃物的处理。消费者在购买产品时表现出有对包装款式的偏爱,同时也会考虑包装对自身健康和外部环境的影响。废弃的包装会带来环境污染问题,绿色可降解型包装材料的开发及推广也成为目前世界各国的关注焦点。食品生产过程从采购原料采购到成品形成整个过程都不可避免的产生废弃物,这些废弃物的处理直接影响到最终食品产品的安全与卫生。食品产品的消费者越来越关心食品制造商的整条制造链,从原料、制造过程及贮藏的整个过程管理都进行关注,另外环境法规也在不断完善,这都要求食品生产企业必须对食品废物的产生和处理进行良好管理及控制,对操作人员进行严格培训。这不仅能保障食品的质量,降低环境的污染,更能提升企业的形象,增强企业的竞争力和生命力。

3. 市场特性

市场对食品质量的影响是很复杂的,根据 Van Trijp 和 Steen Kamp 的研究,消费者认为市场影响力(品牌、价格和商标)决定了产品的外在质量,从而影响对质量的期望,但市场也可以影响人们对产品的信任度。需求决定市场,满足需求的能力即产品的质量决定产品的市场影响力。市场竞争是产品质量的重要调节机制,市场化程度越高,市场的可竞争性越强,产品质量越高,反之,产品质量则越低。

二、影响食品质量的因素

食品的原料主要是动植物,它们作为农副产品,大部分易腐败不宜长期保存。因此,需要通过食品加工将原材料转化为高价值的产品,已达到保障食品安全和延长货架期的目的。食品生产链中每一个环节的工艺都会影响到产品的内在和外在质量特性,因此,必须在从农田(畜牧场)到餐桌的所有阶段采取技术和管理措施降低或消除不良影响,确保食品质量。

1. 动物生产条件

动物产品可以分为肉类产品(猪肉、牛肉、禽肉、羊肉、鱼肉、贝类等)和动物产品(鸡蛋、牛奶等)。动物生产条件会直接或间接地影响食品的内在质量特性,例如食品的安全性和感观品质。动物生产系统特征(育种、喂养条件、生活条件、健康状况等)会影响食品的外在质量特性。

(1) 品种选择。

动物育种很多时候仅注重产量而忽视了产品质量。例如,奶牛品种主要考虑选择牛奶高产的品种,但很少考虑到牛奶的营养成分。动物育种专家发现:一些猪种的猪肉质量参数有典型遗传性,如杜洛克猪种(美国红色猪种)常常是暗红的肌肉,相较其他猪种其脂肪硬度和嫩度都有所提高。这些品种常与其他猪种杂交以获得优良猪种。所以,品种选择不仅要考虑增加产量,还必须考虑对食品营养等品质的影响。

(2) 动物饲料。

动物的饲料会直接或间接地影响食品质量。例如,奶牛乳腺合成脂肪所需的前体物质是饲料在胃中发酵产生的,因此,饲料组分会影响牛奶中的脂肪成分和乳脂含量。淀粉有利于维持微生物的发酵和随后的蛋白质合成,也影响牛奶的产量和成分。动物饲料本身的安全如是否有药物性添加剂的滥用、有毒金属元素的污染、致病微生物污染等,都间接地影响终产品的安全性。用含有黄曲霉素的草饲料去喂养奶牛,在牛乳中就会出现黄曲霉素的代谢物。动物体内药物残留过量,人食用这类动物的肉制品后,药物会在人体内蓄积,产生过敏、畸形和癌症等不良后果,危害人体健康。为了保护消费者的利益,国内外都制定了动物性食品中兽药的最大残留量标准。

(3) 圈舍卫生。

动物的居住条件直接影响附着在动物体表细菌的数量,改善圈舍卫生条件能够降低动物体表细菌附着率。对于肉类生产而言,外部皮肤和内部肠道的微生物数量是影响食品安全性的重要因素,细菌的大量附着容易导致屠宰时肉的污染。对于奶制品生产,必须严格执行卫生预防措施,清洗乳头、装乳器具及设备并杀菌。另外,动物饲养密集会直接影响到动物活动的空间,降生长环境的质量,影响动物体内激素的分泌,进而会影响肉类食品的质量和产量。

2. 动物的运输和屠宰条件

输送和屠宰条件可以影响内在质量特性(如感观品质),如病原菌污染会危害食品安全，腐败微生物会缩短货架期。

（1）应激（stress）因素。

如在装载、运输、卸货、管理及宰杀的整个过程中受到挤压、撞伤、拖拉、惊吓、过冷过热、通风不畅等对肉类的质量具有负面影响。受外界刺激而产生应激反应的猪肉结构松软，持水力弱，色泽灰白，叫作白肌肉（pale soft exudative mect，PSE 肉）。由于外界应激导致乳酸积累，从而使 pH 值迅速下降到肌肉蛋白的等电点，进而导致持水力下降。另一种情况是动物宰前因受过度应激，耗尽糖原，宰后 pH 值不会下降，导致肉质变暗、变硬和干燥（dark，firm，dry mect，DFD 肉）。

为了保持良好的肉类质量，应该采取措施尽可能消除或减少在运输和屠宰操作中的应激反应，具体应注意：①合理的装载密度，太高的密度会导致产生 PSE 猪肉和 DFD 牛肉，而且会引起肌肉血肿。②装载和卸载的设备，例如陡峭的斜面坡道可以导致动物心跳加快，因此使动物进入平缓的单独通道对于保持肉的良好品质效果明显。此外，驱赶工具如长柄叉会经常导致动物体的外皮剥落甚至组织出血，最终影响肉品质量。整个装载和卸载过程要根据动物数量保证充足的时间；③运输持续时间对肉的质量也有影响，频繁的短时间运输会增加猪 PSE 肉的数量；长时间运输则可能会使动物平静下来，从而使代谢正常，但应注意在长时间运输过程中给予动物水、食物等方面的充分照顾；④在屠宰场，不同种动物的混合会引起应激反应，从而导致 DFD 或 PSE 肉的出现，所以应避免这种情况。

（2）屠宰条件。

屠宰包括杀死、放血、烫洗、去皮、取内脏等步骤。在宰杀过程中，肌肉组织可能被肠道内容物、外表皮、手、刀和其他使用的工具污染。为了减少鲜切肉的微生物数量，可以采取表面喷洒含氯热水、乳酸或化学防腐剂等措施，也可以通过严格控制屠宰场墙壁、地板、刀具和其他器具的清洗消毒程序以保证卫生安全。另外，随着动物福利概念引入国际贸易中，更温和的宰杀方式逐渐被采用，避免造成等待宰杀的动物突然处于恐怖和痛苦状态，造成肾上腺素大量分泌，从而形成毒素，严重影响成品肉的质量。

3. 果蔬产品的栽培和收获条件

不同的栽培和收获条件会导致新鲜产品的营养成分、感官特性（如色泽、质构和风味）、以及微生物污染等质量特性存在差异，进而影响加工产品的质量特性。

栽培过程中影响产品质量的重要因素有：①品种，如可选择抗病虫害或营养富集型等优良品种；②栽培措施，包括播种、施肥、灌溉和植保（比如除草剂的使用）等；③栽培环境，如温度、日照时间、降雨量等。可以通过育种和栽培条件的定向改善来调控产品的营养成分。

收获时间和收获期间的机械损伤都会对产品质量产生影响。果蔬的生长和成熟过程伴随着多种生物化学变化，如细胞壁组分变化使组织变软、淀粉转化为葡萄糖使口味变甜、色泽变化以及芳香气味形成等。这些变化绝大多数在果蔬收获后仍会继续，严重影响果蔬的质量和货架期，但收获时间会影响这些生化变化。例如红辣椒收获太早，就不会变红。

在果蔬的收获和运输过程中都会发生机械损伤，植物组织遭破坏后，果蔬会通过本身的生化机制恢复创伤、产生疮疤，影响产品质量。另一方面，果蔬在损伤过程中产生的应激反应会产生对植物本身具有保护作用的代谢产物，也会对产品质量产生负面影响。机械损伤后有利于酶和底物的接触，促进酶促褐变发生，产生不良的色泽变化。此外，植物伤口恢复时产生的乙烯会促进植物呼吸，加速植物成熟和衰老，大大缩短其货架期。

4. 食品加工条件

加工条件是影响食品质量的关键因素。加工食品的性质是由配方中原材料的性质（天然酶类、pH 值、受污染情况等）、保鲜剂和加工条件（温度、压力等）来决定的。食品保藏技术的控制条件有时间、温度、pH 值、水分活度、防腐剂、气调等。通常经过组合使用这些控制条件，协同作用保证食品的货架期和安全性。下面主要介绍食品加工中影响产品本身质量的主要因素。

（1）温度和时间。

高温能够杀死部分微生物，但易促进生物化学反应；低温可以抑制微生物的生长，抑制生物生理反应。在适当的湿度和氧气条件下，温度对食品中微生物繁殖和食品变质反应速度影响明显。在 10 ~ 38℃范围内，恒定水分条件下，温度每升高 10℃，化学反应速率加快 1 倍，腐败速率加快 4 ~ 6 倍。

细菌、真菌等微生物都各自具有最佳生长温度，高于或低于最佳生长温度，它们的活力都受到抑制，生长缓慢。同样，酶有最适温度范围，在一定的温度范围内酶反应速度随温度的升高而加快，温度过高会使酶活性丧失，温度过低会大大降低酶活性。对于食品来说，温度的过度升高可能导致感官品质和营养品质的下降，如风味的散失、维生素和蛋白质的破坏，但在某些产品中也会带来感官品质的提升，如面包皮的褐变和薯条变黄；温度过低则会对食品内部的组织结构和品质都产生破坏。如何寻找到最佳的时间温度组合，确保食品安全稳定的同时尽可能减少加热对食品质量的不良影响，一直是食品加工过程中追求的目标。

（2）水分活度。

水分活度是控制微生物生长、酶活力和化学反应的另一因素。食品的颜色、味道、维生素、色素、淀粉、蛋白质等营养成分的稳定性以及微生物的生长都直接受制于水分活度。当水分活度低于 0.6 时，大部分微生物的生长停止，而油脂即使在低水分活度条件下其氧化反应速率也很快。在低水分含量的食品中，微生物破坏活动会受到抑制。例如，一块蛋糕水分活度为 0.81，可在 21℃下保存 24 天，如果将其水分活度提高到 0.85，同样温度条件下其保存期限降低到 12 天。

（3）酸碱性（pH 值）。

pH 值是控制微生物生长、酶和化学反应的另一重要因素。大部分微生物在 pH 值 6.6 ~ 7.5时生长最快，在 pH 值 4.0 以下仅少量生长。食品的 pH 值范围为 1.8（酸橙）~ 7.3（玉米）。一般细菌最适 pH 值范围比真菌小，但微生物的最低和最高 pH 值并不严格。此外，酸碱性对微生物的控制也依赖于酸的类型，例如柠檬酸、盐酸、磷酸和酒石酸允许微生物生长的 pH 值比醋酸和乳酸低。总之，pH 值小于 4.5 的酸性食品足以抑制大部分污染食品的细菌生长。

大部分酶的最适 pH 值范围为 4.5～8.0。酶在最适 pH 值时，一般表现为最大活性，通常一种酶的最适 pH 值范围很小。在极端的 pH 值时，因为造成蛋白质结构的变化，酶一般不可逆地失活。化学反应的速度也受到 pH 值的影响，例如极端 pH 值可加速酸或碱催化的反应。因此，调节 pH 值可以控制食品中的酶促反应和其他化学反应进而控制食品的质量。

（4）食品添加剂。

为了延长货架期、改变风味、调节营养成分的平衡、提高营养价值、简化加工过程、便于食品的加工或者调整食品的质构，在食品中可以按规定添加特定的化学物质（食品添加剂）。食品添加剂从来源上可分为天然和人工合成添加剂。只有证明具有可行的和可接受的功能或特性，并且是安全的食品添加剂，才允许被使用。食品添加剂的使用要遵守严格的限量标准，任何添加剂的过量使用都有可能危害到食品的质量安全。

（5）气体组成。

氧气会促使食品成分（脂质、维生素等）发生氧化反应，促使微生物大量繁殖，加速食品腐败变质。因此，包装食品中气体成分和包装材料透气性对食品的货架期和安全性影响较大。降低食品包装容器中的氧气浓度可延缓氧化反应（油脂氧化、褪色等），抑制好氧菌的生长，从而延长食品的货架期。真空包装、气调、活性氧吸附等措施均可实现低氧环境，但低氧或无氧条件会促进厌氧菌（肉毒梭状杆菌、乳酸菌等）的生长，因此，低氧条件必须同时采取合适的组合措施（适宜的加热处理、低 pH、低水分活度等）协同作用。

（6）多措施组合—栅栏技术（hurdle technology）。

实践发现单一或两种保藏技术难于达到期望的保质效果。而多项措施的有机组合，能够明显提高产品的保质保鲜效果。多项保藏措施组合的食品保藏技术称栅栏技术。典型的栅栏技术包括：降低 pH 值可提高酸性抗菌剂的效果；降低温度可以大大提高气调成分中二氧化碳的抗菌效果；压力和热处理协同作用用于杀灭芽孢杆菌，辐射和冷冻结合有利于杀灭微生物而又不产生“辐照味”。

（7）加工卫生。

在食品加工过程中，初始污染和交叉性污染都严重影响产品的货架期和安全性。在收获期间的外界环境因素（土壤残留、机械损伤等）和屠宰卫生条件都会影响原材料的原始污染程度。在加工过程中的污染起源于不良的个人卫生、不当的操作，没有过滤的空气、产品之间的交叉污染，产品和原料的交叉污染等等。

5. 贮存和销售条件

贮存的根本目的就是要保证产品质量不降低。根据食品对环境（温度、湿度、气体等）的具体要求，在食品运输、贮存和销售环节中选择适合食品保存的工具、设备和条件，做好环境和器具消毒,保证产品的质量和安全。

新鲜果蔬的特点是其货架期依赖于采后的呼吸作用,大部分新鲜水果伴随成熟呼吸速率逐渐增长,同时伴有色泽、风味、组织结构的改变等。呼吸作用一般随着温度的下降而下降,但温度过低也会引起食品品质下降和货架期缩短,如苹果组织坏死、辣椒和茄子产生黑斑等冷伤害。此外,气体成分如适当比例的氧气和二氧化碳混合也可以延缓果实成熟、抑制腐烂;适当的相对湿度可以阻止霉菌生长和防止产品失水;也可利用化学物质抑制发芽或预防昆虫的破坏作用。对于包装的加工食品而言,最主要的影响因素是贮存温度。为了保证食品的质量,除了贮存温度合适之外,还要考虑选择具有阻止污染或氧气和水分的扩散的包装材料等多种措施加以综合控制。

第三节　食品安全与质量控制

一、技术—管理途径

食品安全与质量控制学是质量管理学的原理、技术和方法在食品原料生产、加工、贮藏和流通过程中的应用。食品是一种与人类健康有密切关系的特殊产品,它既具有一般有形产品的质量特性和质量管理特征,又具有其独有的特殊性和重要性,因此食品安全与质量控制具有特殊的复杂性。从农田到餐桌的食品链上,无论在时间和空间上,食品安全与质量控制都应该全面覆盖,任何一个环节稍有疏忽,都会影响食品安全与质量,同时食品安全与质量所涉及的面既广泛又很复杂,食品原料及其成分的复杂性、食品的易腐性、食品对人类健康的安全性、功能性和营养性以及食品成分检测的复杂性等都会对控制效果产生不同的效果。即使是同一种产品具有相同的生产工艺,由于厂房、操作人员、设备、原料、检测方法等情况的差异,整个食品安全与质量控制的过程都会有实质性的差异。因此,食品企业的质量管理者不仅应该全面的掌握质量管理的相关理论,还应该掌握食品加工的相关理论和科学技术,将技术和管理有机的结合起来。

食品成分的复杂多变,使得工程技术知识显得非常重要,对于诸如微生物、化学加工技术、物理、营养学、植物学、动物学之类的知识的掌握有助于理解这种复杂变化,并促进控制这种变化的技术和理论研究。在食品质量管理中,既要用心理学知识来研究人的行为,又要运用技术知识来研究原料的变化。与心理学同等重要的还有社会学、经济学、数学和法律知识。

食品安全与质量控制包含加工技术原理的应用和管理科学的应用,两者有机结合,缺一不可。但是,技术和管理学的结合分别可以产生 3 种管理途径:管理学途径、技术途径和技术—管理学途径。管理学途径以管理学为主,以管理学的原理来管理质量。因此,在管理方面能做得很好,但是,由于对技术参数和工艺了解不够,所以在质量管理方面就不能应用自如。反之,在传统的技术途径管理中,由于缺乏管理学知识,管理学方面只能考虑得很有限,因此在质量管理方面也有缺陷。而技术—管理学途径的重点是集合技术和管理学为一个系统,质量问题被认为是技术和管理学相互作用的结果。技术—管理学途径的核心是同时使用了技术和管理学的理论和模型来预测食品生产体系的行为,并适当地改良这一体系。体现技术—管理学途径的最好例子便是 HACCP 体系。在 HACCP 体系中,关键的危害点通过人为的监控体系来控制,并通过公司内食品质量管理学各部门合作使消费者期望得以实现。ISO22000-2018 体系更是将 HACCP 和质量管理体系有机的结合起来,堪称技术—管理途径的经典。

食品关系到人们的健康和生命,因此,对食品安全与质量的要求比对一般日常用品质量的要求更高。在食品质量管理时,既要有充分的管理学知识,又要具备农产品生产和食品加工的知识。为了更好地保证食品的质量和安全性,在食品质量管理方面采用技术—管理途径。由于食品类专业的学生已经系统的学习了食品安全及相关的工艺控制技术,本书在编写中注重了质量管理理论和相关的国家食品安全标准与法规的介绍,尽可能的从技术—管理相结合的途径引导学生学习食品安全与质量控制的理论和方法。

二、食品安全与质量控制的主要内容

在长期的食品安全与质量控制中,已经总结出较为完整的管理模式,鉴于篇幅所限,本教材主要包括以下方面。

1. 食品安全危害及风险管理

食品安全是一个综合性的概念,不仅指公共卫生问题,还包括一个国家粮食供应是否充足的问题。食品安全是社会概念,影响社会经济发展的导向;食品安全是政治概念,与国民的生存发展、食品贸易、国家政治形势紧密相关。食品生产前、生产中、生产后都有不同的危害来源。一般而言,引起食品危害主要分三大类,即生物性危害、化学性危害和物理性危害。而风险分析(risk analysis)是一种制定食品安全标准的基本方法,根本目的在于保护消费者的健康和促进公平的食品贸易。风险分析包括风险评估、风险管理和风险交流三部分内容,三者既相互独立又密切关联。风险评估是整个风险分析体系的核心和基础,也是有关国际组织和区域组织工作的重点。风险管理是在风险评估结果基础上的 政策选择过程,包括选择实施适当的控制理念以及法规管理措施。风险交流是在风险评估者、风险管理者以及其他相关者之间进行风险信息及意见交换的过程。

2. 食品安全控制

食品安全控制危害贯穿于从农田到餐桌的每一个环节。食品安全危害的控制以相关的法规、标准为依据,通过现代食品安全控制理念、技术和控制体系,可有力保障消费者食品安全权利。国家认监委 2014 年第 20 号《关于更新食品安全管理体系认证专项技术规范目录的公告》,由中国认证认可协会牵头组织有关机构制修订并备案的《食品安全管理体系 谷物加工企业要求》等 22 项专项技术规范。至此共有 7 项国家标准和 22 项专项技术规范作为食品安全管理体系认证的专项技术规范,其中原 7 项国家标准没有变化,17 项专项技术规范替代原技术规范,5 项专项技术规范为新制定。教材精选了有代表性的关于粮油加工企业、肉蛋加工企业、酒类加工企业、果蔬及饮料加工企业共 11 个相关标准,介绍了相关的基本术语、前提方案、关键过程控制及产品检测等相关知识。学习者可以触类旁通,对相关的其它标准进行进一步的学习。

3. 食品品质设计

食品品质设计主要指新产品的设计,是一项复杂的技术与管理工作,需要在设计之初,了解市场和消费者的需求,根据企业自身的基础与条件,定位产品的类型,按照科学的工作程序进行设计工作。产品设计是一项多过程、多部门、多人员参与的复杂的技术与管理工作,为了保证设计工作的顺利开展、产品设计的实现,必须对设计工作进行过程分析,并制定科学、可行的工作程序。典型的产品设计过程包含四个阶段:概念开发和新产品计划、新产品试制、新产品鉴定和市场开发。在长期的设计实践中,一些新的设计方法和理念,如质量功能展开、过程设计、田口方法、稳健设计、并行工程等,使食品品质设计越来越成为一门系统的技术。

4. 食品质量控制

质量控制是质量管理的一个部分,主要是通过操作技术和工艺过程的控制,达到所规定的产品标准。质量控制包括了技术和管理学的内容。典型的技术领域是统计方法和仪器设备的应用,而管理学方面主要是质点控制的责任和质量控制方法。典型的管理因素是指对质量控制的责任,与供应商及销售商的关系,对个人的教育和指导,使之能够实施质量控制。

质量控制方法是保证产品质量并使产品质量不断提高的一种质量管理方法。它通过研究、分析产品质量数据的分布,揭示质量差异的规律,找出影响质量差异的原因,采取技术组织措施,消除或控制产生次品或不合格品的因素,使产品在生产的全过程中每一个环节都能正常的、理想的进行,最终使产品能够达到人们需要所具备的自然属性和特性,即产品的适用性、可靠性及经济性。运用质量图表进行质量控制。这是控制生产过程中产品质量变化的有效手段。控制质量的图表有以下几种,即:分层图表法、排列图法、因果分析图法、散布图法、直方图法、控制图法,以及关系图法、KJ 图法、系统图法、矩阵图法、矩阵数据分析法。PDPC 法、网络图法。这些图表,在控制产品质量的过程中相互交错,应灵活运用。

5. 食品质量检验

食品质量检验是指研究和评定食品质量及其变化的一门学科,它依据物理、化学、生物化学的一些基本理论和各种技术,按照制订的技术标准,对原料、辅助材料、成品的质量进行检测。质量检验参与质量改进工作,是充分发挥质量把关和预防作用的关键,也是检验部门参与质量管理的具体体现。

食品检验内容十分丰富,包括食品营养成分分析,食品中污染物质分析,食品辅助材料及食品添加剂分析,食品感官鉴定等。狭义的食品检验通常是指对食品质量所进行的检验,包括对食品的外包装、内包装、标志和商品体外观的特性、理化指标以及其它一些卫生指标所进行的检验。检方法主要有感官检验法和理化检验法。质量检验人员一般都是由具有一定生产经验、业务熟练的工程技术人员担任。他们熟悉生产现场,对生产中人、机、料、法、环等因素有比较清楚的了解。因此对质量改进能提出更切实可行的建议和措施,这也是质量检验人员的优势所在。实践证明,特别是设计、工艺、检验和操作人员联合起来共同投入质量改进,能够取得更好的效果。

6. 质量管理体系

针对质量管理体系的要求,国际标准化组织的质量管理和质量保证技术委员会制定了ISO9000族系列标准,以适用于不同类型、产品、规模与性质的组织,该类标准由若干相互关联或补充的单个标准组成,其中为大家所熟知的是ISO9001《质量管理体系 要求》。

2015版质量管理体系将质量管理原则总结为7个方面:①以顾客为关注焦点;②领导作用;③全员参与;④过程方法;⑤改进;⑥循证决策;⑦关系管理。质量管理体系代表现代企业思考如何真正发挥质量的作用和如何最优地作出质量决策的一种观点,质量体系是使公司内更为广泛的质量活动能够得以切实管理的基础。质量体系是有计划、有步骤地把整个公司主要质量活动按重要性顺序进行改善的基础。任何组织都需要管理。当管理与质量有关时,则为质量管理。质量管理是在质量方面指挥和控制组织的协调活动,通常包括制定质量方针、目标以及质量策划、质量控制、质量保证和质量改进等活动。实现质量管理的方针目标,有效地开展各项质量管理活动,必须建立相应的管理体系,这个体系就叫质量管理体系。它可以有效进行质量改进。

7. GMP与HACCP

GMP和HACCP系统都是为保证食品安全和卫生而制定的措施和规定。GMP是适用于所有相同类型产品的食品生产企业的原则,而HACCP则因食品生产厂及其生产过程不同而不同。GMP体现了食品企业卫生质量管理的普遍原则,而HACCP则是针对每一个企业生产过程的特殊原则。

从GMP和HACCP各自的特点来看,GMP是对食品企业生产条件、生产工艺、生产行为和卫生管理提出的规范性要求,而HACCP则是动态的食品卫生管理方法;GMP的要求是硬性的、固定的,而HACCP的要求是灵活的、可调的。GMP的内容是全面的,它对食品生产过程中的各个环节、各个方面都制定出具体的要求,是一个全面质量保证系统。HACCP则突出对重点环节的控制,以点带面来保证整个食品加工过程中食品的安全。GMP和HACCP在食品企业卫生管理中所起的作用是相辅相成的。通过HACCP系统,我们可以找出GMP要求中的关键项目,通过运行HACCP系统,可以控制这些关键项目达到标准要求。

掌握HACCCP的原理和方法还可以使监督人员、企业管理人员具备敏锐的判断力和危害评估能力,有助于GMP的制定和实施。GMP是食品企业必须达到的生产条件和行为规范,企业只有在实施GMP规定的基础之上,才可使HACCP系统有效运行。

思考题:

1. 如何理解食品安全?

2. 如何理解质量的含义?
3. 常见的质量观点有哪些?
4. 食品质量管理有何特点?
5. 食品质量特性包含哪些内容?
6. 影响食品质量的因素有哪些?
7. 影响食品安全性的因素有哪些?
8. 如何进行食品质量管理?

第二章　食品安全危害及风险管理

“民以食为天,食以安为先”。食品是人类赖以生存和发展的最基本的物质条件,食品安全涉及人类最基本权利的保障,关系到人民的健康幸福。老百姓过日子最关心的事情莫过于食品安全,但现实生活中食品安全问题让人忧虑重重。“三鹿奶粉”“瘦肉精”“地沟油”“塑化剂”“毒生姜”“皮革奶”“苏丹红鸭蛋”“面粉增白剂”等食品安全问题的出现,使得广大消费者人人自危,谈食(剂)色变。食品安全问题已向人们敲响了警钟。2013 年 12 月 23 ~24 日中央农村工作会议在北京举行,习近平在会上发表重要讲话强调,能不能在食品安全上给老百姓一个满意的交代,是对执政能力的重大考验。食品安全,是“管”出来的。近几年,随着《食品卫生法》和《农产品质量安全法》的相继出台,地方各级政府关于食品安全法规体系的不断健全,食品安全委员会的成立,以及对市场监督管理制度的有力加强,当前我国食品安全问题有所好转,但仍不能掉以轻心,任重道远,存在问题不容忽视。面对依然复杂严峻的食品安全形势,我们要认真贯彻党中央、国务院决策部署,把保障食品安全放在更加突出的位置,完善食品安全监管体制机制,大力实施食品安全战略。切实发挥食安委统一领导、食安办综合协调作用,坚持源头控制、产管并重、重典治乱,夯实各环节、各方面的责任,着力提高监管效能,凝聚社会共治合力,进一步治理“餐桌污染”,推动食品安全形势持续改善,不断提高人民群众满意度和获得感。

第一节　食品安全的基本概念

一、食品的界定

现代营养学认为:食品对人体的作用主要有两大方面,即营养功能和感官功能,有的食品还具有调节作用。但国内外有关食品基本概念的界定和形成经历了几十年发展历程。

在国内,1994 年《食品工业基本术语》对食品的定义为:“可供人类食用或饮用的物质,包括加工食品,半成品和未加工食品,不包括烟草或只作药品用的物质”。1995 年《食品卫生法》将食品定义为:“各种供人食用的或饮用的成品和原料以及按照传统既是食品又是药品的物品,但不包括以治疗为目的的物品”。2009 年《食品安全法》定义食品为:“指各种供人食用或者饮用的成品和原料以及按照传统既是食品又是药品的物品,但是不包括以治疗为目的的物品”。2015 年 4 月 24 日第 12 届全国人民代表大会常务委员会第 14 次会议修订《中华人民共和国食品安全法》,将食品定义为:“食品,指各种供人食用或者饮用的成品和原料以及按照传统既是食品又是中药材的物品,但是不包括以治疗为目的的物品”。

在国外,美国《食品药品及化妆品法》第2条规定:食品为人或动物食用或饮用的物质及构成以上物质的材料,包括口香糖。日本《食品卫生法》《食品安全基本法》规定:食品是指除《药师法》规定的药品、准药品以外的所有饮食物。加拿大《食品与药品法》将食品定义为:“经过加工、销售或直接作为食品和饮料为人类所消费的物品,包括口香糖和以任何目的混合在食品中的各种成分及原料”。欧盟议会与理事会178/2002法规第2条规定食品为:“任何的物质或者产品,经过整体或局部的加工或未加工,能够作为或可能预期被人作为可摄取的产品”。国际食品法典委员会(CAC)将食品定义为:“食品(food),指用于人类食用或者饮用的经过加工、半加工或者未经过加工的物质,并包括饮料、口香糖以及已经用于制造、制备或处理食品的物质,但是不包括化妆品、烟草或者只作为药品使用的物质”。

二、食品安全、食品卫生与食品质量

1. 食品安全的界定

1974年,FAO在《世界粮食安全国际约定》中第1次提出了“食品安全”的概念。1996年WHO在发表《加强国家级食品安全性计划指南》中将“食品安全”界定为“对食品按原定用途进行制作和食用时不会使消费者健康受到损害的一种担保”。2003年,联合国粮农组织和WHO将“食品安全”定义为:“‘食品安全’是指所有的危害,无论这种危害是慢性的还是急性的,都会使食物有害于消费者的健康”。2005年,国际标准化组织发布ISO22000《食品安全管理体系—对食品链中的任何组织的要求》中规定“食品安全”为:“食品按照预期用途进行制备和(或)食用时不会伤害到消费者的保证”。

在我国,2015年《中华人民共和国食品安全法》第10章附则第99条规定:食品安全,指食品无毒、无害,符合应当有的营养要求,对人体健康不造成任何急性、亚急性或者慢性危害。《中华人民共和国工业产品生产许可证管理条例》规定“生产许可证制度”和“市场准入标志制度”,对符合条件食品生产企业,发放食品生产许可证,准予生产获证范围内的产品;未取得食品生产许可证的企业不准生产食品。对实施食品生产许可证制度的食品,出厂前必须在其包装或者标识上加印(贴)市场准入标志——QS(quality safety,质量安全)标志(图2-1),意味着该食品符合了质量安全的基本要求。没有加印(贴)QS标志的食品不准进入市场销售。

图2-1　QS标志

该标志由“QS”和“生产许可”中文字样组成。标志主色调为蓝色，字母“Q”与“生产许可”四个中文字样为蓝色，字母“S”为白色，使用时可根据需要按比例放大或缩小，但不得变形、变色。

2015 年 10 月 1 日起，新《食品生产许可管理办法》与新《食品安全法》同步实施，明确食品生产许可证将由“SC”（“生产”的汉语拼音字母缩写）开头。“SC”新版食品生产许可证对食品生产许可作出了四个方面的调整。2018 年 10 月 1 日起，食品生产者生产的食品和食品添加剂将一律不得继续使用印有原证号和“QS”标志包装。

从食品安全的定义的发展历程，我们深刻体会到：食品安全是一个综合性的概念，不仅指公共卫生问题，还包括一个国家粮食供应是否充足的问题。食品安全是社会概念，影响社会经济发展的导向；食品安全是政治概念，与国民的生存发展、食品贸易、国家政治形势紧密相关；食品安全同样是法律概念，世界各国一系列有关食品安全的法律法规的出台，反映了食品安全的法律规制的重大意义。而食品安全的法律概念有两层意思：一是看食品是否符合国家对食品营养标准的要求，二是看食品是否对人造成了现实中的危害。

2. 食品安全与食品卫生的区别

1996 年以前，WHO 曾把“食品卫生”和“食品安全”列为同义语。1996 年，WHO 发表《加强国家级食品安全性计划指南》，把“食品安全”与“食品卫生”作为不同的概念进行了区分。“食品安全”被解释为“按其原定的用途进行制作和食用时不会使消费者健康受到损害的一种担保”；“食品卫生”被定义为“为确保食品安全性在食物链的所有阶段必须采取的所有条件和措施”。日本食品安全监督管理机构也经历了从《食品卫生法》到《食品安全基本法》的转变。我国于 1995 年公布实施的《食品卫生法》也被 2009 年的《食品安全法》所取代。

从国内外和国际组织的这些变化可以看出，食品安全和食品卫生是有区别的。一是范围不同，食品安全包括食品（食物）的种植、养殖、加工、包装、贮藏、运输、销售、消费等环节的安全，而食品卫生通常并不包含种植、养殖环节的安全。二是侧重点不同，食品安全是结果安全和过程安全的完整统一。食品卫生虽然也包含上述两项内容，但更侧重于过程安全。因此，我国《食品工业基本术语》将“食品卫生”定义为“为防止食品在生产、收获、加工、运输、贮藏、销售等各个环节被有害物质污染，使食品有益于人体健康所采取的各项措施”。因此，食品安全和食品卫生两个概念的主要区别在于：食品安全强调的是目的和结果；食品卫生强调的则是为了达到结果而进行的过程控制。

3. 食品安全和食品质量的区别

1996 年 FAO 和 WHO 在发布《加强国家级食品安全性计划指南》中把“食品质量”定义为“食品满足消费者明确的或者隐含的需要的特性”。食品质量包含影响食品消费价值的所有其他特性，不仅包括一些有利的特性如食品的色、香、质等，还包括一些不利的品质特性，如变色、变味、腐烂等问题。食品质量关注的重点是食品本身的使用价值和性状。而食品安全关注重点则是接受食品的消费者的健康问题。食品质量和食品安全在有些情况下容易区分，在有些情况下较难区分，因而多数人将食品安全问题理解为食品质量问题。

三、现代食品安全管理理念

1. 树立食品安全文化的理念

食品安全是食品质量的核心。只有在技术上确有必要、经过风险评估证明安全可靠的食品添加剂，才能被允许使用。食品生产者必须本着不用、慎用、少用原则，严格按照食品安全标准中关于食品添加剂的品种、使用范围、用量的规定使用食品添加剂，不得在食品生产中使用食品添加剂以外的化学物质或者其他危害人体健康的物质。

2. 可追溯管理的理念

食品生产过程中的可追溯管理以及食品的可追溯性，即应用身份鉴定和健康等标识对食品尤其是动物源性食品进行追查的能力。即使发生食品安全事故，政府及管理部门均可及时追踪事故的源头，找到责任人，从而控制事故的规模。

3. 全程监管的理念

食品安全问题涉及食品的生产者、经营者、消费者和市场管理者等各个层面，贯穿于食品原料的生产、采集、加工、包装、运输和食用等各个环节，每个环节都可能存在安全隐患。必须从源头上做好食品安全工作，有一个较完善的食品安全法体系，涵盖整个食品产业链，有效实施从农田到餐桌的全程监管。

4. 风险分析的理念

广义上的风险表现为不确定性，可能有收获，也可能有损失。狭义上的风险，强调风险表现为损失的不确定性。只有对风险进行定量估计，才能使人们对于风险的认识更加明确。

综上所述，食品安全是静态的结果，是食品安全监管制度希望达到的最终目的；食品安全也是动态的过程，追求安全是监管制度一直行进的历程；如果食品安全的外延和内涵发生认识性的分歧，将会使监管主体、被监管的食品企业、消费者的认识趋于混乱。因此，分析食品安全这个概念，对食品安全监管制度有巨大的理论和实践的指导意义。

第二节　国内外食品安全问题的警示

一、食品安全中“质”和“量”的问题

食品是人类赖以生存的物质基础。食品从农田到餐桌通常需要经过加工、包装、运输和贮藏等很多环节，有许多因素（如各种理化因素和生物因素）都会影响到食品食用品质和营养价值，这就涉及食品安全问题。对于经济欠发达地区和国家来说，食物供应总量不足，不能满足国民的温饱问题，这涉及食品安全中“量”的问题；对于经济发达地区和国家来说，食物供应总量充足，国民吃饱之后，由于各种因素导致食品中可能存在有毒、有害物质对人类健康造成损害，开始追求吃得放心、吃得健康，这就涉及食品安全中“质”的问题。

我国凭借占世界 9.5% 的耕地和相当于世界人均水资源 31% 的淡水资源，养活了占世

界22%的人口，食物从短缺进入数量充足、种类丰富的年代，这是表现在食品安全中“量”的方面。随着社会经济发展，人民生活水平的提高，消费者对食品安全中“质”的要求也越来越高。然而，伴随着经济的快速发展，工业“三废”对水源、大气和土壤等污染，长期以来化肥、农药等不合理使用，兽药和饲料添加剂使用不当，食品加工过程添加剂的滥用，以及市场准入制度没有完全建立，市场监督管理力度不够等方面的原因，导致食品安全问题频发。

二、食品安全“血”和“泪”事件

国内食品安全事件多年来一直时有发生。1996～1998年，云南、山西等地出现工业酒精勾兑假酒事件，导致上百人残疾，数十人死亡。1998～2002年，全国各地发生因食用含有瘦肉精的猪肉或猪内脏，以及食用瘦肉精喂养的禽肉或鱼的中毒事件多达58起，致1 900多人中毒。2004年，全国10多个省市粮油批发市场发现有国家粮库淘汰的发霉米，含有可致肝癌的黄曲霉素。2005年，福建、江西及安徽等地出口的鳗鱼产品，被验出含有孔雀石绿；同年，调味品、红心鸭蛋及肯德基快餐中检出苏丹红。2006年，上海市发生多起瘦肉精中毒事件，造成300多人入院；大闸蟹、多宝鱼中验出致癌物质硝基呋喃代谢物；鸭蛋中检出苏丹红。2007年，水饺被检出金黄色葡萄球菌。2008年，因食用含三聚氰胺的奶粉导致29万多患儿泌尿系统出现异常；2010年，海南豇豆中农残超标；多家餐厅使用地沟油。2011年，火腿中检出瘦肉精；安徽工商部门查获一种可让猪肉变牛肉的添加剂——牛肉膏。2011年12月，乳品被检出黄曲霉毒素超标140%。2012年年初至今，地沟油、皮革奶、塑化剂、问题蜜饯、蓝矾毒韭菜、甲醛白菜等食品安全事件不断被曝光。这些食品安全事件的爆发，给人们的身体健康和生命安全造成极大损失。

国外食品安全恶性事件也不断发生。1986年，疯牛病在英国暴发，随后蔓延到欧洲其他国家，乃至亚洲的日本，人一旦感染此病，死亡率几乎为100%，在这次事件中，英国有320万头牛被扑杀并销毁，损失达40亿英镑。1996年，日本4 000多人因食用感染大肠杆菌的食物而中毒，12人死亡。1999年年底，比利时发生既有致癌性又能损伤生殖免疫系统功能的二噁英污染事件，直接导致比利时内阁政府下台。1999年至2001年，美国、日本、法国等国家先后发生多起因食用受李斯特菌污染的食物导致的中毒事件，造成20余人死亡。2000年，日本生产的乳制品中含有金黄色葡萄球菌，导致1万多人中毒。2000年，韩国发生口蹄疫事件后，日本、美国、澳大利亚等国相继宣布暂时停止从韩国进口畜产品，韩国9万吨猪肉出口受阻，出口创汇减少4.1亿美元。2001年，口蹄疫肆虐英国，继而侵入欧洲大陆，随后进入南美洲，在这次事件中，英国因牛肉产品出口受阻年损失达50多亿美元，首相布莱尔因口蹄疫不得不推迟大选；德国卫生部、农业部两位部长被迫辞职。2004年6月，韩国出现“垃圾饺子”事件，企业将下脚料制成垃圾馅，造成大肠杆菌含量严重超标。2009年1月，美国花生酱被沙门菌污染，9人因食用染菌花生酱死亡。2009年2月，巴西在食用红花籽油中发现亚麻油酸违禁成分。2010年底，德国北威州的养鸡场饲料遭二噁英致癌物质污染,其他州相继出现饲料被污染的情况,2011年1月,4 700多家农场被迫临时关闭。2013年席卷欧洲的"马肉风波",给我们又一次敲响了警钟。

三、食品安全问题造成的社会经济影响问题

食品安全问题造成社会经济损失的影响是巨大的。据报道,世界范围内谷物和豆类的损失至少有10%,蔬菜和水果的损失高达50%。这些损失中很大部分是由污染造成的。每年约有10亿吨农产品会受到真菌毒素的威胁。据统计,每年仅沙门菌病给美国造成的损失就高达16.13亿~50.53亿美元。

食品安全问题会影响国际食品贸易。出口国食品污染不仅可能引起进口国直接拒收,甚至还会因国家食品不安全使声誉受损,贸易和旅游下降。1991年,秘鲁发生霍乱弧菌污染食品,一方面,秘鲁必须承担众多感染者的医疗费用,另一方面许多国家停止或限制从秘鲁进口食品,导致秘鲁当年食品出口损失总计达7亿美元,同时也影响了该国的旅游业。

食品安全问题的发生,不仅给社会经济造成了极大的损失、损害了消费者的健康,而且严重制约着食品产业的持续发展,乃至影响整个社会经济发展和社会稳定。更为严重的是,食品安全问题制约着中国食品参与国际竞争的能力,近年来我国食品出口被拒绝、扣留、退货、索赔和终止合同的事件时有发生。

四、信任危机问题

当前我国食品安全的控制整体良好,但低于大众预期。这可能受国内外一些食品安全事件多发的影响,很多人对食品安全存在一种恐慌心理。大多数消费者认为食品安全存在许多潜在的风险,会不定时地带来危机,但不知会在何时、何地发生。这种恐慌不仅会对受害人带来身体上的伤害,更持久的是对民众心理的伤害。重新树立大众对食品安全的信心是一个漫长的过程,很难在短期内实现。

五、食品安全中"食源性疾病"问题

世界卫生组织认为,凡是通过摄食进入人体的各种致病因子引起的,具有感染性的或中毒性食源性疾病的一类疾病,称为食源性疾病。即指通过食物传播的方式和途径致使病原物质进入人体并引发的中毒或感染性疾病,包括常见的食物中毒、肠道传染病、人畜共患传染病、寄生虫病以及化学性有毒有害物质所引起的疾病。中国工程院院士陈君石表示,最近一项食源性疾病监测显示,我国平均6.5人中就有1人罹患食源性疾病,严重者直接导致死亡。因此,食源性疾病是头号食品安全问题,致病性微生物引起的食源性疾病是全世界的头号食品安全问题,也是中国的头号食品安全问题。

为避免食源性疾病的发生,至少需要三方面的共同努力:一是需要食品生产经营者认

真遵照食品安全的要求进行生产制造；二是政府需加强监管；三是需要消费者掌握一定的卫生常识。

第三节　食品生产体系中的危害来源

一、食品生产前（食品原料）危害来源

1. 天然有害物质

食品中的天然有害物质是指某些食物本身含有对人体健康产生不良影响的物质，或降低食物的营养价值，或导致人体代谢紊乱，或引起食物中毒，有的还产生“三致”反应（致畸、致突变、致癌）。天然有害物质主要存在于动植物性食物中，但多集中于海产鱼贝类食物。如马铃薯变绿能够产生龙葵碱，有较强毒性，通过抑制胆碱酯酶活性引起中毒反应，还对胃肠黏膜有较强的刺激作用，并能引起脑水肿、充血。

河豚毒素是一种有剧毒的神经毒素，一般的家庭烹调加热、盐腌、紫外线和太阳光照射均不能破坏。其毒性甚至比剧毒的氰化钠要强 1 250 倍，能使人神经麻痹，最终导致死亡。但河豚毒素在鲀毒鱼类体内分布不均，主要集中在卵巢、睾丸和肝脏，其次为胃肠道、血液、鳃、肾等，肌肉中则很少。若把生殖腺、内脏、血液、皮肤去掉，新鲜的、洗净的河豚鱼肉一般不含毒素，但若河豚鱼死后较久，内脏毒素流入体液中逐渐渗入肌肉，则肌肉也有毒而不能食用。

2. 食物致敏

食物致敏原是指能引起免疫反应的食物抗原分子，大部分食物致敏原是蛋白质。不同人群对食物致敏有很大差异。成人一般为花生、坚果、鱼和贝类等食物；幼儿一般为牛奶、鸡蛋、花生和小麦等食物。加热可使大多数食物的致敏性降低，但有一些食物烹调加热后致敏性反而增加，如常规巴氏消毒不仅不能使一些牛奶蛋白质降解，还会使其致敏性增加。

3. 农兽药残留

现代农业生产中往往需要投入大量的杀虫剂、杀菌剂（拟除虫菊酯等）、除草剂，由于用药不当或不遵守停药期，在稻谷和果蔬等植物食品中发生农药残留超标问题。在大规模养殖生产中，为了预防疫病、促进生长和提高饲料效率，常常在饲料或饮水中人为加入一些药物（驱寄生虫剂等），但如果用药不当或不遵守停药期，动物体内就会发生超过标准的药物残留而污染动物源性食品等问题。

4. 重金属残留

有毒重金属进入食品包括如下途径。

①工业“三废”的排放造成环境污染，是食品中有害重金属的主要来源。这些有害金属在环境中不易净化，可以通过食物链富积，引起事物中毒。

②有些地区自然地质条件特殊，地层有毒金属含量高，使动植物有毒金属含量显著高

于一般地区。

③食品加工中使用的金属机械、管道、容器以及因工艺需要加入的食品添加剂品质不纯，含有有毒金属杂质而污染食品。

5. 细菌性污染

在全世界所有的食源性疾病暴发的案例中，66%以上为细菌性致病菌所致。对人体健康危害较严重的致病菌有：沙门菌、大肠杆菌、副溶血性弧菌、蜡样芽孢杆菌、变形杆菌、金黄色葡萄球菌等十余种。蜡样芽孢杆菌、金黄色葡萄球菌产生的肠毒素、沙门菌等食入人体后通常引起恶心、呕吐、腹泻、腹痛、发热等中毒症状。单核细胞增多性李斯特菌引起脑膜炎以及与流感类似的症状，甚至致流产、死胎。

6. 食源性寄生虫

各种禽畜寄生虫病严重危害着家畜家禽和人类的健康，如猪、牛、羊肉中常见的易引起人兽共患疾病的寄生虫有片形吸虫、囊虫、旋毛虫、弓形虫等。人们在生吃或烹调不当的情况下，就容易引起一些疾病，如片形吸虫可致人食欲减退、消瘦、贫血、黏膜苍白等；猪囊虫可致癫痫；旋毛虫可致急性心肌炎、血性腹泻、肠炎等；弓形虫可引发弓形虫病。

7. 真菌及其毒素污染

真菌的种类很多，有5万多种。霉菌是真菌的一种，广泛分布于自然界。受霉菌污染的农作物、空气、土壤等都可污染食品。霉菌和霉菌毒素污染食品后，引起的危害主要有两个方面：即霉菌引起食品变质和产生毒素引起人类中毒。霉菌污染食品可使食品食用价值降低，甚至完全不能食用，造成巨大经济损失。据统计，全世界每年平均有2%谷物由于霉变不能食用。霉菌毒素引起的中毒大多通过被霉菌污染的粮食、油料作物以及发酵食品等引起，而且霉菌中毒往往表现为明显的地方性和季节性，尤其是连续低温的阴雨天气应引起重视。一次大量摄入被霉菌及其毒素污染的食品，会造成食物中毒；长期摄入小量受污染食品也会引起慢性病或癌症等。

二、食品生产中危害来源

1. 腌制技术

食物在腌制过程中，常被微生物污染，如果加入食盐量小于15%，蔬菜中硝酸盐可被微生物还原成亚硝酸盐。San等人制作咸肉时添加0.5～200 mg/kg的亚硝酸钠，在所有咸肉中均含有2～20 μg/kg的亚硝胺，而不加亚硝酸钠的咸肉中没有测出亚硝胺。人若进食了含有亚硝酸盐的腌制品后，会引起中毒，皮肤黏膜呈青紫色，口唇发青，重者还会伴有头晕、头痛、心率加快等症状，甚至昏迷。此外，亚硝酸盐在人体内遇到胺类物质时，可生成亚硝胺。亚硝胺是一种致癌物质，故常食腌制品容易致癌。

2. 熏烤技术

3,4－苯并[α]芘是多环芳烃中一种主要食品污染物，随食物摄入人体内的3,4－苯并[α]芘大部分可被吸收，经过消化道吸收后，经过血液很快遍布人体，人体乳腺和脂肪组织可蓄积3,4－苯并[α]芘。其致癌性最强，主要表现在胃癌和消化道癌。

碳氢化合物在800～1 000℃供氧不足条件下燃烧能生成3,4－苯并[α]芘。烘烤温度高，食品中的脂类、胆固醇、蛋白质、碳水化合物发生热解，经过环化和聚合形成了大量多环芳烃，其中以3,4－苯并[α]芘为最多。当食品在烟熏和烘烤过程焦糊或炭化时，3,4－苯并[α]芘生成量显著增加。烟熏时产生3,4－苯并[α]芘主要是直接附着在食品表面，随着保藏时间延长逐步渗入到食品内部。加工过程中使用含3,4－苯并[α]芘的容器、管道、设备、机械运输原料、包装材料以及含多环芳烃的液态石蜡涂渍的包装纸等均会对食品造成3,4－苯并[α]芘的污染。

3. 干制技术

传统干燥方法（如晒干和风干），主要利用自然条件进行干燥，干燥时间长，容易受到外界条件的影响污染食品。采用机械设备干燥虽能降低污染，但容易引起油脂含量较高的食品氧化变质。

4. 发酵技术

食品发酵过程中也存在诸多方面的安全性问题。发酵工艺控制不当，造成污染菌或代谢异常，引入毒害性物质；曲霉等发酵菌在发酵过程中，可能产生某些毒素，危害到食品安全；某些发酵添加剂本身是有害物质，如部分厂家在啤酒糖化过程中添加甲醛溶液；发酵罐的涂料受损后，罐体自身金属离子的溶出，造成产品中某种金属离子的超标，如酱油出现铁离子超标等。

5. 蒸馏技术

蒸馏技术在食品加工中用于提纯一些有机成分，如酒精、甘油、丙酮。在蒸馏过程中，蒸馏出的产品可能存在副产品污染问题，如酒精馏出物有甲醇、杂醇油、铅的混入问题。

6. 分离技术

在食品生产过滤中，如果操作不当，会导致过滤周期不成比例地缩短，可能出现一些有害物质残留；在食品生产萃取中，为提取脂溶性成分和精炼油脂，大多使用有机溶剂，如苯、氯仿、四氯化碳等毒性较强的溶剂，如在食品中过量残留会造成一定的危害；在食品生产絮凝中，常采用的絮凝剂为铝、铁盐和有机高分子类，过量使用，残留于产品中会产生食品安全问题。

7. 灭菌技术

近年来，食品工业中灭菌技术有了很大发展，但仍有可能出现安全问题。

巴氏消毒法采用100℃以下温度杀死绝大多数病原微生物，但若食品被一些耐热菌污染，易生长繁殖引起食物腐败变质。

高压蒸汽灭菌是将食品（如罐头）预先装入容器密封，采用121℃高压蒸汽灭菌15～20 min。但肉毒梭状芽孢杆菌耐热性强，个别芽孢存活，能在罐头中生长繁殖，并产生肉毒毒素引起食物中毒。

三、食品生产后危害来源

食品生产后危害来源主要集中在食品包装上。包装材料直接和食物接触,很多材料成分可迁移进食品中,称为“迁移”,可在玻璃、陶瓷、金属、硬纸板、塑料包装材料中发生。如采用陶瓷器皿盛放酸性食品时,表面釉料中含有铅等重金属离子就可能被溶出,随食物进入人体对人体造成危害。因此,对于食品包装材料安全性的基本要求就是不能向食品中释放有害物质,不与食品成分发生反应。

第四节　食品危害分析

食品是人类生存的基本要素,但是食品中有可能含有或者被污染危害人体健康的各种物质。这里所说的危害是指可能对人体健康产生不良后果的因素或状态,食品中具有的危害通常为食源性危害。据统计,在我国食物卫生安全问题中,食物中毒仍是最普遍、最主要的危害,而食物中毒中细菌造成的中毒事故占绝大多数,达到98.5%,化学物质和自然毒素分别只占0.7%和0.8%。因此,微生物污染是影响食品卫生和安全的最主要因素。就其疾病暴发的性质而言,引起食品危害主要分三大类,即生物性危害、化学性危害和物理性危害。

一、生物性危害分析

生物性危害是指有害的细菌、真菌、病毒等微生物及寄生虫、昆虫等生物对食品造成的危害。在食品加工、贮存、运输、销售,直到食用的整个过程中,每一个环节都有可能受到这些生物的污染,危害人体健康。

(一)细菌

食品中丰富的营养成分为细菌的生长繁殖提供充足的物质基础,食品在细菌作用下腐败变质,失去原有的营养成分。人们食用了被有害细菌污染的食品,会发生各种中毒现象。

1. 沙门菌

沙门菌(*salmonella*)是一类革兰氏阴性肠道杆菌,是引起人类伤寒、副伤寒、感染性腹泻、食物中毒等疾病的重要肠道致病菌,是食源性疾病的重要致病菌之一。沙门菌广泛分布于家畜、鸟、鼠类肠腔中,在动物中广泛传播并感染人群。患沙门菌病的带菌者的排泄物或带菌者自身都可直接污染食品,常被污染的食物主要有各种肉类、鱼类、蛋类和乳类食品,其中以肉类居多。

沙门菌随同食物进入机体后在肠道内大量繁殖,破坏肠黏膜,并通过淋巴系统进入血液,出现菌血症,引起全身感染。释放出毒力较强的内毒素,内毒素和活菌共同侵害肠黏膜继续引起炎症,出现体温升高和急性胃肠症状。大量活菌释放的内毒素同时引起机体中毒,潜伏期平均为12~24 h,短者6 h,长者48~72 h,中毒初期表现为头痛、恶心、食欲不振,之后出现呕吐、腹泻、腹痛、发热,严重者可引起痉挛、脱水、休克等症状。

2. 致病性大肠埃希菌

大肠埃希菌(*Escherichia coli*)是一类革兰阴性肠道杆菌,是人畜肠道中的常见菌,随粪便排出后广泛分布于自然界,可通过粪便污染食品、水和土壤,在一定条件下可引起肠道外感染,以食源性传播为主,水源性和接触性传播也是重要的传播途径。

某些血清型大肠杆菌能引起人类腹泻。其中肠产毒性大肠杆菌会引起婴幼儿腹泻,出现轻度水泻,也可呈严重的霍乱样症状。腹泻常为自限性,一般 2 ~ 3 天即愈,营养不良者可达数周,也可反复发作。肠致病性大肠杆菌是婴儿腹泻的主要病原菌,有高度传染性,严重者可致死。细菌侵入肠道后,主要在十二指肠、空肠和回肠上段大量繁殖。此外,肠出血性大肠杆菌会引起散发性或暴发出血性结肠炎,可产生志贺毒素样细胞毒素。

3. 葡萄球菌

葡萄球菌(*staphylococcus*)是一种革兰阳性球菌,广泛分布于自然界,如空气、水、土壤、饲料和其他物品上,多数为非致病菌,少数可导致疾病。食品中葡萄球菌的污染源一般来自患有化脓性炎症的病人或带菌者,因饮食习惯不同,引起中毒的食品是多种多样的,主要是营养丰富的含水食品,如剩饭、糕点、凉糕、冰激凌、乳及乳制品,其次是熟肉类,偶见于鱼类及其制品、蛋制品等。近年,由熟鸡、鸭制品引起的中毒现象有增多的趋势。

葡萄球菌中,金黄色葡萄球菌致病力最强,可产生肠毒素、杀白血球素、溶血素等,刺激呕吐中枢产生催吐作用。金黄色葡萄球菌污染食物后,在适宜的条件下大量繁殖产生肠毒素,若吃了这些不安全的食品,极易发生食物中毒。

4. 致病性链球菌

致病性链球菌是化脓性球菌的一类常见的细菌,广泛存在于水、空气、人及动物粪便和健康人鼻咽部,容易对食品产生污染。被污染的食品因烹调加热不彻底,或在加热后又被本菌污染,在较高温度下,存放时间较长,食前未充分加热处理,以致食后引起中毒。

食用致病性链球菌污染的食品后,常引起皮肤和皮下组织的化脓性炎症及呼吸道感染,还能引起猩红热、流行性咽炎、丹毒、脑膜炎等,严重者可危害生命。

5. 肉毒梭状芽孢杆菌

肉毒梭状芽孢杆菌(简称肉毒梭菌)属于厌氧性梭状芽孢杆菌属,广泛分布于土壤、水、海洋、腐败变质的有机物、霉干草、畜禽粪便中,带菌物可污染各类食品原料,特别是肉类和肉制品。

肉毒梭菌能够产生菌体外毒素,经肠道吸收后进入血液,作用于脑神经核、神经接头处以及植物神经末梢,阻止乙酰胆碱的释放,妨碍神经冲动的传导而引起肌肉松弛性麻痹。

6. 副溶血性弧菌

副溶血性弧菌又称肠炎弧菌,是我国沿海地区夏秋季节最常见的一种食物中毒菌。常见的鱼、虾、蟹、贝类中副溶血性弧菌的检出率很高。

副溶血性弧菌导致的食物中毒,大多为副溶血性弧菌侵入人体肠道后直接繁殖造成的感染及其所产生的毒素对肠道共同作用的结果。潜伏期一般为 6 ~ 10 h,最短者 1 h,长者可达 24～48 h。耐热性溶血毒素除有溶血作用外，还有细胞毒、心脏毒、肝脏毒等作用。

7. 空肠弯曲菌

空肠弯曲菌是一种重要的肠道致病菌。食品被空肠弯曲菌污染的重要来源是动物粪便，其次是健康的带菌者。此外，已被感染空肠弯曲菌的器具等未经彻底消毒杀菌便继续使用，也可导致交叉感染。

食用空肠弯曲菌污染的食品后，可发生中毒事故，主要危害部位是消化道。潜伏期一般 3～5 天，突发腹痛、腹泻、恶心、呕吐等胃肠道症状。该菌进入肠道后在含微量氧环境下迅速繁殖，主要侵犯空肠、回肠和结肠，侵袭肠黏膜，造成充血及出血性损伤。

8. 志贺菌

志贺菌是一类革兰阴性杆菌，是人类细菌性痢疾最为常见的病原菌，通称痢疾杆菌。痢疾病人和带菌者的大便污染食物、瓜果、水源、玩具和周围环境，夏秋季天气炎热，苍蝇孳生快，苍蝇上的脚毛可黏附大量痢疾杆菌等，是重要的传播媒介。因此，夏秋季节痢疾的发病率明显上升。

志贺菌污染食品后，大量繁殖，并产生细胞毒素、肠毒素和神经毒素，食后可引起中毒，抑制细胞蛋白质合成，使肠道上皮细胞坏死、脱落，局部形成溃疡。由于上皮细胞溃疡脱落，形成血性、脓性的排泄物，这是志贺菌对人体产生的主要危害。志贺菌食物中毒后，潜伏期一般为 10～20 h。发病时以发热、腹痛、腹泻、痢疾后重感及黏液脓血便为特征。

（二）病毒

病毒到处存在，只对特定动物的特定细胞产生感染作用。因此，食品安全只须考虑对人类有致病作用的病毒。容易污染食品的病毒有甲型肝炎病毒（Hepatitis A virus，HAV）、诺如病毒（Norovirus）、嵌杯病毒（Calicivirus）、星状病毒（Astrovirus）等。这些病毒主要来自病人、病畜或带毒者的肠道，污染水体或与手接触后污染食品。已报道的所有与水产品有关的病毒污染事件中，绝大多数由于食用了生的或加热不彻底的贝类而引起。

食品受病毒污染主要有 4 种途径：

（1）港湾水域受污水污染能使海产品受病毒污染。

（2）灌溉用水受污染会使蔬菜、水果的表面沉积病毒。

（3）使用受污染的饮用水清洗和输送食品或用来制作食品，会使食品受病毒污染。

（4）受病毒感染的食品加工人员，很容易将病毒带进食品中。

（三）寄生虫

寄生虫是需要有寄主才能存活的生物。寄生虫感染主要发生在喜欢生食或半生食的水产品特定人群中。目前，我国食品中对人类健康危害较大的寄生虫主要有线虫、吸虫和绦虫。其中，比较常见的有吸虫中的华枝睾吸虫和卫氏并吸虫，线虫中的异尖线虫、广州管圆线虫。2006 年，我国北京、广州等地人们食用管圆线虫污染的福寿螺时，由于加工不当，没能及时有效地杀死寄生在螺内的管圆线虫，致使寄生虫的幼虫侵入人体，到达人的脑部，造成大脑中枢神经系统的损害，患者出现一系列的神经症状。

食品受寄生虫污染有以下几种途径：原料动物患有寄生虫病；食品原料遭到寄生虫虫

卵的污染;粪便污染、生熟不分。

(四)真菌

真菌在自然界分布极广,特别是阴暗、潮湿和温度较高环境更有利于它们的生长,极易引起食品的腐败变质,失去原有的色、香、味、形,降低甚至完全丧失食用价值。有些真菌可以产生毒素,有的毒素甚至经烹调加热都不能被破坏,还可引起食物中毒,如黄曲霉毒素,耐高温,其毒性远远高于氰化物、砷化物和有机农药的毒性,摄入量大时可发生急性中毒,出现急性肝炎、出血性坏死、肝细胞脂肪变性和胆管增生;微量持续摄入,可造成慢性中毒,生长障碍,引起纤维性病变,致使纤维组织增生。

二、化学性危害分析

食品中化学物质的残留可直接影响到消费者身体健康,因此,降低食物化学性危害程度,防止污染物随食品进入人体,是提高食品安全性的重要环节之一。造成食品化学性危害的物质有:食品添加剂、农药残留、兽药残留、重金属、硝酸盐、亚硝酸盐等。

化学污染可以发生在食品生产和加工的任何阶段。化学品,例如:农药、兽药和食品添加剂等适当地、有控制地使用是没有危害的,而一旦使用不当或超量就会对消费者形成危害。

化学危害可分为以下几种:

(1)天然存在的化学物质:霉菌毒素、组胺、蘑菇毒素、贝类毒素和生物碱等。

(2)有意加入的化学物质:食品添加剂(硝酸盐、色素等)。

(3)无意或偶尔进入食品的化学物质:农用的化学物质(杀虫剂、杀真菌剂、除草剂、肥料、抗生素和生长激素等)、食品法规禁用化学品、有毒元素和化合物(铅、锌、砷、汞、氰化物等)、多氯联苯、工厂化学用品(润滑油、清洁剂、消毒剂和油漆等)。

三、物理性危害分析

物理性危害通常是对个体消费者或相当少的消费者产生问题,危害结果通常导致个人损伤,如牙齿破损、嘴划破、窒息等,或者其他不会对人的生命产生威胁的问题。潜在的物理危害由正常情况下食品中没有的外来物质造成,包括金属碎片、碎玻璃、木头片、碎岩石或石头。法规规定的外来物质也包括这类物质,如食品中的碎骨片、鱼刺、昆虫以及昆虫残骸、啮齿动物及其他哺乳动物的头发、沙子以及其他通常无危害的物质。表 2-1 列出有关物理危害及其来源、可能导致的危害。

表 2-1 常见物理危害及其来源

物理危害	潜在危害	来源
玻璃	割伤、流血、需要外科手术查找并除去危害物	玻璃瓶、罐、各种玻璃
木屑	割伤、感染、窒息或需外科手术除去危害物	原料、货盘、盒子、建筑材料
石头	窒息、损坏	原料、建筑材料

续表

物理危害	潜在危害	来源
金属	割伤、窒息或需外科手术除去危害物	原料、机器、电线、员工
昆虫及其他污秽	疾病、外伤、窒息	原料、工厂内
绝缘体	窒息、引起长期不适	建筑材料
骨头	外伤、窒息	原料、不良加工过程
塑料	窒息、割伤、感染或需外科手术除去危害物	原料、包装材料、货盘、加工

要在食品生产过程中有效地控制物理危害,及时除去异物,必须坚持预防为主,保持厂区和设备的卫生,要充分了解一些可能引起物理危害的环节,如运输、加工、包装和贮藏过程以及包装材料的处理等,并加以防范。如许多金属检测器能发现食品中含铁的和不含铁的金属微粒,X 线技术能发现食品中各种异物,特别是骨头碎片。

第五节 食品安全风险管理

自 20 世纪 90 年代以来,一些危害人类生命健康的重大食品安全事件不断发生,食品安全已成为全球关注问题。有关国际组织和各国政府都在采取切实措施,保障食品安全。为了保证各种措施的科学性和有效性,最大限度地利用现有的食品安全管理资源,迫切需要建立一种新的国际食品安全宏观管理模式,以便在全球范围内科学地建立各种管理措施和制度,对其实施的有效性进行科学的评价。借鉴金融和经济管理领域的理念,食品安全风险分析概念应运而生。

一、风险分析概要

(一)风险分析的概念

风险分析(risk analysis)是一种制定食品安全标准的基本方法,根本目的在于保护消费者的健康和促进公平的食品贸易。风险分析是指对某一食品危害进行风险评估、风险管理和风险交流的过程,具体为通过对影响食品安全的各种生物、物理和化学危害进行鉴定,定性或定量地描述风险的特征,在参考有关因素的前提下,提出和实施风险管理措施,并与利益攸关者进行交流。风险分析在食品安全管理中的目标是分析食源性危害,确定食品安全性保护水平,采取风险管理措施,使消费者在食品安全性风险方面处于可接受的水平。

(二)风险分析的要素及其关系

风险分析包括风险评估、风险管理和风险交流三部分内容,三者既相互独立又密切关联。风险评估是整个风险分析体系的核心和基础,也是有关国际组织和区域组织工作的重点。风险管理是在风险评估结果基础上的政策选择过程,包括选择实施适当的控制理念以及法规管理措施。风险交流是在风险评估者、风险管理者以及其他相关者之间进行风险信息及意见交换的过程。

(三)风险分析在食品安全管理中的作用

风险分析将贯穿食物链(从原料生产、采集到终产品加工、贮藏、运输等)各环节的食源性危害均列入评估内容,同时考虑评估过程中的不确定性、普通人群和特殊人群的暴露量、权衡风险与管理措施的成本效益、不断监测管理措施(包括制定的标准法规)的效果并及时利用各种交流信息进行调整。风险分析为各国建立食品安全技术标准提供具体操作模式,也是WTO制定食品安全标准和解决国际食品贸易争端的依据。随着近几年全球性食品安全事件的频繁发生,人们已经认识到以往的基于产品检测的事后管理体系无法改变食品已被污染的事实,而且对每一件产品进行检测会花费巨额成本。因此,现代食品安全风险管理的着眼点应该是进行事前有效管理。

二、风险评估

(一)风险评估的概念

风险评估(risk assessment)是指建立在科学基础上的,包含危害鉴定、危害描述、暴露评估、风险描述四个步骤的过程,具体为利用现有的科学资料,对食品中某种生物、化学或物理因素的暴露对人体健康产生的不良后果进行鉴定、确认和定量。

(二)风险评估的基本程序

风险评估的基本程序为危害鉴定、危害特征描述、暴露评估和风险特征描述(图2-2)。

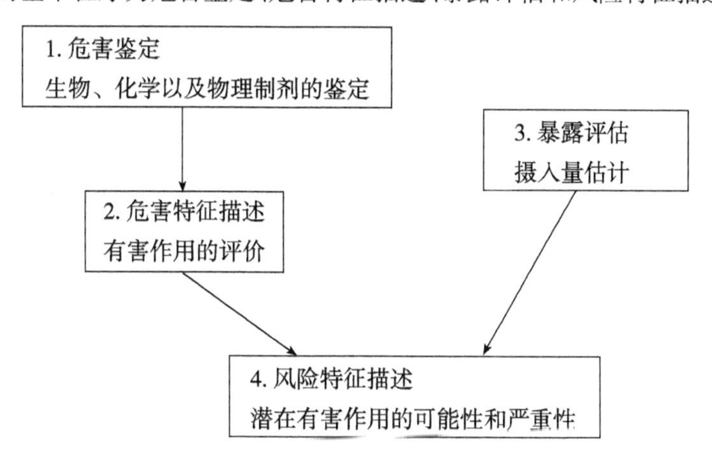

图2-2　食品安全评估框架

危害鉴定(hazard identification)是指识别可能对健康产生不良效果,且可能存在于某种或某类特别食品中的生物、化学和物理因素。对于化学因素(包括食品添加剂、农药和兽药残留、重金属污染物和天然毒素)而言,危害识别主要是指要确定某种物质的毒性(即产生的不良效果),在可能时对这种物质导致不良效果的固有性质进行鉴定。实际工作中,危害识别一般采用动物试验和体外试验的资料作为依据。动物试验包括急性和慢性毒性试验,遵循标准化试验程序,同时必须实施良好实验室规范(good laboratory practice,GLP)和标准化的质量保证/质量控制(quality assurance/quality control,QA/QC)程序。最少数据量应当包含规定的品种数量、两种性别、剂量选择、暴露途径和样本量。动物试验的主要目的在于确定无明显作用的剂量水平(no - observed effect level,NOEL)、无明显不良反应的剂量水平(no - observed adverse effect level,NOAEL),或者临界剂量。通过体外试验可以增加对危害作用机制的了解。通过定量的结构—活性关系研究,对于同一类化学物质(如多环芳烃、多氯联苯、二噁英),可以根据一种或多种化合物已知的毒理学资料,采用毒物当量的方法来预测其他化合物的危害。

危害特征描述(hazard characterization)指对与食品中可能存在的生物、化学和物理因素有关的健康不良效果的性质的定性和(或)定量评价。评估方法一般是由毒理学试验获得的数据外推到人,计算人体的每日允许摄入量(acceptable daily intake,ADI)。严格来说,对于食品添加剂、农药和兽药残留,制定 ADI 值;对于蓄积性污染物镉制定暂定每月耐受摄入量(provisional tolerable monthly intake,PIMI);对于蓄积性污染物如铅、汞等其他蓄积性污染物,制定暂定每周耐受摄入量(provisional tolerable weekly intake,PTWI);对于非蓄积性污染物如砷,制定暂定每日耐受摄入量(provisional tolerable daily intake,PTDI);对于营养素,制定推荐膳食摄入量(recommended daily intake,RDI)。目前,国际上由联合国粮农组织和世界卫生组织下的食品添加剂委员会(Joint FAO/WHO Expert Committee on Food Additives,JECFA)制定食品添加剂和兽药残留的 ADI 值以及污染物的 PTWI/PTDI 值,由农药残留联席会议(Joint Meeting on Pesticide Residue,JMPR)制定农药残留的 ADI 值等。

暴露评估(exposure assessment)是指对于通过食品的可能摄入和其他有关途径暴露的生物因素、化学因素和物理因素的定性和(或)定量评价。暴露评估主要根据膳食调查和各种食品中化学物质暴露水平调查的数据进行,通过计算可以得到人体对于该种化学物质的暴露量。进行暴露评估需要有关食品的消费量和这些食品中相关化学物质浓度两方面的资料,一般可以采用总膳食研究、个别食品的选择性研究和双份饭研究进行。因此,进行膳食调查和国家食品污染监测计划是准确进行暴露评估的基础。

风险特征描述(risk characterization)是指根据危害鉴定、危害特征描述和暴露评估,对某一特定人群的已知或潜在健康不良效果的发生可能性和严重程度进行定性和(或)定量的估计,其中包括伴随的不确定性。具体为就暴露对人群产生健康不良效果的可能性进行估计,对于有阈值的化学物质,比较暴露量和 ADI 值(或者其他测量值),暴露量小于 ADI 值时,健康不良效果的可能性理论上为零;对于无阈值的物质,人群的风险是暴露和效力的综合结果。同时,风险特征描述需要说明风险评估过程中每一步所涉及的不确定性。将动物试验的结果外推到人可能产生不确定性。在实际工作中,这些不确定性可以通过专家判断等加以克服。

(三)风险评估的类别与作用

在化学危害物的风险评估中,主要确定人体摄入某种物质(食品添加剂、农兽药残留、环境污染物和天然毒素等)的潜在不良效果、产生这种不良效果的可能性,以及产生这种不良效果的确定性和不确定性。暴露评估的目的在于求得某种危害物对人体的暴露剂量、暴露频率、时间长短、路径及范围，主要根据膳食调查和各种食品中化学物质暴露水平调查的数据进行。风险特征描述是就暴露对人群产生健康不良效果的可能性进行估计，是危害鉴定、危害特征描述和暴露评估的综合结果。对于有阈值的化学物质，就是比较暴露量和ADI值（或者其他测量值），暴露量小于ADI值时，健康不良效果的可能性理论上为零；对于无阈值物质，人群的风险是暴露量和效力的综合结果。同时，风险描述需要说明风险评估过程中每一步所涉及的不确定性。

生物危害物的风险评估，相对于化学危害物而言，目前尚缺乏足够的资料，以建立衡量食源性病原体风险的可能性和严重性的数学模型。而且，生物性危害物还会受到很多复杂因素的影响，包括食物从种植、加工、贮存到烹调的全过程，宿主的差异（敏感性、抵抗力），病原菌的毒力差异，病原体的数量动态变化，文化和地域的差异等。因此，对生物病原体的风险评估以定性方式为主。定性的风险评估取决于特定的食物品种、病原菌的生态学知识、流行病学数据，以及专家对生产、加工、贮存、烹调等过程有关危害的判断。

物理危害风险评估是指对食品或食品原料本身携带或加工过程中引入的硬质或尖锐异物被人食用后对人体造成危害的评估。食品中物理危害造成人体伤亡和发病的概率较化学和生物的危害低，一旦发生，则后果非常严重，必须经过手术方法才能将其清除。物理性危害的确定比较简单，暴露的唯一途径是误食了混有物理危害物的食品，也不存在阈值。根据危害识别、危害特征描述以及暴露评估的结果给予高、中、低的定性估计。

三、风险管理

（一）风险管理的概念

风险管理是根据风险评估的结果，同时考虑社会、经济等方面的有关因素，对各种管理措施的方案进行权衡，在需要时加以选择和实施。风险管理的首要目标是通过选择和实施适当的措施，有效地控制食品风险，保障公众健康。风险管理的具体措施包括制定最高限量，制定食品标签标准，实施公众教育计划，通过使用其他物质或者改善农业或生产规范，以减少某些化学物质的使用。

（二）风险管理的程序

风险管理可以分为四个部分：风险评价、风险管理选择评估、执行管理决定，以及监控和审查。

风险评价包括确认食品安全问题、描述风险概况、就风险评估和风险管理的优先性对危害进行排序、为进行风险评估制定风险评估政策、决定进行风险评估以及风险评估结果的审议。

风险管理选择评估的程序包括确定现有的管理选项、选择最佳的管理选项（如安全标准），以及最终的管理决定。为了做出风险管理决定，风险评价过程的结果应当与现有风险管理选项的评价相结合。保护人体健康应当是首先考虑的因素，同时，可适当考虑其他因素(经济费用、效益、技术可行性、对风险的认知程度等),可以进行费用—效益分析。

执行管理决定指的是有关主管部门,即食品安全风险管理者执行风险管理决策的过程。食品安全主管部门,即风险管理者,有责任满足消费者的期望,采取必要措施保证消费者能得到高水平的健康保护。

监控和审查指的是对实施措施的有效性进行评估,以及在必要时对风险管理和(或)评估进行审查。执行管理决定之后,应当对控制措施的有效性以及对暴露消费者人群风险的影响进行监控,以确保食品安全目标的实现。重要的是,所有可能受到风险管理决定影响的有关团体都应当有机会参与风险管理的过程。这些团体包括但不应仅限于消费者组织、食品工业和贸易代表、教育和研究机构,以及管理机构。它们可以各种形式进行协商,包括参加公共会议、在公开文件中发表评论等。在风险管理政策制定过程的每个阶段,包括评价和审查中,都应当吸收有关团体参加。

(三)食品风险管理的原则

1. 遵循结构性方法

风险管理结构性方法的要素包括风险评价、风险管理选择评估、风险管理决策执行以及监控和回顾。在某些情况下,并不是所有这些方面都必须包括在风险管理活动当中。如标准制定由食品法典委员会负责,而标准及控制措施执行则是由政府负责。

2. 以保护人类健康为主要目标

对风险的可接受水平应主要根据对人体健康的考虑决定,同时应避免风险水平上随意性的和不合理的差别。在某些风险管理情况下,尤其是决定将采取措施时,应适当考虑其他因素(如经济费用、效益、技术可行性和社会习俗)。这些考虑不应是随意性的,而应当清楚和明确。

3. 决策和执行应当透明

风险管理应当包含风险管理过程(包括决策)所有方面的鉴定和系统文件,从而保证决策和执行的理由对所有有关团体是透明的。

4. 风险评估政策的决定是一种特殊的组成部分

风险评估政策是为价值判断和政策选择制定准则,这些准则将在风险评估的特定决定点上应用,因此,最好在风险评估之前,与风险评估人员共同制定。从某种意义上讲,决定风险评估政策往往是进行风险分析实际工作的第一步。

5. 风险评估过程应具有独立性

风险管理应当通过保持风险管理和风险评估二者功能的分离,确保风险评估过程的科学完整性,减少风险评估和风险管理之间的利益冲突。但是应当认识到,风险分析是一个循环反复的过程,风险管理人员和风险评估人员之间的相互作用在实际应用中是至关重要的。

6. 评估结果的不确定性

如有可能,风险的估计应包括将不确定性量化,并且以易于理解的形式提交给风险管理人员，以便他们在决策时能充分考虑不确定性的范围。例如，如果风险的估计很不确定，风险管理决策将更加保守。

7. 保持各方面的信息交流

在所有有关团体之间进行持续的相互交流是风险管理过程的一个组成部分。风险交流不仅仅是信息的传播，其更重要的功能是将对有效进行风险管理至关重要的信息和意见并入决策的过程。

8. 是一种持续循环的过程

风险管理应是一个考虑在风险管理决策的评价和审查中所有新产生资料的连续过程。为确定风险管理在实现食品安全目标方面的有效性，应对前期决定进行定期评价。

（四）风险管理的作用

风险管理的首要目标是通过选择和实施适当的措施，尽可能有效地控制食品安全风险，将风险控制到可接受的范围内，保障公众健康。风险管理措施包括制定最高限量和食品标签标准，实施公众教育计划，通过使用其他物质或者改善农业或生产规范以减少某些化学物质的使用等。风险管理措施的实施不仅能保证消费者的食品卫生安全，将食源性危害降到最低程度，而且能维护食品生产企业的合法权益，对食品行业的健康发展起到巨大的推动作用。

四、风险交流

（一）风险交流的概念

风险交流（risk communication）是在风险评估人员、风险管理人员、消费者和其他有关的团体之间就与风险有关的信息和意见进行相互交流。

（二）风险交流的形式

风险交流的对象包括国际组织（CAC、FAO、WHO、WTO）、政府机构、企业、消费者和消费者组织、学术界和研究机构，以及大众传播媒介（媒体）。进行有效的风险交流的要素包括：风险的性质即危害的特征和重要性，风险的大小和严重程度，情况的紧迫性，风险的变化趋势，危害暴露的可能性，暴露的分布，能够构成显著风险的暴露量，风险人群的性质和规模，最高风险人群。此外，还包括利益的性质、风险评估的不确定性，以及风险管理的选择。其中一个特别重要的方面，就是将专家进行风险评估的结果及政府采取的有关管理措施告知公众或某些特定人群（如老人、儿童，以及免疫缺陷症、过敏症、营养缺乏症患者），建议消费者可以采取自愿性和保护性措施等。

（三）风险交流的作用

开展有效的风险交流，需要相当的知识、技巧和成熟的计划。因此，开展风险交流还要求风险管理者做出宽泛性的计划，制定战略性的思路，投入必要的人力和物力资源，组织和培训专家，并落实和媒体交流或发布报告要事先执行的方案。能否开展有效的风险交流、什么时候开展有效的风险交流，取决于国家层面的管理结构、法律法规和传统习惯，以及风险管理者对风险分析原则的理解，特别是风险交流支撑计划的实施。可以概括为风险管理者的管理需求、管理授权、以及技术支撑能力。通过风险交流所提供的一种综合考虑所有相关信息和数据的方法，为风险评估过程中应用某项决定及相应的政策措施提供指导，在风险管理者和风险评估者之间，以及他们与其他有关各方之间保持公开的交流，以增加决策的透明度，增强对各种结果的可能的接受能力。

综上所述，风险分析是一个由风险评估、风险管理、风险交流组成的连续过程。风险管理中决策部门、消费者及有关企业的相互交流和参与形成了反复循环的总体框架，充分发挥了食品安全性管理的预防性作用。风险评估、风险管理和风险交流三部分相互依赖，并各有侧重。在风险评估中强调所引入的数据、模型、假设及情景设置的科学性，风险管理则注重所做出的风险管理决策的实用性，风险交流强调在风险分析全过程中的信息互动(图2－3)。

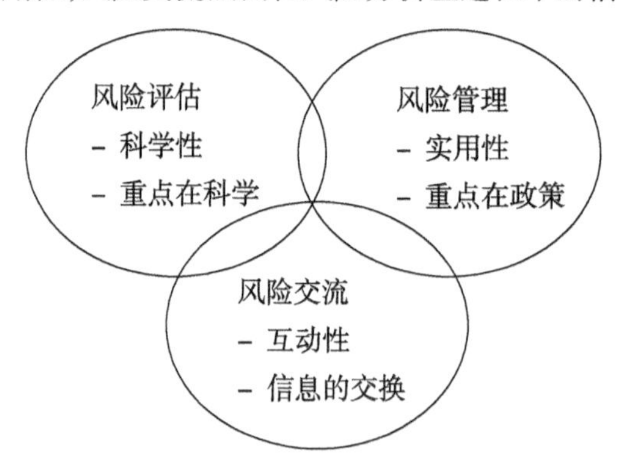

图2－3　食品安全风险分析框架

思考题：

1. 以近期国内外某个食品安全问题为题，分析其原因并谈谈你的看法。
2. 食品安全与食品卫生的区别是什么？
3. 结合具体实例，谈谈食品危害主要来自哪些方面？
4. 简述食品安全风险评估的基本程序。
5. 什么是暴露评估？
6. 简述风险管理的程序。
7. 风险交流的作用有哪些？

第三章　食品安全控制

第一节　粮食类加工类企业的安全控制

一、淀粉及淀粉制品生产企业的安全控制

为提高淀粉及淀粉制品食品安全水平、保障人民身体健康、增强我国食品企业市场竞争力，我国发布了 CCAA 0005—2014《食品安全管理体系　淀粉及淀粉制品生产企业要求》，该技术要求从我国淀粉及淀粉制品行业食品安全方面应关注的关键问题入手，采取自主创新和积极引进并重的原则，结合淀粉及淀粉制品企业生产特点，针对企业卫生安全生产环境和条件、关键过程控制、产品检测等方面，提出了建立我国淀粉及淀粉制品生产企业食品安全管理体系的专项技术要求。

鉴于淀粉及淀粉制品生产企业在生产加工过程方面的差异，为确保食品安全，除在高风险食品控制中所必须关注的一些通用要求外，本标准还特别提出了针对本类产品特点的“关键过程控制”要求。重点提出对原料验收、产品干燥、淀粉糖的离子交换以及食品添加剂的使用等关键过程的控制，确保消费者食用安全。

（一）淀粉及淀粉制品基本术语

1. 淀粉

一种碳水化合物。以颗粒形状存在于植物有机体中，主要以 α - D - 葡萄糖为单位聚合组成。

2. 淀粉制品

以谷类、薯类、豆类或以谷类、豆类、薯类食用淀粉为原料，经清洗、磨碎、分离、和浆、干燥、成型等工序加工而成的食品，包括粉丝、粉条、粉皮和冻皮等。

3. 淀粉衍生物

由原淀粉加工后所得产品的通称，包括变性淀粉、淀粉水解产品。

4. 淀粉水解物（淀粉糖）

通过酸、酶或两者结合水解淀粉得到的产品，由较低分子量的多糖、低聚糖、单糖所组成。

（二）相关的标准

淀粉及淀粉制品企业除了满足相关的通用标准如 GB 14881—2013 食品企业通用卫生规范和 GB/T 22000—2006 食品安全管理体系食品链中各类组织的要求、GB 2760—2014 食品添加剂使用卫生标准等标准外，应满足以下相关标准。

GB/T 8887 淀粉分类

GB/T 12104 淀粉(包括衍生物和副产品)术语

出品食品生产企业备案管理规定(国家质检总局 2011 年第 142 号令)

(三)安全控制要点

1. 前提方案

淀粉及淀粉制品生产企业除必须具备必备的生产环境外,还应满足 GB 14881—2013 的要求,出口企业还应满足出口食品生产企业卫生注册的要求和进口国的相关法规要求。

(1)基础设施与维护。

①企业应建在无有碍食品卫生的区域,厂区内不应兼营、生产、存放有碍食品卫生的其他产品和物品。厂区路面应平整、无积水、易于清洗;厂区应适当绿化,无泥土裸露地面。生产区域应与生活区域隔离。

②厂区内污水处理设施、锅炉房、储煤场等应当远离生产区域和主干道,并位于主风向的下风处。

③废弃物暂存场地应远离包装车间。应有防污染设施,定期清洗消毒。废弃物应及时清运出厂,暂存过程中不应对厂区环境造成污染。需要时,应设有污水处理系统;污水排放应符合国家环境保护的规定。

④厂房应结构合理,牢固且维修良好,其面积应与生产能力相适应;应有防止蚊、蝇、鼠、其他害虫以及烟、尘等环境污染物进入的设施。

⑤车间面积应当与生产能力相适应,生产设施及设备布局合理,便于生产操作,应实施有效措施防止交叉污染。

⑥基础设施。

车间地面、墙壁、天花板的覆盖材料应使用浅色、无毒、耐用、平整、易清洗的材料;地面应有充足的坡度,不积水;墙角、地角、顶角应接缝良好,光滑易清洗;天花板和顶灯的建造和装饰应能尽量减少积尘、水珠凝结及碎物脱落;加工区域应通风良好;车间的门窗应用浅色、易清洗、不透水、耐腐蚀、表面光滑而且防吸附的坚固材料制作,结构严密,必要部位应有防蚊虫设施;需要时,应设置与车间相连的更衣室、卫生间及淋浴室;其面积和设施能够满足需要;更衣室、卫生间、淋浴室应当保持清洁卫生,门窗不得直接开向车间,不得对生产车间的卫生构成污染;卫生间内应当设有洗手、消毒设施;便池均应设置独立的冲水装置;应设置排气通风设施和防蚊蝇虫设施。

⑦卫生设施。

车间入口处和车间内的适当位置应设置足够数量的洗手、消毒、清洗以及干手设施(必要时),配备清洁剂和消毒液;洗手水龙头应为非手动开关;包装车间入口处应当设有鞋靴消毒池。

⑧生产设施。

车间内接触加工品的设备、工器具应使用化学性质稳定、无毒、无味、耐腐蚀、不生锈、易清洗消毒、表面光滑而且防吸附、坚固的材料制作，不得使用竹木工器具及棉麻制品。根据生产工艺需要，如果确需使用竹木器具，应有充足的依据，并制定防止产生危害的控制措施。

车间内应设置清洗生产场地、设备以及工器具用的移动水源。车间内移动水源的软质水管上设置的喷头或者水枪应当保持正常工作状态，不得落地。车间内不同用途的容器应有明显的标识，不得混用。废弃物容器应选用适合的材料制作，需加盖的应配置非手工开启的盖。盛装半成品、成品的食品容器，不允许随意摆放在地上，应放置在距地面有一定高度的架上。所有容器、设备焊接点应平整光滑，防止微生物孳生。

⑨生产场所。

应有充足的自然照明或人工照明，厂房内照明色泽应尽量不改变加工物的本色。照度应满足工作场所和操作人员的正常工作需要。食品、食品包装容器和生产线上方的照明设施应有防护罩。在有尘爆可能的作业场所，应采用防爆灯具。车间内应有畅通的排水系统，出口应有防护网罩，水流应当从高清洁区域流向低清洁区域；排水沟应有适当的坡度。车间应保持良好通风，保持车间内空气新鲜。排风口应安装防护罩，车间内空气应由高清洁区向低清洁区流动。

⑩应有与生产能力相适应的、符合卫生要求的原辅材料、化学物品、包装物料、成品的贮存等辅助设施。应制定设备、设施维修保养计划，保证其正常运转和使用。对于关键部件应制订强制保养和更换计划。

（2）其他前提方案。

①接触原料、半成品、成品或与产品有接触的物品的水应当符合安全卫生要求。

②接触产品的器具、手套和内外包装材料等应清洁、卫生和安全。

③确保食品免受交叉污染。

④保证与产品接触操作人员手的清洗消毒，保持卫生间设施的清洁。

⑤防止润滑剂、燃料、清洗消毒用品、冷凝水及其他化学、物理和生物等污染物对食品造成安全危害。

⑥正确标注、存放和使用各类有毒化学物质。

⑦保证与食品接触的员工的身体健康和卫生。

⑧对鼠害、虫害实施有效控制。

⑨控制包装、储运卫生。

2. 关键过程控制

（1）原料要求。

所用的原辅材料必须符合相关的国家标准或行业标准规定。企业生产淀粉制品所用的淀粉必须为食用淀粉，使用的原料应确保农残、重金属指标符合产品卫生标准的要求。包装材料等国家实施生产许可证管理的原辅材料，企业应选择获得生产许可证的供方提供的产品。

(2)干燥。

应对干燥过程实施控制,严格按照干燥工艺操作规程控制干燥温度和时间。必要时,干燥工艺应经过确认和验证,避免因水分超标而造成淀粉发霉变质。

(3)淀粉糖的离子交换。

应制定交换脂再生的条件和操作要求,确保离子交换后的电导率符合规定。

(4)食品添加剂的使用。

使用食品添加剂的品种和添加量应符合国家标准 GB 2760 的要求,加工助剂应符合食品级的卫生要求,出口产品应符合进口国要求。应确保二氧化硫残留量和淀粉制品的铝的残留符合相关规定。

(5)液体糖浆的蒸发浓缩。

应对蒸发浓缩的温度和时间进行控制,必要时,工艺应经过确认和验证,以确保产品符合相关的食品安全要求。

3. 产品检测

(1)实验室应具备与工作需要相适应的场地、仪器和设备以及检测方法标准,应具备醒目的操作规程与标识。实验室所用化学药品、仪器和设备应有合格的采购渠道、存放地点、标记标签、使用说明,要保存仪器和设备的校准记录及维护记录,保存化学药品、仪器和设备的使用记录。检验仪器的校准或检定应符合 GB/T 22000—2006 中 8.3 的要求。

(2)实验室应设置专用于样品保存的空间。样品的抽取、处置、传送和贮存应制定相应的规范。

(3)实验室配备的人员应经受过与其承担任务相适应的教育和培训,并拥有相应的技术知识和经验。实验室应保存技术人员培训、技能、经历和资格等的技术业绩档案。

(4)实验室应有独立的、与实际工作相符合的文件化的实验室管理程序。实验室应保存检验数据的原始记录。

(5)受委托的社会实验室应当具有相应的资质,具备完成委托检验项目的实际检测能力。

(6)生产过程中直接关系到安全卫生质量控制等时效性较强的检验项目,如感官、微生物等检验项目,不得对外委托,应由企业设立的实验室自行完成。

二、豆制品生产企业安全控制

CCAA 0006—2014《食品安全管理体系豆制品生产企业》要求是对豆制品生产企业应用的专项技术要求,是根据豆制品行业的特点对 GB/T 22000—2006 相应要求的具体化。该标准结合豆制品生产企业特点,针对企业卫生安全生产环境和条件、关键过程控制、检验等,提出了建立我国豆制品生产企业食品安全管理体系的专项技术要求。

鉴于豆制品生产企业在生产加工过程方面的差异,为确保食品安全,除在高风险食品控制中所必须关注的一些通用要求外,本技术要求还特别提出了针对本类产品特点的“关键过程控制"要求。主要包括原辅料控制,强调在生产加工过程中的危害控制;重点提出对煮浆、发酵、油炸的处理以及金属异物的检测;突出贮存过程中产品及环境温度的控制对于食品安全的重要性,确保消费者食用安全。

(一)豆制品的基本术语

1. 发酵性豆制品

以大豆或其他杂豆为原料经发酵制成的豆制品,包括腐乳、豆豉、纳豆、霉豆腐类。

2. 非发酵性豆制品

以大豆或其他杂豆为原料,不经发酵过程制成的豆制食品,按不同的加工工艺,制成形态、风味各不相同的豆制食品,可分为豆腐类、半脱水豆腐和豆腐再制品。

3. 其他豆制品

以大豆或其他杂豆为原料经加工制成的,包括大豆组织蛋白(挤压膨化豆制品)、豆沙类产品等。

4. 煮浆

将过滤后的豆浆在尽短时间内加热至95~100℃并保持3~10 min。

5. 点浆、凝固

把葡萄糖酸内酯、硫酸钙、氯化镁等凝固剂分别按一定比例和方法加入到煮熟的豆浆中,使已热变性的蛋白质由溶胶状态变成凝胶状态的过程。

6. 发酵

豆腐坯或大豆按不同的工艺加入香辛料等各种辅料,放入木桶、缸、坛等发酵。利用微生物产生的酶使有机物发生分解、合成反应,大量生成特定的代谢产物,形成该类产品所特有的色、香、味。

7. 调味豆腐

以豆腐为原料,经炸、卤、炒、烤、熏等工艺中的一种或多种和或添加调味料加工而成的产品。

(二)相关的标准

新食品原料安全性审查管理办法

食品添加剂新品种管理办法(卫生部73号令)

GB 2715 粮食卫生标准

GB 2760 食品添加剂使用标准

GB 7102.1 食用植物油煎炸过程中的卫生标准

GB 14881 食品企业通用卫生规范

GB 2716 食用植物油卫生标准

GB 5749 生活饮用水卫生标准

GB 9683 复合食品包装袋卫生标准

(三)安全控制要点

1. 前提方案

(1)基础设施与维护。

应满足相应国家标准(如 GB 14881 等标准)的要求,出口企业还应满足出口食品企业卫生注册的要求和进口国的相关法规要求。

①厂区。

豆制品生产企业应建在地势干燥、交通方便、有充足水源的地方。应远离倒粪站、垃圾箱、公共厕所及其他有碍食品卫生的扩散性污染源,厂区内不得兼营、生产、存放有碍食品卫生的其他产品和物品。厂区道路应便于机动车通行,防止积水及尘土飞扬,采用便于清洗的混凝土、沥青或其他硬质材料铺设。

厂区内污水处理设施、锅炉房、储煤场等应当远离生产区域和主干道,并位于主风向的下风向。废弃物暂存场地应远离豆制品生产车间,在生产场所内必须配备密闭的废弃物专用存放容器,豆渣等废弃物必须采用专用密闭容器存放,不得外泄,及时清除,并及时运出厂外。

②厂房。

厂房应结构合理、牢固且维修良好,其面积应与生产能力相适应,应有防止蚊、蝇、鼠、其他害虫以及烟、尘等环境污染物进入的设施。厂房要合理布局,应有与生产产品相适应的原料库、加工车间、成品库、包装车间,生产发酵豆制品的企业应有相应发酵场所。生产场所应与生活区分开,生产区应在生活区的上风向。必要时,在厂区内的适当位置,设立工器具的清洗消毒区域。

③豆制品生产车间。

车间面积应当与生产能力相适应,生产设施及设备布局合理,便于生产操作;物料走向要顺流,避免成品与在制品、原料混杂而受污染。原辅材料、半成品、成品以及废弃物进出车间的通道应当分开。

车间地面应采用不渗水、不吸水、无毒、防滑的材料铺砌,表面平整无缝隙,并有适当的坡度和良好的排水系统,易于清洗和消毒。车间墙壁应采用浅色、不渗水、不吸水、防霉、无毒材料涂覆,并用白瓷砖或其他防腐材料装修高度不低于 1.5 m 墙裙,墙角与地面交界处呈弧形,防止污垢结存并便于清洗。车间屋顶和天花板应选用不吸水、表面光洁、防霉、耐高温、耐腐蚀的浅色材料装修,并有适当的坡度、距离地面 3 m 以上,以减少凝结水滴、防止虫害和霉菌孳生,便于洗刷、消毒。

车间的门窗应有防蚊蝇、防尘设施,窗台要在地面 1 m 以上,内侧下倾 45°。车间通风和消毒:由于豆制品加工车间温度较高,必须要有良好的通风措施,采用自然通风时通风面积与地面面积之比不少于 1:16;采用机械通风时换气量每小时不少于 3 次,主要生产车间必须配有相应的消毒措施。

生产、加工直接入口食用豆制品,应当采用全自动灌装设备或设立包装专间。包装专间的面积应当与包装产品的数量相适应,车间的地面和墙面应使用便于清洗的材料,车间内应配备空气消毒设施、流动水（净水）装置、防蝇防尘设施、清洗消毒设施等，应当定期对车间进行空气消毒，操作时包装车间内温度不得高于25℃，入口处应设置2次更衣室。

培菌室、发酵室地面要严整，便于清洗，有1.5 m以上墙裙，天花板涂防霉漆，保持室内卫生，发酵瓶、罐要垫高放置，周围环境和室内空气要清洁。更衣室应设在车间入口处，且与洗手消毒处相邻。更衣室内设更衣柜，距离地面20 cm以上，有适当的照明且通风良好，卫生间门窗不得直接开向车间，排污管道应与车间排水管道分设，且有可靠的防臭气水封。

④卫生设施。

应在适当而方便的地点（车间对外出入口、加工场所内、卫生间等）设置足够数目的洗手、消毒、冲洗及干手设备，配备有清洁剂和消毒液。洗手龙头应当非手动开关，并有简明易懂的洗手方法标示。在加工车间的入口处应设有鞋靴消毒池（若使用氯化物消毒剂其余氯浓度应 >200 mg/kg）。

⑤生产设施。

豆制品生产企业根据产品的不同，应配置相应的生产设备：原料处理设备、制浆设备（磨浆机、煮浆罐等）、蒸煮设备、成型设备（压榨机、切块机等）、发酵设施、干燥设施（烧煮、油炸等）、熏制设施、挤出机、包装设施、冷藏设施等。所有用于食品处理及可能接触食品的设备与用具，应由无毒、无臭味或异味、非吸收性、耐腐蚀且可经受重复清洗和消毒的材料制造。如因生产工艺需要必须使用竹木器具及棉麻制品，则应有充分的依据，并制定防止产生危害的控制措施，以免污染食品。

加工车间内应设置清洗生产场地、设备以及工器具的移动水源，移动水源软质水管上设置的喷头或水枪不得落地。接触直接入口食用豆制品的容器和工具应当有明显标志，使用前应严格消毒。

车间内的照明设施应装有防护罩、照度满足操作要求，生产场所的照度在220 lx以上，检验场所的照度在540 lx以上。豆制品生产加工用水必须符合GB 5749的要求，对储水池应定期清洗、消毒，保持卫生。车间内应有畅通的排水系统，水流应当从高清洁区向低清洁区流动，排水沟底部有一定弧度，便于清洁，并有一定的坡度。在排水口应设置网罩，防止鼠、虫害的侵入。废水应排至废水排放系统，或经其他适当方式处理，符合国家规定的排放标准。

⑥通风设施。

车间内根据需要安装空气调节设施或通风设施，以防止室内温度过高、蒸汽凝结并保持室内空气新鲜或及时排除潮湿和污浊的空气。厂房内的空气调节、进排气或使用风扇时，其空气流向应由高清洁区流向低清洁区，防止食品、生产设备及内包材遭受污染。

排气口应装有易清洁、耐腐蚀的网罩，防止有害动物的进入，进气口必须距地面2 m以上，远离污染和排气口，并设有空气过滤装置。通风排气装置应易于拆卸清洗、维修或更换。

⑦辅助设施。

应根据原辅料、半成品、成品、包装材料等性质不同分设贮藏场所。豆类原料应贮存在干燥、通风、清洁卫生的库内；易腐败变质的成品豆制品应做到低温冷藏。原材料仓库和成品仓库应分别设置，同一仓库内存放不同品种的豆制品时，应分类存放，标识明显，离地隔墙（20 cm 以上），仓库内设置防鼠、虫害装置。有温度控制要求的库房，应安装可正确显示库内温度的温度计，并定期校准。

应确保充足的电力和热能供应。应制定设备、设施的维修保养计划，根据设备的性能和重要程度进行分类管理，明确责任，对设备的日常保养、润滑、定期检修、大修各负其责，确保设备的正常运转和使用。

（2）其他前提方案。

①接触原料、半成品、成品或与产品有接触的物品的水应当符合安全卫生要求。

②接触产品的器具、手套和内外包装材料等应清洁、卫生和安全。

③确保食品免受交叉污染。

④保证与产品接触操作人员手的清洗消毒，保持卫生间设施的清洁。

⑤防止润滑剂、燃料、清洗消毒用品、冷凝水及其他化学、物理和生物等污染物对食品造成安全危害。

⑥正确标注、存放和使用各类有毒化学物质。

⑦保证与食品接触的员工的身体健康和卫生。

⑧对鼠害、虫害实施有效控制。

⑨控制包装、储运卫生。

2. 关键过程控制

（1）原辅材料。

企业应编制文件化的原辅材料控制程序，明确原料标准、采购与验收要求，并形成记录，定期复核。原辅料应符合相关法律法规、食品安全标准要求。所有原辅料应按规定的验收要求进行验收，关注其安全卫生指标（如农残、重金属、黄曲霉素 B1 等）。进口原料必须持有出入境检验检疫局的卫生合格证明。

①原料要求。

食品添加剂应选用 GB 2760 中允许使用的食品添加剂，并应符合相应的食品添加剂产品标准。投放时应建立记录并专人现场复核。食品添加剂新品种应符合《食品添加剂新品种管理办法》的规定。药食同源的食品应符合国家相应法律法规和标准的要求。包装材料应符号 GB 9683、GB 9687、GB 9688 及相应标准的要求。

②采购控制。

企业应制定选择、评价和重新评价供方的准则，对原料、辅料、容器、包装材料的供方进行评价、选择。企业应建立合格供方名录。进口原料必须持有进出口检验检疫局的卫生证明。所有原辅料应按规定的验收要求进行验收，关注其安全卫生指标（农残、重金属、黄曲霉素 B1 等）。

③贮存。

豆类原料仓库应保证通风、干燥、清洁卫生，并注意先进先出。熏蒸时应按照规定要求进行，并防止二次污染。

(2)煮浆。

煮浆时应严格控制加热温度、时间，使豆浆完全煮熟，确保脲酶失活。

(3)发酵。

菌种培养、接种或制曲、成曲，包括发酵期都应严格按工艺要求操作，控制温度、湿度，培菌室、发酵室应定期进行消毒。

(4)凝固成型。

凝固剂的种类和添加量应符合 GB 2760 的规定。

(5)豆沙、豆蓉类产品的去石、去金属异物、杀菌应有相应措施，确保产品中的沙石、金属等异物得到控制。豆沙、豆蓉类产品在灌装封口后进行杀菌，杀菌工艺应根据不同产品作工艺验证，对杀菌温度、时间作明确规定。

(6)豆腐再加工制品的油炸。

产品煎炸用油应使用符合 GB 2716 规定的食用植物油，煎炸用油应定期更换新油。煎炸油的使用时间、更换频率应经过工艺验证，其卫生指标应符合 GB 7102. 1 的要求。

(7)贮存。

成品所使用的容器应符合食品卫生要求。成品应贮存在干燥、通风良好的场所，不得与有害、有毒、有异味、易挥发、易腐蚀的物品同处贮存。需低温保藏的产品应控制保藏的温度。

(8)烘干

进行烘干干燥时，应控制烘干的温度、时间，防止霉变。

(9)杀菌

应控制杀菌温度和时间，根据不同产品做工艺验证，确保产品安全。

3. 产品检测

①企业应设有与检验检测工作相适应的安全卫生检验机构，包括与工作需要相适应的实验室、设备、人员、检测标准、检测方法、各种记录。

②实验室应有独立的、与实际工作相符合的文件化的实验室管理程序。

③实验室检验人员的资格、培训应能满足要求。

④实验室所用化学药品、仪器、设备应有合格的采购渠道、存放地点，必备的出厂检验设备应符合相应产品标准的检验要求。

⑤检验仪器的检定或校准应符合 GB/T 22000—2006 中 8. 3 的要求。

⑥委托社会实验室承担豆制品生产企业卫生质量检验工作时，受委托的社会实验室应当具有相应的资质，具备完成委托检验项目的实际检测能力。

三、谷物加工企业安全控制

为提高谷物磨制品安全水平、保障人民身体健康、增强我国食品企业市场竞争力，国家发布了 CCAA 0001—2014《食品安全管理体系谷物加工企业要求》。该技术要求从我国谷物加工企业食品安全存在的关键问题入手，结合谷物加工企业生产特点，针对企业卫生安全生产环境和条件、关键过程控制、产品检验等，提出了建立我国谷物加工企业食品安全管理体系的专项技术要求。

鉴于谷物加工企业在生产过程方面的差异，为确保食品安全，除在高风险食品控制中所必须关注的一些通用要求外，该技术要求还特别提出了针对本类产品特点的"关键过程控制"要求。主要包括原辅料控制、与产品直接接触内包装材料的控制、食品添加剂的控制，强调组织在生产过程中的化学和生物危害控制；重点提出对谷物的采购、食品添加剂的使用、碾米或研磨过程、发芽成品包装过程的控制要求，突出合理制定工艺与技术，加强生产过程监测及环境卫生的控制对于食品安全的重要性，确保消费者食用安全。

（一）谷物加工品基本术语

1. 谷物磨制品

以谷物为原料经清理、脱壳、碾米（或不碾米）、研磨制粉（或不研磨制粉）、压制（或不压制）等工艺加工的粮食制品，如大米、高粱米、小麦粉、荞麦粉、玉米碴、燕麦片等。

2. 谷物粉类制成品

以谷物碾磨粉为主要原料，添加（或不添加辅料），按不同生产工艺加工制作未经熟制（或不完全熟制）的成型食品，如拉面、生切面、饺子皮、通心粉、米粉等。

3. 其他谷物加工

除谷物磨制品、谷物粉类制成品以外的、以谷物原料加工而成的面筋、谷朊粉、发芽糙米、麦芽等谷物加工品。

4. 谷物相关产品

除谷物磨制品以外的谷物粉类制成品、其他谷物加工品等。

5. 碾米

碾去糙米皮层的工序。

6. 研磨

制粉过程中碾开、剥刮、磨细诸工序的总称。

7. 清理

除去原粮中所含杂质的工序的总称。

8. 着水

将水均匀的加入谷物中的工序。

9. 润麦

将着水后的小麦入仓静置，使麦粒表面的水向内部渗透并均匀分布的过程。

10. 发芽糙米

发芽糙米是指将糙米在一定温度、湿度下进行培养，待糙米发芽到一定程度时，将其干燥，所得到的由幼芽和带糠层的胚乳组成的制品。

11. 啤酒麦芽

以二棱、多棱啤酒大麦为原料，经浸麦、发芽、烘烤、焙焦所制成的啤酒酿造用麦芽。

（二）相关的标准

GB 2715 粮食卫生标准

GB 2760 食品安全国家标准　食品添加剂使用标准

GB 5749 生活饮用水卫生标准

GB 7718 食品安全国家标准　预包装食品标签通则

GB 13122 面粉厂卫生规范

GB 14880 食品安全国家标准　食品营养强化剂使用标准

GB 14881 食品安全国家标准　食品生产通用卫生规范

GB/T 8872 粮油名词术语　制粉工业

GB/T 8875 碾米工业名词术语

（三）安全控制要点

1. 前提方案

（1）基础设施与维护。

①厂区环境和布局。

谷物磨制品生产企业应建在交通方便、水源充足，远离粉尘、烟雾、有害气体及污染源的地区，其生产场所、必备的生产设备应满足国家质量监督检验检疫总局制定的《大米生产许可证审查细则》《小麦粉生产许可证审查细则》《其他粮食加工品生产许可证审查细则》的相关要求。

厂区主要道路和进入厂区的道路应铺设适于车辆通行的坚硬路面如混凝土或沥青路面。道路路面应平坦、无积水。厂区内应进行合理绿化，保持环境整洁，并有良好的防洪、排水系统。生产区域应与生活区域隔离。生产区域内厂房与设施必须根据工艺流程、环保和食品卫生要求合理布局。

生产区域内凡使用性质不同的场所（谷物仓、精选间、碾米或磨粉间、包装间等），应分别设置或加以有效隔离。包装场所应分设谷物成品包装室和副产品包装室，并加以有效隔离。厂区内锅炉房、储煤场等应当远离生产区域和主干道，并位于主风向的下风处。

厕所应是水冲式，并设有洗手设施。厂内应设有与职工人数相适应的淋浴室。存放废弃物的暂存场地，要远离生产车间、原粮和成品库。废弃物应及时清运出厂，并对废弃物存放处随时消毒。企业应对虫害和鼠害进行控制，灭虫、灭鼠措施不得对产品安全造成新的危害。厂区内禁止饲养家禽、家畜及其他动物。

②生产车间。

地面应平整、光洁、干燥。内墙和天花板应采用无毒、不易脱落的装饰材料。门窗应完整、紧密，并具有防蝇、防虫、防鼠功能。车间内应有通风设施，防止粉尘污染。必备的清理、砻谷、谷糙分离、碾米、分级、抛光、色选以及制粉和包装设备中与被加工原料直接接触的零部件材料应选用无毒、无害、无污染材料。生产设备与被加工原料接触部位不应有漏、渗油现象。生产设备使用的润滑油不应滴漏于车间地面。应定期清理生产设备中的滞留物,防止霉变。

设备和管道应严密,防止粉尘外扬。更衣室应与生产车间相连,更衣室内应每人配备更衣柜。车间入口处应配备适当的、符合卫生要求的洗手设施,直接接触产品的工作人员应按要求进行洗手。

③附属设施。

应有与生产能力相适应的、符合卫生要求的原辅材料、化学物品、包装物料、成品的贮存等辅助设施,并要求与生产车间分离。

④成品贮藏和运输。

谷物磨制成品应存放在专用仓库内,保持仓库环境的卫生、清洁、干燥、通风。库内不得存放其他物品。仓库内地面须设铺垫物。成品垛应离地离墙。不同品种、不同加工批次的成品应分别垛放。运输用的车辆、工具、铺垫物应清洁卫生、干燥,不得将成品与污染物品同车运输。运输中要防雨淋、防暴晒、防灰尘。

(2)其他前提方案。

企业应根据危害分析的结果和其他要求制定形成文件的其他前提方案,明确其实施的职责、权限和可执行频率,实施有效的监控和相应的纠正预防措施。其他前提方案至少应包括以下几个方面:

①接触原料、半成品、成品或与产品有接触的物品的水应当符合安全卫生要求。

②接触产品的器具、手套和内外包装材料等应清洁、卫生和安全。

③确保食品免受交叉污染。

④保证与产品接触操作人员手的清洗消毒,保持卫生间设施的清洁。

⑤防止润滑剂、燃料、清洗消毒用品、冷凝水及其他化学、物理和生物等污染物对食品造成安全危害。

⑥正确标注、存放和使用各类有毒化学物质。

⑦保证与食品接触的员工的身体健康和卫生。

⑧对鼠害、虫害实施有效控制。

⑨控制包装、储运卫生。

2. 关键过程控制

(1)原辅料验收。

企业应编制文件化的原辅材料控制程序,建立原辅料合格供方名录,制定原辅料的验收标准、抽样方案及检验方法等,并有效实施。采购的原粮及辅料应符合 GB 2715—2016 的要求、相应原粮的质量标准以及顾客、出口产品输入国相关法规要求,不得使用陈化粮。每批原粮经验收合格后,方可使用。原粮应贮存在阴凉、通风、干燥、洁净并有防虫、防鼠、防雀设施的仓库内。

(2)内包装材料的控制。

应建立与产品直接接触内包装材料合格供方名录,制订验收标准,并有效实施。内包装材料接收时应由供方提供安全卫生检验报告,应符合 GB/T 17109 的要求。当供方或材质发生变化时,应重新评价,并由供方提供检验报告。

(3)食品添加剂的控制。

加工过程使用的食品添加剂应符合 GB 2760 和 GB 14880 的规定。食品添加剂应设专门场所贮存,由专人负责管理,记录使用的种类、许可证号、进货量和使用领料量,以及有效期限等。添加剂使用时应及时监测生产过程中的添加数量,对混配设施应定期检查检修,保证添加剂混合均匀。

(4)谷物的清理。

磨制原粮必须经过筛选、磁选、风选、去石等清理过程,以去除金属物、沙石等杂质。风网系统的设备、除尘器、风机管理应合理组合,使之处于最佳工作状态。要根据不同的设备组合要求,选择最佳的工艺参数,达到除杂效果。生产过程中要监视测量工艺参数和除杂结果,保证成品中限度指标(灰分、含砂量、磁性金属物、矿物质、不完善粒、黄粒米等)符合相应要求。保证生产工艺过程中用水的清洁卫生,储水箱要定时进行清洁消毒。

(5)碾米或研磨。

在谷物碾米、抛光或研磨制粉加工过程中,应制订合理工艺与技术要求,控制谷物着水量及润水时间,防止谷物产品水分超标。谷物研磨制粉过程中应经常检查研磨设备的工作状态和研磨效果,及时更换磨辊或检修,尽可能降低产品中由于机器磨损产生的磁性金属物含量。制粉车间,打包间或成品库内清扫的土面不得回机,凡含有在生产过程中不能确定和有效清除污染物的谷物成品、半成品、退换品不得回机处理。磁选设备应定期清理,保证磁选效果。对色选、检查(保险)筛应合理制定工艺与技术要求,并加强监控,保证效果。

(6)糙米发芽、干燥过程控制。

生产发芽糙米应制定合理的工艺与技术参数要求,控制浸泡、发芽温度与时间。如需加工成干制品,应合理运用干燥设备及工艺参数。

(7)啤酒麦芽发育过程控制。

啤酒麦芽生产应严格控制发芽过程的温度、湿度、通风及设施、设备与环境的卫生。高温、高湿季节,应采取有效措施控制发身过程的黴生物繁殖。啤酒麦芽发芽过程中采取的控制措施应符合相关法律、法规及标准要求,不得对食品造成安全危害。

(8)产品包装。

产品的包装过程应保证产品的品质和卫生安全,避免杂质、致病微生物及断针等金属物污染成品。产品标识应符合 GB 7718—2011 的相关要求。

3. 产品检验

(1)企业应有与生产能力相适应的内设检验机构,并具备相应资格的检验人员。

(2)企业内设检验机构应具备检验工作所需要的检验设施和仪器设备;检验仪器应按

规定进行检定或校准。

(3)必备的检验设备和检验项目应满足国家质量监督检验检疫总局制定的《大米生产许可证审查细则》《小麦粉生产许可证审查细则》《其他粮食加工品生产许可证审查细则》的相关要求。

(4)企业委托外部实验室承担检验工作的,该实验室应具有相应的资质。

(5)产品抽样应按照规定的程序和方法执行,确保抽样工作的公正性和样品的代表性、真实性,抽样方案应科学;抽样人员应经专门的培训,具备相应的能力。

四、糕点生产企业安全控制

为提高烘焙食品安全水平、保障人民身体健康、增强我国食品企业市场竞争力,本技术要求从我国烘焙食品安全存在的关键问题入手,采取自主创新和积极引进并重的原则,结合烘焙食品企业生产特点,针对企业卫生安全生产环境和条件、关键过程控制、产品检测等,提出了建立我国烘焙企业食品安全管理体系的专项要求 CCAA 0008—2014《食品安全管理体系糕点生产企业要求》。鉴于糕点生产企业在生产加工过程方面的差异,为确保食品安全,除在高风险食品控制中所必须关注的一些通用要求外,本技术要求还特别提出了针对本类产品特点的“关键过程控制”要求。主要包括原辅料控制、与产品直接接触内包装材料的控制、食品添加剂的控制,强调在生产加工过程中的化学和生物危害控制;重点提出对配料、成型、醒发、烘烤、冷却、包装过程的控制要求,突出合理制订工艺与技术,加强生产过程监测及环境卫生的控制对于食品安全的重要性,确保消费者食用安全。

(一)基本术语

1. 焙烤类食品

以谷物粉、酵母、食盐、砂糖和水为基本原料,添加适量油脂、乳品、鸡蛋、添加剂等,经一系列复杂的工艺手段,烘焙而成的方便食品。包括面包、蛋糕、西饼、西点、中点、月饼、饼干等。

2. 糕点

以粮食、食糖、油脂、蛋品为主要原料,经调制、成型、熟化等工序制成的食品。

(二)相关的标准

GB 7099 食品安全国家标准　糕点、面包

GB 7100 食品安全国家标准　饼干

GB 7718 预包装食品标签通则

GB 19855 月饼

GB/T 4789.24 食品卫生微生物学检验糕果、糕点、蜜饯检验

GB/T 5009.56 糕点卫生标准的分析方法

GB/T 8957 糕点厂卫生规范

GB/T 23812 糕点生产及销售要求

（三）安全控制要点

1. 前提方案

从事烘焙食品生产的企业，前提方案应符合 GB 14881、GB 8957 等卫生规范的要求。

（1）基础设施与维护。

①厂区环境。

厂区环境良好，生产、生活、行政和辅助区的总体布局合理，不得相互妨碍。厂区周围应设置防范外来污染源和有害动物侵入的设施。

②厂房及设施。

厂房应按生产工艺流程及所规定的空气清洁级别合理布局和有效间隔，各生产车间、工序环境清洁度划分见表 3－1，各生产区空气中的菌落总数应用 GB/T 18204.3 中的自然沉降法测定。同一厂房内以及相邻厂房之间的生产操作不得相互影响。生产车间（含包装间）应有足够的空间，人均占地面积（除设备外）应不少于 1.5 m^2，生产机械设备距屋顶及墙（柱）的间距应考虑安装及检修的方便。

表 3－1　各生产车间、工序环境清洁度划分

清洁度区分	车间或工序区域	每平皿菌落数（cfu/皿）
清洁生产区	半成品冷却区与暂存区、西点冷作车间、内包装间	≤30
准清洁生产区	配料与调制间、成型工序、成型胚品暂存区、烘焙工序、外包装车间	企业自定
一般生产区	原料预清洁区、原料前预处理工序、选蛋工序、原（辅）料仓库、包装材料仓库、成品仓库、检验室（微检室除外）	

检验室应与生产品种检验要求相适应，室内宜分别设置微生物检验室、理化检验室和留样室，防止交叉污染，必要时增设车间检验室。建筑物应结构坚固耐用，易于维修、清洗，并有能防止食品、食品接触面及内包装材料被污染的结构。一般生产区的厂房和设施应符合相应的卫生要求。应设有专用蛋品处理间，进行鲜蛋挑选、清洗、消毒后打蛋，避免造成交叉污染。应设专用生产用具洗消间，远离清洁生产区和准清洁生产区，进行用具统一清洗、消毒。

③清洁生产区和准清洁生产区。

清洁、准清洁作业区（室）的内表面应平整光滑、无裂缝、接口严密、无颗粒物脱落和不良气体释放，能耐清洗与消毒，墙壁与地面、墙壁与天花板、墙壁与墙壁等交界处应呈弧形或采取其他措施，以减少灰尘积聚和便于清洗。清洁生产区应采取防异味和污水倒流的措施，并保证地漏的密封性。清洁生产区应设置独立的更衣室。西点冷作车间应为封闭式，室内装有空调器和空气消毒设施，并配置冷藏柜。清洁和准清洁生产区应相对分开，并设有预进间（缓冲区）、空气过滤处理装置和空气消毒设施，并应定期检修，保持清洁。

④设备。

设备应与生产能力相适应,装填设备宜采用自动机械装置,物料输送宜采用输送带或不锈钢管道,且排列有序,避免引起污染或交叉污染。凡与食品接触的设备、工器具和管道(包括容器内壁),应选用符合食品卫生要求的材料或涂料制造。机械设备必要时应设置安全栏、安全护罩、防滑设施等安全防护设施。各类管道应有标识,且不宜架设于暴露的食品、食品接触面及内包装材料的上方,以免造成对食品的污染。机械设备应有操作规范和定期保养维护制度。

(2)其他前提方案。

其他前提方案至少应包括以下几个方面:

①接触食品(包括原料、半成品、成品)或与食品有接触的物品的水和冰应符合安全、卫生要求。

②接触食品的器具、手套和内外包装材料等应清洁、卫生和安全。

③应确保食品免受交叉污染。

④应保证操作人员手的清洗消毒,保持洗手间设施的清洁。

⑤应防止润滑剂、燃料、清洗消毒用品、冷凝水及其他化学、物理和生物等污染物对食品造成安全危害。

⑥应正确标注、存放和使用各类有毒化学物质。

⑦应保证与食品接触的员工的身体健康和卫生。

⑧应清除和预防鼠害、虫害。

⑨应对包装、储运卫生进行控制,必要时控制温度、湿度达到规定要求。

2. 关键过程控制

(1)原(辅)料及与食品接触材料的控制。

应建立并实施供方控制程度,对原料、辅料及与食品接触材料的供方进行评价,并建立合格供方名录和档案。原(辅)料及包装材料(简称为物料)的采购、验收、贮存、发放应符合规定的要求,严格执行物料管理制度与操作规程,有专人负责。物料的内包装材料和生产操作中凡与食品直接接触的容器、周转桶等应符合食品卫生要求,并提供有效证据。食品添加剂的使用应符合 GB 2760 及相应的食品添加剂质量标准。

内包装材料应满足包装食品的保存、储运条件的要求,且符合食品卫生规定。必要时,在使用前采用适宜手段进行消毒。原(辅)料的运输工具等应符合卫生要求。运输过程不得与有毒有害物品同车或同一容器混装。原(辅)料购进后应对其供应产品规格、包装情况等进行初步检查,必要时向企业质检部门申请取样检验。

各种物料应分批次编号与堆置,按待检、合格、不合格分区存放,并有明显标志;相互影响风味的原辅料贮存在同一仓库,要分区存放,防止相互影响。对有温度、湿度及特殊要求的原辅料应按规定条件贮存,应设置专用库贮存。应制订原辅料的贮存期,采用先进先出的原则,对不合格或过期原料应加注标志并及时处理。

(2)配料与调制。

应按照 GB 2760 要求严格控制相关食品添加剂使用,配料前应进行复核,防止投料种类和数量有误。调制好的半成品应按工艺规程及时流入下道工序,严格控制其暂存的温度和时间,以防变质。因故而延缓生产时,对已调配好的半成品应及时进行有效处理,防止污染或腐败变质;恢复生产时,应对其进行检验,不符合标准的应作废弃处理。如需要使用蛋品的品种,其蛋品的处理必须在专用间进行,鲜蛋应经过清洗、消毒才能进行打蛋,防止致病菌的污染。

(3)成型。

模具应符合食品卫生要求并保持清洁卫生,成型机切口不可粗糙、生锈,润滑剂(油)应符合食品卫生要求。

(4)饧发。

应控制饧发的时间、温度、湿度,定期对饧发间进行清洗、消毒。

(5)焙烤。

应控制焙烤的温度、时间,炉体的计量器具(温度计、压力计等)应定期校准。

(6)冷却。

应设独立冷却间(饼干类除外),确保环境与空气达到高洁净度,并配置相应的卫生消毒设施,防止产品受到二次污染。焙烤产品出炉后应迅速冷却或传送至凉冻间冷却至适宜温度,并适时检查和整理产品。

(7)内包装。

包装前对包装车间、设备、工具、内包装材料等进行有效的杀菌消毒,保持工作环境的高洁净度,进入车间的新鲜空气须经过有效的过滤及消毒,并保持车间的正压状态。应具备剔除成品被金属或沙石等污染的能力和措施,如使用金属探测器等有效手段,若包装材料为铝质时应在包装前检验。食品包装袋内不得装入与食品无关的物品(玩具、文具等);若装入干燥剂或保鲜剂,则应选用符合食品卫生规定的包装袋包装后,并与食品有效隔离分开。

3. 产品检验

(1)应有与生产能力相适应的检验室和具备相应资格的检验人员。

(2)检验室应具备检验工作所需要的标准资料、检验设施和仪器设备;检验仪器应按规定进行校准或检定。

(3)应详细制订原料及包装材料的品质规格、检验项目、验收标准、抽样计划(样品容器应适当标示)及检验方法等,并认真执行。

(4)成品应逐批抽取代表性样品,按相应标准进行出厂检验,凭检验合格报告入库和放行销售。

(5)成品应留样,存放于专设的留样室内,按品种、批号分类存放,并有明显标识。

第二节　肉蛋类加工企业的安全控制

一、肉及肉制品生产企业安全控制

为提高肉及肉制品安全水平、保障人民身体健康、提高我国食品企业市场竞争力，针对企业卫生安全生产环境和条件、关键过程控制、产品检测等，提出了建立我国肉及肉制品企业食品安全管理体系的专项要求——GB/T 27301—2008《食品安全管理体系　肉及肉制品生产企业要求》。

该标准是GB/T 22000—2006《食品安全管理体系　食品链中各类组织的要求》在肉及肉制品生产企业应用的专项技术要求，是根据肉及肉制品行业的特点对GB/T 22000—2006要求的具体化。

为了确保肉及肉制品生产企业的管理体系符合国内外有关法规要求，该标准明确提出引用GB/T 20094—2006《屠宰和肉类加工企业卫生管理规范》和GB 19303—2003《熟肉制品厂良好生产规范》。本标准的"关键过程控制"主要包括原料验收，以强调食品安全始于农场的理念；重点提出了宰前、宰后检验要求，以体现肉类屠宰的特殊性；同时也引入微生物控制的要求，提倡通过过程卫生监控，确保产品的安全。鉴于肉制品加工生产企业在生产加工过程方面的差异，本标准只提出了对肉制品的一般要求。为了与其他法规保持一致，该标准还引入卫生标准操作程序（SSOP）概念和要求。

（一）基本术语

1. 肉（Meat）

适合人类食用的、家养或野生哺乳动物和禽类的肉、肉制品以及可食用的副产品。

2. 宰前检验（Ante－Mortem Inspection）

在动物屠宰前，判定动物是否健康和适合人类食用进行的检验。

3. 宰后检验（Post－Mortem Inspection）

在动物屠宰后，判定动物是否健康和适合人类食用，对其头、胴体、内脏和动物其他部分进行的检验。

4. 肉类卫生（Meat Hygiene）

保证肉类安全、适合人类食用的所有条件和措施。

5. 肉制品（Meat Product）

以肉类为主要原料制成并能体现肉类特征的产品（罐头除外）。

6. 卫生标准操作程序（Sanitation Standard Operation Procedure，SSOP）

企业为了保证达到食品卫生要求所制订的控制生产加工卫生的操作程序。

7. 危害分析和关键控制点（Hazard Analysis Critical Control Point，system HACCP）

对食品安全显著危害进行识别、评估以及控制的体系，即以HACCP原理为基础的食品安全控制体系。

（二）相关的标准

GB 19303 熟肉制品厂良好生产规范

GB 12694 食品安全国家标准　畜禽屠宰加工卫生规范

（三）安全控制要点

1. 前提方案

从事肉及肉制品生产的企业，在根据 GB/T 22000—2016 建立食品安全管理体系时，为满足该标准 6.2、6.3 和 7.2 条款的要求，应遵循 GB 12694—2016 和 GB 19303—2003。

（1）基础设施与维护。

肉类屠宰生产企业设备设施的布局、维护保养应至少符合 GB 12694—2016 中条款 6、7、8 和 9 的要求；肉制品生产企业设备设施的布局、维护保养应至少符合 GB 19303—2003 中条款 4、5 和 6 的要求。

（2）卫生标准操作程序（SSOP）。

肉及肉制品生产企业应制订书面的卫生标准操作程序（SSOP），明确执行人的职责，确定执行的方法、步骤和频率，实施有效的监控和相应的纠正预防措施。

制定的卫生标准操作程序（SSOP），内容不少于以下方面：

①接触食品（包括原料、半成品、成品）或与食品有接触的物品的水和冰应当符合安全、卫生要求。

②接触食品的器具、手套和内外包装材料等应清洁、卫生和安全。

③确保食品免受交叉污染。

④手的清洗消毒、洗手间设施的维护与卫生保持。

⑤防止润滑剂、燃料、清洗消毒用品、冷凝水及其他化学、物理和生物等污染物对食品造成安全危害。

⑥正确标注、存放和使用各类有毒化学物质。

⑦保证与食品接触的员工的身体健康和卫生。

⑧清除和预防鼠害、虫害。

2. 关键过程控制要求

（1）对供宰动物的要求。

供宰动物应来自经国家主管部门备案的饲养场，饲养场实施了良好农业规范（GAP）和（或）良好兽医规范（GVP）管理，出场动物附有检疫合格证明。

（2）肉制品加工的原料、辅料的卫生要求。

①原料肉应来自定点的肉类屠宰加工生产企业，附有检疫合格证明，并经验收合格。

②进口的原料肉应来自经国家注册的国外肉类生产企业，并附有出口国（地区）官方兽医部门出具的检验检疫证明副本和进境口岸检验检疫部门出具的入境货物检验检疫证明。

③辅料应具有检验合格证,并经过进厂验收合格后方准使用。原、辅材料应专库存放。食品添加剂的使用要符合 GB 2760—2014 的规定,严禁使用未经许可或肉制品进口国禁止使用的食品添加剂。

④超过保质期的原、辅材料不得用于生产加工。

⑤原料、辅料、半成品、成品以及生、熟产品应分别存放,防止污染。

(3)宰前检验。

屠宰动物的宰前检验的一般要求:

屠宰动物应充分清洗干净,以保证卫生屠宰和加工。屠宰动物的存放环境应该能最低减少食源性病原微生物的交叉污染,并且有利于有效的屠宰和加工。屠宰动物首先应进行宰前检验,其采用的程序和使用的检验手段应具有权威性。宰前检验应建立在科学和风险分析的基础上,考虑初级生产所有的相关信息。初级生产的相关信息和宰前检验结果应应用到生产加工的过程控制。对宰前检验的结果进行分析并将其反馈给初级生产。

圈栏条件:

采取措施尽可能最大程度地降低食源性病原菌污染动物;屠宰动物的存放应确保它们的生理状态没有受到损害并且有利于宰前检验的有效执行,如动物应充分休息,不能过度拥挤,有挡风遮雨的设施,能提供水和食物;将不同种类和类型的屠宰动物分开;通过检查能确保屠宰动物是充分清洗干净或和干燥(如羊);通过检查确保在屠宰前动物已适当地停止采食,如家禽在运往屠宰场以前;保留动物的编号(个体或群体);将所有个体动物或群体动物的相关信息传递给宰后检验者。

宰前检验:

所有待屠宰动物无论是个体还是群体都应进行宰前检验。检验内容包括确定所有动物不是来源于影响公共健康的隔离区,且充分清洗干净从而保证安全屠宰和加工。以下动物必须不得进行屠宰:

①在运输过程中死亡的动物。

②有传染病的动物或隐性感染动物。

③有检验限制疾病的动物或隐性携带者。

④不能辨认区分的动物。

⑤缺乏主管部门必需的证明或来源不详的动物。

宰前检验的内容包括:

①提交动物在牧场通过屠宰前检验的证明。

②如果动物处在怀孕期或有近期分娩、流产的记录应停止宰前检验。

③为单个或多数动物运用宰前检验体制来证明检验结果,并在宰后鉴定可疑动物。

④冲洗并再次检查动物是否干净。

⑤在宰前检验人员的许可下将死在畜栏里的动物移走,例如,代谢病、压迫窒息的动物。

宰前检验的判定：

①可屠宰。

②在经过一段饲养期后可屠宰，例如，当动物休息不充分的时候，或者受到暂时的代谢或生理因素影响的时候。

③通过检验人员的宰前检验之后，在特殊条件下可屠宰，即作为延期屠宰。

④判定公共卫生因素，即由于食源性危害，职业健康危害，或者存在由屠宰引起的不可接受的污染和屠宰后环境污染的可能性。

⑤动物福利因素紧急屠宰。

⑥紧急屠宰，当动物通过特殊的条件达到合格后，如果情况恶化则延迟屠宰。

(4)宰后检验。

宰后检验的一般要求：

所有动物都应接受宰后检验。动物宰后检验应利用动物饲养初级生产和宰前检验信息，结合对动物头部、胴体和内脏的感官检验结果，判定其用于人类消费的安全性和食用性。感官检验结果并非能准确判断动物可食部分的安全性或适应性。这些部位应该被分离出来，并做随后的确认检验和/或试验。

宰后检验的要求：

①保持动物所有可食部分(包括血)的唯一标识，直到检验结束。

②为便于检验而对头部去皮去毛，例如，为检验下颌淋巴结要对头部做部分去皮，为检验咽后淋巴结而分开舌头根部。

③根据主管当局的要求要把用于检验的部分送交有关部门。

④在宰后检验之前，禁止企业人员故意去除或更改动物有疾病或缺陷的证据，或动物身份标记。

⑤从出脏区迅速取出动物胚胎，采用主管当局兽医确认的方法转移或做其他处理，例如，收集胎儿血液。

⑥所有需要检验的动物要置留在检验区，直到检验或判定结束。

⑦提供设施以在动物安全性和适用性判定做出前，对动物所有部分进行更详细的检验和/或诊断试验，并要采用避免与其他动物肉品有交叉污染的方式。

⑧从刺伤部位去除胴体废弃的部分。

⑨老龄动物的肝和/或肾重金属积聚达到不可接受的量时，应当废弃。

⑩根据确定的健康标记，标明宰后检验结果。

宰后检验的内容：

①建立在危害分析基础上的宰后检验和实验应有可行性与可操作性。

②验证麻电与放血恰当。

③动物部分的视觉检验，包括不可食用部分，动物的触诊和/或切开诊断，包括不可食用部分。

④检验员为一个动物个体进行判定而必须进行另外的触诊和/或切开诊断时,需要在一定的卫生控制措施下进行。

⑤当需要时,可系统地切开多个淋巴结。

⑥其他感官检验的程序,例如嗅觉,触觉。

⑦需要时,在主管兽医指导下进行实验室诊断和其他测试。

⑧确认卫生标识正确使用,卫生标识设备贮存安全。

宰后检验的判定:

①安全、适合人类食用。

②按规定的加工方式加工的,例如蒸煮、冷冻之后,安全、适合人类食用。

③在进一步检验和/或实验结果出来以前,要对食品的不安全性或不可食用性保持一种怀疑态度。

④对人类食用不安全,也就是说,由于肉源性危害或职业健康/肉处理危害造成的,可将这些产品用于其他用途,例如,宠物食品,动物饲料,工业非食用,但前提是应能提供足够的卫生处理措施来控制危害的传播或者控制通过非法渠道进入人类食物链。

⑤不适合人类食用但可以做其他用途,例如做宠物食品、动物饲料,工业非食用原料,前提是严格控制防止通过非法途径进入人类食物链。

⑥不适合人类食用的,要被废弃或销毁。

(5)其他方面的控制。

①粪便、奶汁、胆汁等可见污染物的控制。

肉类屠宰生产企业应控制胴体的粪便、奶汁、胆汁等肉眼可见污染物为零。

②鲜肉微生物的控制。

肉类屠宰加工生产企业应根据产品的卫生要求,建立具有相应检测能力的实验室,配备有资质人员进行微生物学检测,定期或不定期对产品生产的主要过程(涉及食品卫生安全)进行监控,发现问题及时纠正,以满足成品的卫生要求。

③肉制品中致病菌的控制。

肉类及其制品中不得检出致病菌,主要包括沙门菌、致病性大肠杆菌、金黄色葡萄球菌和单核细胞增生性李斯特菌等。

④物理危害的控制。

生产企业需配备必要的检测设备以控制物理危害,如X光仪、金属探测仪等。

⑤化学危害的控制。

生产企业应充分考虑原料和加工过程(配辅料,注射或浸渍)中可能引起的化学危害(农兽药残留、环境污染物、添加剂的滥用等)并加以有效控制。

⑥肉制品中添加辅料的控制。

食品添加剂的加入量应符合GB 2760—2014标准的规定。

⑦肉制品加工过程中温度的控制。

肉制品熟制、冷却、冷藏过程中温度、时间的控制和产品中心温度的控制符合 GB 19303—2003 标准条款 6.3。

3. 产品检测

①应有与生产能力相适应的内设检验机构和具备相应资格的检验人员。

②内设检验机构应具备检验工作所需要的标准资料、检验设施和仪器设备；检验仪器应按规定进行计量检定。

③委托社会实验室承担检测工作的，该实验室应具有相应的资格。

④产品应按照相关产品国家、行业等专业标准要求进行检测判定。

⑤最终产品微生物检测项目包括常规卫生指标（菌落总数、大肠菌群）和致病菌。

二、蛋及蛋制品生产企业安全控制

为提高蛋制品安全水平，保障人民身体健康，增强我国蛋制品生产企业市场竞争力，从我国蛋制品安全生产存在的关键问题入手，采取自主创新和积极引进并重的原则，结合蛋制品企业生产特点，针对企业卫生安全生产环境和条件、关键过程控制、产品检测等，提出了建立我国蛋制品生产企业食品安全管理体系的专项技术要求，即 CCAA 0007—2014《食品安全管理体系　蛋及蛋制品生产企业要求》。

鉴于蛋制品生产企业在生产加工过程方面的差异，为确保食品安全，除在高风险食品控制中所必须关注的一些通用要求外，本技术要求还特别提出了针对本类产品特点的“关键过程控制”要求，主要包括鲜蛋等原辅料控制，内包装材料和食品添加剂的控制、贮藏和运输过程中的相关卫生要求。

（一）基本术语

1. 鲜蛋

各种禽类生产的、未经加工的蛋。

2. 蛋制品

以禽蛋为原料加工而成的制品。主要包括再制蛋类、干蛋类、冰蛋类和其他类。

（二）相关的标准

GB 2748　鲜蛋卫生标准

GB 2749　蛋制品卫生标准

GB/T 21710　蛋制品卫生操作规范

GB/T 25009　蛋制品生产管理规范

（三）安全控制要点

1. 前提方案

（1）基础设施与维护。

①厂区环境。

企业不得建在有污染源、有碍食品卫生的区域；厂区周围应保持清洁卫生，交通便利，水源充足;厂区路面平整、无积水,主要通道应铺设水泥等硬质路面,空地应绿化。

厂区排水系统畅通,厂区地面不得有积水和废弃物堆积,生产中产生的废水、废料等废弃物外排、处理、存放,都应符合国家环保法律法规的要求。厂区建有与生产能力相适应的符合卫生要求的原料、辅料、化学物品、包装物料贮存等辅助设施和废物、垃圾暂存设施。厂区内不得有裸露的垃圾堆,不得有产生有害(毒)气体或其他有碍卫生的场地和设施。

厂区内不得生产、存放有碍食品卫生的其他产品。

厂区内禁止饲养与生产无关的动物。工厂须有虫害控制计划、灭鼠图,定期灭鼠除虫。厂区应布局合理,生产区与生活区应分开,生活区对生产区不得造成影响。锅炉房、储煤场所、污水及污物处理设施应与加工车间相隔一定的距离,并位于主风向的下风处。锅炉房中的脱硫除尘设施应符合国家环保法律法规的要求。厂区卫生间应当有冲水、洗手、防蝇、防虫、防鼠设施,墙壁及地面易清洗消毒,并保持清洁。

各类原料进厂、人员进出、成品出厂相互之间应避免发生交叉污染。必要时厂区应设有原料运输车辆和工具的清洗消毒设施。工厂的废弃物应及时清除或处理,避免对厂区生产环境造成污染。

②车间和设施设备。

车间面积应与生产能力相适应,生产车间结构和设备布局合理,并保持清洁和完好。车间出口、与外界相连的车间排水出口和通风口应安装防鼠、防蝇、防虫等设施。

清洁区和非清洁区应严格隔离,防止交叉污染。不同清洁区域应分设工器具清洗消毒间,清洗消毒间应备有冷、热水及清洗消毒设施和适当的排气通风装置。

车间地面应采用防滑、坚固、不透水、耐腐蚀的无毒建筑材料,并保持一定坡度,无积水,易于清洗消毒。车间内墙壁、屋顶或者天花板应使用无毒、浅色、防水、防霉、不脱落、易于清洗的材料修建。墙角、地角、顶角应采取弧形连接,易于清洁。车间门窗用浅色、平滑、易清洗、不透水、耐腐蚀的坚固材料制作,结构严密;非封闭的窗户应装设纱窗;车间窗户不应有内窗台,若有内窗台的,内窗台台面应下斜约45°。

车间入口处设有洗手和鞋靴消毒设施及洗手规范示意图,洗手消毒设施应与加工人员数目相适应,备有洗手用品及消毒液和符合卫生要求的干手用品。水龙头为非手动开关,宜备有温水。必要时应在车间内适当位置设有适当数量的洗手消毒设施。设有与车间相连接的卫生设施,包括:更衣室、卫生间、淋浴间等,其设施和布局不得对车间造成潜在的污染。

卫生间的门应能自动关闭,门、窗不得直接开向车间,且关闭严密。卫生间的墙壁和地面应采用易清洗消毒、不透水、耐腐蚀的坚固材料。卫生间的面积和设施应与生产人员数量相适应,设有洗手和干手设施,每个便池设施应设冲水装置,便于清洗消毒。卫生间内应通风良好、清洁卫生。

不同清洁程度要求的区域应设有单独的更衣室,个人衣物(鞋、包等物品)与工作服应分别存放，不造成交叉污染。更衣室的面积和设施应与生产能力相适应，并保持通风良好。更衣室内宜配备更衣镜、不靠墙的更衣架和鞋架。更衣室内有更衣柜的，应采用不易发霉、不生锈、内外表面易清洁的材料制作，保持清洁干燥。更衣柜应有编号，便于清洗消毒。更衣室应配备空气消毒设施。

生产工艺有要求时，在车间内适当位置设有缓冲间（或区域）。工艺有要求时分设内外包装间，内包装间应备有消毒设施。有温度要求的工序和场所应安装温度显示装置，并采取电脑或手工记录。车间温度按照产品工艺要求控制在规定的范围内。

设备的要求：

a. 车间内接触加工品的设备、工器具应使用化学性质稳定、无毒、无味、耐腐蚀、不生锈、易清洗消毒、表面光滑而且防吸附、坚固的材料制作。

b. 所有蛋制品加工用机器设备的设计和构造应能防止危害食品卫生，易于清洗消毒（尽可能易于拆卸），并容易检查保养，且不会造成伤害。应有使用时可防止润滑油、金属碎屑、污水或其他可能引起污染的物质混入蛋制品的构造。

c. 须经常冲洗的机械动力设备以及电线接点应用防水型。

d. 蛋制品接触面应平滑、无凹陷或裂缝，以减少蛋制品碎屑、污垢及有机物聚积，使微生物的生长降低到最低程度。蛋制品接触面原则上不可使用木质材料，除非其可保证不会成为污染源者。

e. 加工设备的安装位置应按工艺流程合理排布，防止加工过程中发生交叉污染，便于维护和清洗消毒。

f. 加热设施应符合热加工工艺要求并配置符合要求的温度计、压力表。密闭加热设施还应有热分布图，确保密闭加热设施热分布均匀，并配备自动温度记录装置。计量仪器应按规定定期实施计量检定和校准。

辅助设施：

a. 供、排水设施应符合食品企业卫生规范的要求。

b. 通风：宜采用正压通风方式。进气口应远离污染源和排气口。进风口应有过滤装置，过滤装置应定期消毒。气流宜由高清洁区排向低清洁区。蒸、煮、油炸、烟熏、烘烤设施的上方天花板或楼板应有一定的坡度，防止冷凝水直接滴落，并设有与之相适应的排油烟和通风装置。排气口应设有防蝇、虫和防尘装置。

c. 照明设施：车间内位于蛋制品生产线上方的照明设施应装有防护罩，工作场所以及检验台的照度符合生产、检验的要求，光线以不改变被加工物的本色为宜。检验岗位的照明强度应不低于 540lx，生产车间的照明强度应不低于 220lx，其他区域照明强度不低于 110lx。

d. 高清洁区应配备空气消毒设施。

e. 车间供水、供汽、供电应当满足生产需要。

维护保养：

a. 厂房、设施、设备和工器具应保持良好的工作状态。

b. 应定期对仪器设备进行维护和校准。

c. 应制定设备、设施维修保养计划,保证其正常运转和使用。对于设备、设施维修保养应做好详细的记录。

③水的供应。

供水能力应与生产能力相适应,确保加工水量充足。加工用水(冰)应符合国家生活饮用水标准或者其他相关标准的要求。如使用自备水源作为加工用水,应进行有效处理,并实施卫生监控。企业应备有供水网络图。企业应定期对加工用水(冰)的微生物进行检测,按规定检测余氯含量,以确保加工用水(冰)的卫生质量,每年对水质的公共卫生检测不少于两次。加工用水的管道应有防虹吸或防回流装置,不得与非饮用水的管道相连接,并有标识。

储水设施应采用无毒、无污染的材料制成,并有防止污染的措施。应定期清洗、消毒,避免加工用水受到污染。

(2)其他前提方案。

其他前提方案包括但不限于以下几个方面:

①接触蛋制品(包括原料、半成品、成品)或与蛋制品有接触的物品包括水和冰应当符合安全、卫生要求。

②接触食品的器具、手套和内外包装材料等必须清洁、安全和卫生。

③确保食品免受交叉污染。

④保证操作人员手的清洗消毒,保持洗手间设施的清洁。

⑤防止润滑剂、燃料、清洗消毒用品、冷凝水及其他化学、物理和生物等污染物对食品造成安全危害。

⑥正确标注、存放和使用各类有毒化学物质。

⑦保证与食品接触的员工的身体健康和卫生。

⑧包装、储运卫生控制,必要时考虑温度条件。

2. 关键过程控制

(1)原辅材料。

①原辅料的接收和检验。

原料蛋应采用来自非疫区、健康、完好的禽蛋,每批原料应有产地动物防疫部门出具的兽医检疫合格证明。兽药与农药残留以及其他有毒有害物质含量应符合我国法律、法规要求。应建立原辅料合格供方名录及可追溯系统,并制定原辅料的验收标准、抽样方案及检验方法等,并有效实施。每批原辅料经验收合格后,方可使用。

②原辅料的运输和贮藏。

原料蛋进厂、人员进出、成品出厂相互之间应避免发生交叉污染,必要时厂区应设有原料运输车辆和工具的清洗、消毒设施。经验收合格的原料蛋,应存放于阴凉、干燥、通风良好的场所，如保鲜贮存，库温为 -1 ~0℃。不得与有毒、有害、有异味、易挥发、易腐蚀的物品同处贮存。原料使用应依先进先出的原则。

(2)内包装材料的控制。

应建立与蛋制品直接接触内的包装材料合格供方名录及可追溯程序，制定验收标准，并有效实施。内包装材料接收时应由供方提供安全卫生检验报告。当供方或材质发生变化时，应重新评价，并由供方提供检验报告。

(3)食品添加剂的控制。

食品添加剂使用应符合 GB 2760—2014 和国家有关标准要求。食品添加剂应设专门场所储放，由专人负责管理，注意领料正确及有效期限等，并记录使用的种类、许可证号、进货量及使用量等。

(4)加工过程控制。

对于加工过程中的重要安全、卫生控制点，应制定检查/检验项目、标准、抽样规则及方法等，确保执行并做好记录。加工中发生异常现象时，应迅速追查原因并加以纠正。食品添加剂的称量与投料应建立复核制度，有专人负责，使用添加前操作人员应再逐项核对并依序添加，确实执行并做好记录。

(5)贮存。

成品应存放于阴凉、干燥、通风良好的场所。库内产品的堆码不应阻碍空气循环。产品与库墙、顶棚和地面的间隔不小于 10cm。贮存的产品出库应实行先进先出的原则。

(6)运输。

运输工具必须清洁卫生，无异味。在运输过程中应轻拿轻放，严防受潮、雨淋、曝晒，并应做好防冻和防污染措施。

3. 产品检测

①应有与生产能力相适应的内设检验机构，并具备相应资格的抽样人员及检验人员。

②内设检验机构应具备检验工作所需要的标准资料、检验设施和仪器设备；检验仪器应按规定进行计量检定，并应自行开展水质和微生物等项目的检测。

③委托社会实验室承担检测工作的，该实验室应具有相应的资质，具备完成委托检验项目的检测能力。

④抽样应按照规定的程序和方法执行，确保抽样工作的公正性和样品的代表性、真实性，抽样方案应科学。

⑤特殊要求的卫生项目(农药残留、兽药残留等)的检验，按现行有效的国家标准执行；出口产品按输入国法律法规及合同等规定的方法执行。

⑥鲜蛋与蛋制品卫生标准应符合 GB 2749—2015 的要求。

第三节　酒类加工企业的安全控制

一、白酒生产企业安全控制

T/CCAA 33—2016《食品安全管理体系　白酒生产企业要求》技术要求从我国白酒食品安全存在的关键问题入手，结合白酒产品企业生产特点，针对企业卫生安全生产环境和条件、关键过程控制、产品检验等，提出了建立我国白酒企业食品安全管理体系的专项技术要求。鉴于白酒产品生产企业在生产加工过程方面的差异，为确保食品安全，除在高风险食品控制中所必须关注的一些通用要求外，该技术要求特别提出了针对本类产品特点的“关键过程控制”要求。主要包括原辅料控制，与产品直接接触内包装材料的控制、食品添加剂的控制，强调组织在生产加工过程中的化学和生物危害控制、成品包装过程的控制要求，突出合理制定工艺与技术，加强生产过程监测及环境卫生的控制对于食品安全的重要性，确保消费者食用安全。

（一）基本术语

见 GB/T 15109、GB/T 17204。

（二）相关的标准

国家质量监督检验检疫总局白酒生产许可证审查细则

GB 2757 食品安全国家标准　蒸馏酒及配制酒

GB 2760 食品安全国家标准　食品添加剂使用标准

GB 8951 食品安全国家标准　白酒蒸馏酒及其配制酒产生卫生规范

GB 10343 食用酒精

GB 31640 食品安全国家标准　食用酒精

GB/T 10346 白酒检验规则和标志、包装、运输、贮存

GB/T 15109 白酒工业术语

GB/T 17204 饮料酒分类

（三）安全控制要点

1. 前提方案

从事白酒生产的企业，应根据 GB 8951 等的要求建立前提方案。

（1）基础设施与维护。

①厂区环境和布局。

应具有与产品加工能力相适应的原料处理车间、制酒车间、贮酒车间（酒库）、包装车间、成品仓库等场所。污水排放应符合国家有关标准的规定，生产车间内、外排水阴沟应封闭。垃圾存放应使用封闭装置。

原料处理车间的设计与设施应能满足去除杂物（杂质、泥土等）、破碎、防尘的工艺技

术要求。处理干燥的原料应满足防尘要求;需要浸泡清洗的原料,应满足排水的工艺要求。制酒车间的设计与设施应能满足润料、配料、摊晾(扬楂)、出(入)窖、发酵或蒸馏等处理的工艺要求。地面应坚硬、防滑、排水设施良好,还需满足防火、防爆措施要求。根据白酒固态和液态不同发酵方法配置相应适宜的设备;贮酒车间(酒库)应有防火、防爆设施和防尘、防虫、防鼠设施,库内环境应满足生产白酒的贮存要求。包装车间进口处应设有鞋靴消毒设施,洗手设施应为非手动式。包装车间应与洗瓶间隔离,能防尘、防虫、防鼠;卫生良好。成品仓库内应阴凉、干燥,有防鼠、防虫、防火设施。

②生产设备、工具、管道等的要求。

所有接触或可能接触产品的设备、工具、管道和容器等,必须用无毒、无异味、耐腐蚀、易清洗、不会与产品产生化学反应或污染产品的材料制作,表面应平滑、无裂缝、易于清洗、消毒。

各车间、仓库(包括酒库)应根据产品及其生产工艺的要求,必要时配备温度计、湿度计、酒精计等。贮酒车间、制酒车间、成品库应使用防爆灯具、防爆开关和防爆泵;灯具应配有安全防护罩。

(2)其他前提方案。

其他前提方案至少应包括以下几个方面:

①接触原料、半成品、成品或与产品有接触的物品的水应当符合安全卫生要求。

②接触产品的器具、手套和内外包装材料等应清洁、卫生和安全。

③确保食品免受交叉污染。

④保证与产品接触操作人员手的清洗消毒,保持卫生间设施的清洁。

⑤防止润滑剂、燃料、清洗消毒用品、冷凝水及其他化学、物理和生物等污染物对食品造成安全危害。

⑥正确标注、存放和使用各类有毒化学物质。

⑦保证与食品接触的员工的身体健康和卫生。

⑧对鼠害、虫害实施有效控制。

⑨控制包装、储运卫生。

2. 关键过程控制

(1)原辅料控制。

生产用原料、辅料应符合 GB 2715 等国家标准、行业标准和国家相关的规定以及进口国卫生要求,避免有毒、有害物质的污染。如使用的原辅料为实施生产许可证管理的产品,必须选用获证企业生产的产品;采购的原辅料必须经检验或验证合格后方可投入生产,超过保质期的原料、辅料不得用于白酒生产。

原辅料贮存场所应有有效的防治有害生物孳生、繁殖的措施,并能够防止受潮、发霉、变质。贮存过程有温、湿度要求的应严格控制贮存温、湿度。使用的食品添加剂应符合 GB 2760—2014、相应的质量标准及进口国有关食品卫生的规定。

工艺用水应符合 GB 5749 或进口国的规定。外购基酒应符合 GB 2757 的规定。外购酒精应符合 GB 10343 和 GB 31640 的规定。

(2)清洗消毒。

应定期对场地、生产设备、工具、容器、泵、管道及其附件等进行清洗,必要时进行消毒,并定期对清洗消毒效果进行检测。使用的清洗剂、消毒剂应符合有关食品卫生要求规定。

原料处理、酒液调配、过滤、灌装、封盖、包装等工序,应按照规定严格清洗消毒,避免造成交叉污染。应确保灌装白酒的空瓶、瓶盖清洁干净。应制定洗瓶和清理瓶盖的工艺操作规程,规定洗涤液的种类和浓度、温度和浸泡时间,并定时检查。洗净的空瓶(罐)应有专人负责检瓶,并经过最短的距离输送到灌装机。过滤器应定期更换滤膜、滤棒、滤芯等。封盖机定期彻底清洗轧头、卷轮、托罐盘等易受污染的部位。

(3)包装的要求。

包装材料应符合相应标准和进口国的规定。预包装容器回收使用时,应经过严格挑选、清洗、检验合格后方可再次使用。产品包装(灌装)应在专用的包装间进行,包装(灌装)间及其设施应满足不同产品需要,并同时满足对包装环境温度、湿度的要求。产品包装应严密,整齐,无破损。

应设专人检查封口的密闭性,对封口工序应进行严格监控,防止由于瓶口尺寸或设备等原因造成瓶口出现破碎,碎瓶渣落入瓶中,对消费者产生危害;防止因开启问题造成消费者划伤等危害。

灌装后的产品,其卫生指标均应符合相应的国家卫生标准的规定。产品标签应符合 GB 7718 和进口国的相关要求。

3. 产品检测

(1)企业应设有与检验检测工作相适应的安全卫生检验机构,包括与工作需要相适应的实验室、设备、人员、检测标准、检测方法、各种记录。

(2)实验室应有独立的、与实际工作相符合的文件化的实验室管理程序。

(3)实验室检验人员的资格、培训应能满足要求。

(4)实验室所用化学药品、仪器、设备应有合格的采购渠道、存放地点,必备的出厂检验设备至少应符合《白酒生产许可证审查细则》的相关要求。

(5)检验仪器的检定或校准应符合 GB/T 22000—2006 中 8.3 的要求。

(6)检验项目至少应符合《白酒生产许可证审查细则》的相关要求。

(7)委托社会实验室承担白酒生产企业卫生质量检验工作时,受委托的社会实验室应当具有相应的资质,具备完成委托检验项目的实际检测能力。

二、啤酒生产企业安全控制

GB 8952—2016《食品安全管理体系　啤酒生产卫生规范》技术要求从我国啤酒安全存在的关键问题入手,采取自主创新和积极引进并重的原则,结合啤酒企业生产特点,针对企业卫生安全生产环境和条件、关键过程控制、产品检测等，提出了建立我国啤酒企业食品安全管理体系的特定要求。

鉴于啤酒生产企业在生产加工过程方面的差异，为确保食品安全，除在高风险食品控制中所必须关注的一些通用要求外，该技术要求还特别提出了针对本类产品特点的“关键过程控制”要求。主要包括原辅料控制、添加剂控制、气体处理、清洗剂杀菌剂的控制，强调组织在生产加工过程中的卫生控制要求，突出了啤酒瓶的质量安全、验酒的质量安全等的控制对于食品安全的重要性，确保消费者食用安全。

（一）基本术语

啤酒产品包括所有以麦芽（包括特种麦芽）和水为主要原料，加啤酒花（包括酒花制品），经酵母发酵酿制而成的，含有二氧化碳的、起泡的、低酒精度的发酵酒。不包括酒精度含量 <0.5% VOL 的产品。

1. 熟啤酒（pasteurized beer）

经过巴氏灭菌或瞬时高温灭菌的啤酒。

2. 生啤酒（draft beer）

不经巴氏灭菌或瞬时高温灭菌，而采用物理过滤方法除菌，达到一定生物稳定性的啤酒。

3. 鲜啤酒（fresh beer）

不经巴氏灭菌或瞬时高温灭菌，成品中允许含有一定量活酵母，达到一定生物稳定性的啤酒。

4. 特种啤酒（special beer）

由于原辅材料或工艺有较大改变，使之具有特殊风格的啤酒。

（1）干啤酒除符合淡色啤酒的技术要求外，真正（实际）发酵度不低于 72%。口味干爽。

（2）冰啤酒除符合淡色啤酒的技术要求外，在滤酒前，须经冰晶化工艺处理。口味纯净。保质期内浊度不大于 0.8EBC。

（3）低醇啤酒除酒精度为 0.6% ~2.5% VOL 外，其他指标应符合淡色（或浓色、黑色）啤酒的技求要求。

（4）小麦啤酒以小麦麦芽为主要原料（占总原料的 40% 以上），采用上面发酵或下面发酵酿制的啤酒，具有小麦麦芽的香味。其他指标应符合淡色啤酒的技术要求。

（5）浑浊啤酒成品中含有一定量的酵母菌或显示特殊风味的胶体物质，浊度大于 2.0 EBC 的啤酒。具有新鲜感或附加的特殊风味。除“外观”外，其他指标应符合淡色（或浓色、黑色）啤酒的技术要求。

5. 淡色啤酒（light beer）

色度在 3 ~ 14 EBC 的啤酒。

6. 浓色啤酒（dark beer）

色度在15～40 EBC的啤酒。

7. 黑色啤酒(black beer)

色度≥41 EBC的啤酒。

8. 原位清洗(Cleaning in place)

生产厂通过自动清洗的过程去除残留和包括污垢、油脂、产品废物及其他物质在内的外来物。

9. 初级包装(Primary packaging)

啤酒成品包装中的任何容器(玻璃、塑料、可回用或不可回用的)及直接与啤酒接触的封闭系统。

10. 次级包装(Secondary packaging)

啤酒成品包装中的不直接与产品接触的任何材料如标签、纸盒、纸箱、装货箱或包装和覆盖材料如铝箔、薄膜及薄纸板等。

(二)相关的标准

GB 13271—2014 锅炉大气污染排放标准

GB 4544—1996 啤酒瓶

GB 5749—2006 生活饮用水卫生标准

GB 8952—2016 食品安全国家标准　啤酒生产卫生规范

GB 8978—1996 污水综合排放标准

GB 19821—2005 啤酒工业污染物排放标准

GB/T 4928—2008 啤酒分析方法

(三)安全控制要点

1. 前提方案

(1)基础设施及维护。

厂区应设绿化带。绿化时不宜种植有飞絮的树木、花草,以免污染啤酒。厂区干道和支道应铺设便于清洁、适于车辆通行的坚硬路面(混凝土或沥清路面等)。厂区应有良好的排水系统。应设有废水、废气处理系统。厂房与设施应根据啤酒生产工艺流程合理布局,结构必须合理、坚固、完善;并便于卫生管理和清洗、消毒和经常维修、保养。厂房内的架空构件必须防止积尘、凝水和霉菌生长。门窗应严密,采用不变形、耐腐蚀的材料制作。地面应坚硬、平坦、不渗水并有适当坡度(2%为宜)和良好的排水系统。发酵、包装车间的墙壁和天花板须用防霉涂料定期涂刷,防止霉菌生长。管道、胶管、接头、阀门等应采取有效措施,距离地面应在50cm以上,防止落地。原料、半成品和成品分别贮存。

啤酒企业应当具备符合工艺要求的生产设备。生啤酒的生产应有全面的无菌生产过程控制设备;特种啤酒的生产应有与特种啤酒生产工艺相适应的生产设备。如冰啤酒的生产应有冰晶化处理设备,鲜啤酒应由专用的冷藏车运输。凡与啤酒接触的机械设备、容器、管道等,应采用无毒无味、不吸水、易清洗及不与啤酒起化学反应的材料制作。如不锈钢、铜、玻璃、食用级橡胶等,需涂刷涂料的必须采用无毒无味的涂料。

厂内应配备相应的水处理设施、贮水设施及清洁和消毒设施。洗涤、制冷、冷却、消防等非饮用水,必须用单独管道输送,决不能与生产(饮用)水交叉连接,应有明显的颜色区别。生产工序使用的蒸汽不得含有危害人体健康或污染原料、半成品和成品的物质。应在远离生产车间的适当地点分别设置麦根、酒糟、酒花糟、废硅藻土、垃圾等废弃物临时存放设施。

设有废水、废气处理系统,确保排污系统的畅通。该系统应保持良好的工作状态。废水废气的排放,应符合 GB 19821—2005、GB 8978—1996 和 GB 13271—2014 相关规定。

(2)其他前提方案。

生产用水应符合国家 GB 5749—2006 要求。水质的卫生指标检测由质检部门负责检测或外协有关检测部门检测,每年送检一次。啤酒生产应对生产应用到的设备设施、管道及卫生设施进行清洗和消毒。所用的 CO_2、N_2、、压缩空气等气体必须通过净化系统处理并经检测合格后再使用。净化装置需定期清洗消毒和定期更换。

车间入口处应配有洗手、消毒和更衣、换鞋的设施,以便保证操作人员的手、工作服、鞋、帽保持清洁。工作服、鞋、帽每次清洗后使用紫外线灭菌。保证与食品接触的员工的身体健康和卫生。生产、质量管理人员应保持个人清洁卫生,不得将与生产无关的物品带入车间;工作时不得戴首饰、手表,不得化妆;进入车间时应洗手、消毒并穿着工作服、帽、鞋,离开车间时换下工作服、帽、鞋;不同区域人员不应串岗。

正确标注、存放和使用各类有毒化学物质。厂区内不准饲养家畜和宠物,应有效控制虫害。

2. 关键过程控制

(1)原辅料的控制。

生产啤酒所用的原料、辅料应符合相应的国家标准或行业标准的规定。不得采购腐败变质的原料、辅料。依据标准对原辅料进行进货检验和验证,禁止使用黄曲霉毒素或农残含量超标的原料和劣质原料。

对于进口大麦生产供应商,应验证商检部门或食品卫生监督检验机构检验合格报告。酶制剂、酵母、酒花等原辅料在贮藏时要控制湿度和温度。大米、麦芽的存放设施应保持防霉、防潮,定期杀菌、杀虫,并随时作好防鼠和防虫工作。

采购的酒花及制品应符合标准规定要求,酒花要在适宜的温度和湿度下避光贮存。采购的啤酒瓶、瓶盖、纸箱、塑料膜等包装材料应符合相关标准的安全要求。

制作容器(包括玻璃瓶、金属罐)的材料必须符合国家有关食品卫生标准的规定。应按照各种容器的卫生、质量标准严格检验,合格后方能使用。使用回收旧瓶必须经过严格检查,严禁使用被有毒物质或异味污染过的回收旧瓶。

(2)添加剂的控制。

生产工艺中使用的添加剂应符合国标 GB 2760—2014 要求,不得超范围使用和过量使用。

(3)空气处理。

酿造过程使用的无菌空气应经过滤检测合格后使用。压缩空气制氮需经粗滤、精滤、无菌过滤后供给发酵罐、处理罐和清酒罐备压。

(4)清洗剂、杀菌剂的控制。

啤酒企业应根据企业的生产工艺和设备情况,合理选择清洗剂和杀菌剂。啤酒企业使用的杀菌剂应无毒无味,一般采用蒸汽和热水灭菌。在不宜采用直流或热水的场所,采用化学或物理灭菌方法,如氯及氧化物、表面活性剂、紫外线等。清洗剂和杀菌剂应严格按照生产工艺使用,有效控制其残留量。

(5)工艺(卫生)要求的控制。

糖化(糊化)、发酵、滤酒、包装等关键生产过程应严格监控。实际生产中的控制参数应与操作指导书的工艺参数一致。糖化过程应严格控制糖化时间、温度、pH 值等。应避免发酵时酸败。应控制麦汁的煮沸过程氯化钙和酒花添加的量。

发酵过程接种酵母时,应控制酵母添加量、添加温度和时间。应控制发酵温度,避免造成总酸含量或双乙酰含量超标。应注意酵母生物检测结论滞后的问题,如:发现酵母生物检测结论不合格,应及时跟踪查溯该罐酵母接种的发酵罐的情况。高浓稀释过程,应控制高浓稀释水的脱氧和无菌处理。清酒过滤过程,应使用食用级过滤助剂,并控制助剂残留量。清酒应按规定的时间及时灌装、压盖(封盖),灌装时灌装机应定时清洗和消毒。密封质量应符合有关标准。

巴氏灭菌,应控制灭菌的时间温度。避免微生物侵入,影响啤酒的产品质量。应建立各工序的原位清洗(CIP)规范。控制洗瓶的碱液温度、浓度和洗瓶速度,应避免物理杂质和化学残留给人造成的危害。

(6)啤酒瓶的质量安全控制。

啤酒瓶质量要符合 GB 4544 的要求,非 B 瓶不能使用。啤酒瓶特别是回收瓶,使用前应严格挑选、洗瓶达到洁净无菌。

(7)验酒的质量安全控制。

酒体不清、有杂质、漏气、漏酒及瓶外有污物的产品应及时检出,应防止恶性杂质。灌装后的产品应加强验酒工艺,防止恶性杂质及漏气、漏酒的现象出现。

3. 产品检测

(1)出厂检验。

①工厂必须设有与生产能力相适应的实验室,应按 GB/T 4928—2001《啤酒试验方法》中选择理化检测设备和生物检测设备。各个工作间应具备与工作需要相适应的场地、仪器和设备、检测方法标准,应具备醒目的操作规程与标识。

②实验室应分别设置专用于样品和标准品保存的空间。样品的抽取、处置、传送和贮存应制定相应的规范。

③实验室所用化学药品、仪器和设备应有合格的采购渠道、存放地点、标记标签、使用

说明,要保存仪器和设备的校准记录及维护记录,保存化学药品、仪器和设备的使用记录。

④实验室应配备足够的人员,这些人员应经受过与其承担任务相适应的教育和培训,并具有相应的技术知识和经验。实验室应保存技术人员培训、技能、经历和资格等的技术业绩档案。

⑤实验室应有文件化的实验室管理程序。

⑥实验室应保存检验数据的原始记录。

⑦各项检验记录,保存三年,备查。

(2)委托检验。

①啤酒生产企业委托社会实验室开展检验工作的,双方应签订委托合同。

②受委托的社会实验室应当具有相应的资质,具备完成委托检验项目的实际检测能力。

③生产过程中直接关系到安全卫生质量控制等时效性较强的检验项目,如感官、微生物等检验项目,不得对外委托,应由企业设立的实验室自行完成。

三、葡萄酒及果酒生产企业安全控制

为提高产品食品安全水平、保障人民身体健康、增强我国食品企业市场竞争力,T/CCAA 25—2016《食品安全管理体系　葡萄酒及果酒生产企业要求》要求从我国葡萄酒及果酒产品安全存在的关键问题入手,采取自主创新和积极引进并重的原则,结合葡萄酒及果酒企业生产特点,针对企业生产人力资源、前提方案、关键过程控制、检验、产品追溯与撤回,提出了建立我国葡萄酒及果酒生产企业食品安全管理体系的专项技术要求。

(一)基本术语

本文件中基本术语见 GB/T 15037、GB/T 17204、GB/T 25504 中相关术语。

(二)相关的标准

GB 2758 食品安全国家标准　发酵酒及其配制酒

GB 4285 农药安全使用标准

GB 12696 葡萄酒厂卫生规范

GB 12697 果酒厂卫生规范

GB/T 17204 饮料酒分类

GB/T 15037 葡萄酒

GB/T 17204 饮料酒分类

GB/T 25504 冰葡萄酒

GB 2760 食品安全国家标准　食品添加剂使用标准

(三)安全控制要点

1. 前提方案

(1) 基础设施与维护。

① 厂区环境。

工厂应建在无有害气体、烟雾、灰沙等污染物和其他危及葡萄酒和果酒生产卫生安全的地区,原酒生产场所应靠近果实(葡萄)种植区域,不应设置在易受污染区域。厂区环境应随时保持清洁,厂区道路应硬化,空地应绿化。厂区内不应有产生不良气味、有害(毒)气体或其他有碍卫生的设施,否则应有相应的控制措施。厂区内禁止饲养动物。应具备与生产系统相匹配的排水系统,排水道应有适当斜度,不应有严重积水、渗透、淤泥、污秽、破损。厂区周边应有适当的防范外来污染源的设施与构筑物。生活区应与生产区域隔离。

② 厂房与设施。

厂房与设施应适合葡萄酒或果酒生产的特点和要求,合理布局,厂房的面积和空间应与生产能力相适应,建筑结构和装饰要利于清洁和维护,厂房应规定维修期。按照生产流程,生产车间一般要包括原料处理车间、发酵车间(酒窖)、调配车间、灌装车间、成品库房等。应按工艺流程合理布局,避免重复往返,防止原材料、半成品、成品交叉污染和混杂。

地面应采用不吸水、不透水,防滑、防腐蚀无毒的材料铺砌,无裂缝和易于冲洗消毒。地面有适当坡度或排水系统,以保证排水通畅,地面无积水。生产车间门、窗应具有光滑和不吸水的表面,关闭严密,并根据各车间的实际需要,设置纱门、纱窗、水帘、风幕等防护设施;内窗台应有倾斜度或采用无窗台结构。天花板应能防止灰尘积累、霉菌生长和材料剥落,应易冲洗和无冷凝水。原辅料贮藏仓库的地面、墙壁应采用水泥或其他不透水材料构筑,库内应清洁、干燥,并有防火、防潮、防鼠、防虫设施和适当的通风设施。

工厂应设有与生产车间人数相适应的更衣室,更衣室应与车间相连接,并设置更衣柜。工厂应设有与职工人数相适应的洗手间和浴室,洗手间和浴室应位置适当、清洁卫生、无不良气味,门窗不直接开向生产车间。洗手间配置的厕所应安装纱窗、纱门,地面应平整,便于清洗、消毒,应为水冲式并设有洗手设施;水门开关应为非触摸式,墙裙应用浅色瓷砖或不透水的材料砌成。生产区洗刷间应设脚踏式洗手设备和冷热水,暖风吹干设备(或擦手纸),备有供洗刷用的清洗剂和消毒剂,并设废纸接收箱,经常保持卫生。

工厂应有足够的照明和自然采光,车间内的灯具需安装安全防护罩,发酵、灌装、包装车间和成品库应使用防爆灯具。各检验工序可加局部照明。生产车间应有良好的通风除尘设施,保持空气流通,温湿度适当。凡使用蒸汽或有蒸煮加热的车间应设局部排气设备,凡尘埃较多的工段应安装有效的除尘和通风设备。工厂应在远离生产车间的合适位置设置废物存贮设施,该设施应密闭, 生产用水的水质应符合 GB 5749 的要求,供水量应能够满足生产需要。必要时可配备储水设备,储水设备要有防污染的措施。冷却、消防、制冷和其他不与葡萄酒或果酒接触的用水,应用单独管道输送,不得与饮用水系统交叉连接,并在管道适当位置设置醒目的标志,与生产用水(包括饮用水)的管道相区别。使用循环用水应有相应的技术措施,以保证水质达到相应的标准。工厂应有废水、废气处理系统,并经常检查、维护和保养以保持良好的工作状态,废水、废气的排放应符合相关法律法规及标准的要求。应确保充足的电力和热能、气动供应。

③ 设施、设备和工器具。

凡与果汁及其酒接触的设备、容器、管路、工器具等,其材料应无毒、不吸水、易清洗、无异味且不与果汁及其酒发生化学反应;其设计、构造和安装,葡萄酒生产企业应符合 GB 12696 的相关要求,果酒生产企业应符合 GB 12697 的相关要求。

④ 加工过程的卫生控制。

调酒室的容器、管道、工器具等每次冷却后要刷洗干净,冷却前应按工艺卫生要求进行清洗,冷却温度应按工艺要求控制。调酒室内应保持良好的通风和采光,地面应保持清洁,每周至少消毒一次。

化糖室内应清洁,地面应干净,无糖迹、污物,墙壁应防水不脱落,室内应设通风防尘设施。化糖锅应采用符合食品卫生标准的材料制成,工作后应将工作场所及用具清洗干净。

发酵罐及酵母培养室的设备、工具、管路、墙壁、地面应保持清洁,避免生长霉菌和其它杂菌;贮酒室、滤酒室的机器、设备、工具、管路、墙壁、地面应经常保持清洁,定期消毒。前后发酵应按工艺要求做好卫生管理;过滤机的过滤介质应符合卫生要求;盛装和转运原酒的容器所用材料应符合卫生标准并严格按工艺要求进行涂刷。

地下贮酒室地面应保持清洁、无积水、无异味;墙壁无霉菌生长,下水沟畅通。每周至少消毒、杀菌一次。盛酒容器保持清洁。

冷冻葡萄酒或果酒所用的容器材料应防腐蚀、防霉菌并符合食品安全要求。冷冻间内应经常清洗、消毒,保持清洁,无异味,无霉菌孳生。冷冻容器应定期消毒和清洗。

灌酒操作人员在操作前应洗手;灌酒机、打塞机使用前应按工艺要求进行清洗。机械压盖或人工封口,应保证不渗不漏;每次灌装的成品酒,应按工艺要求连续装完,没有装完的酒应有严密的贮存防污染措施。

⑤ 包装和运输。

瓶装酒应装入绿色、棕色或无色玻璃瓶中,瓶底应端正、整齐,瓶体外观应清洁光亮;瓶口应封闭严密,不得有漏气、漏酒现象。酒瓶外要贴有整齐干净的标签,标签上应注明酒名、酒度、糖度、原汁酒含量、注册商标、生产厂、生产日期及代号、生产许可证号,并符合 GB 7718 的要求。包装箱外应注明酒名称、毛重、包装尺寸、瓶装规格、生产厂及防冻、防潮、放热、小心轻放、放置方向的符号和字样。

运输、保管过程中应保证温度适宜,不得潮湿,不得与易腐蚀、有气味的物质放在一起,保管库内应清洁干燥,通风良好,不允许日光直射,用软木塞封口的葡萄酒或果酒应卧放。

(2)其他前提方案。

其他前提方案至少应包括:

① 接触产品(包括原料、半成品、成品)或与接触产品接触面的水和冰应符合安全、卫生要求。配料用水的水质应符合 GB 5749 的要求,同时满足生产技术要求。

② 接触食品的器具、手套和内外包装材料等应清洁、卫生和安全。

③ 确保食品免受交叉污染。

④ 保证操作人员手的清洗消毒,保持洗手间设施的清洁。

⑤ 防止润滑剂、燃料、清洗消毒用品、冷凝水及其他化学、物理和生物等污染物对食品

造成安全危害。

⑥ 正确标注、存放和使用各类有毒化学物质。

⑦ 保证与食品接触的员工的身体健康和卫生。

⑧ 应有效清除和预防鼠害、虫害。

2. 关键过程控制

葡萄酒及果酒生产企业应对生产全过程进行科学、充分的危害分析,针对原辅料采购控制与管理、食品添加剂使用、发酵、后处理、过滤和灌装等可能发生污染的环节,制定和落实防范措施,并考虑可能遭受人为破坏和蓄意污染的情况,依据危害分析的结果制定并实施关键过程控制方案,严防污染事件发生,确保葡萄酒和果酒产品的安全。

(1) 原辅料采购控制与管理。

① 企业应编制文件化的原辅材料控制程序,明确原辅料采购标准要求,并形成文件,定期复核文件有效性。生产中所使用的原辅材料应是食用级,符合国家标准或行业标准的规定。实施生产许可制度的,应选用持有有效证书的企业产品。所采购的原辅料及包装材料应经检验或验证合格后方可投入生产。

② 原料果的采购。

要考虑水果原料初级生产对葡萄酒或果酒的产品质量和安全性产生的重要影响,鼓励种植企业按照良好农业规范(GAP)等要求进行生产。原料应符合相应国家标准的要求:

a. 水果原料应来自生态条件良好,距离污染源(包括造纸厂、水泥厂、印染厂等)2 公里以外,具有可持续生产能力的农业生产区域。

b. 原料的种植应按照相关技术规范执行,并保留相应的农事记录。农药的使用应符合 GB 4285 的规定。采收前应满足相应品种停药期的要求。

c. 收摘酿酒水果时使用的容器应清洁、专用,不应使用有可能污染原料的筐或箱。

d. 冰葡萄酒选用的原料,应在所要求的冰冻温度和时间条件下采摘,避免破损或被霉菌侵蚀。

e. 采摘时应根据果实的成熟度确定最佳采收期,按照水果的品种、质量等级采摘。

③ 原料的运输和贮藏。

运输原料的车、船等工具应清洁,不可使用可造成污染的车辆运输。运输途中需有篷布或其他覆盖物。防止途中被泥沙灰尘污染。进厂的水果原料应新鲜,无霉变腐烂、无夹杂物、无药害、无病害、无污染;应在 24 小时内加工破碎完毕。

④ 原酒、辅料及容器的采购。

采购的原酒应符合 GB 2758、GB 15037 的规定。运输原酒的车辆应保持清洁。采购的添加剂和加工助剂(包括亚硫酸及盐类、明胶、单宁、硅藻土、酒石酸、山梨酸钾、二氧化碳、柠檬酸、白砂糖、果胶酶、皂土、纤维素、焦糖色素等),应符合 GB 2760 的规定和相应的产品标准。酒瓶应符合 GB 19778 的规定;盛酒容器、储酒设备设施及橡木塞应符合相应的卫生要求。

（2）食品添加剂的使用。

加工过程中可添加二氧化硫或代用品，以防止微生物污染或有利于工艺操作。所添加的二氧化硫或代用品应符合相关规定，并均匀分布在产品中。澄清过程所使用的果胶酶、明胶、皂土（膨润土）等食品添加剂应在使用者之前进行用量试验。其使用范围和使用限量应符合 GB 2760 的相关要求，并保持使用记录。用于调兑果酒的酒精应经脱臭处理，并符合国家标准二级以上酒精指标。

（3）发酵。

应制定发酵工艺规程，并严格按照规程操作并记录，包括菌种使用、工艺措施、使用的添加剂和（或）加工助剂、加入量、加入时间等，生产负责人或工艺管理人员应定期对记录进行检查，应有书面规定记录保持的时间。发酵时需严格监测发酵现象，禁止出现溢罐现象；每天检验发酵液酒精度和残糖变化，控制残糖浓度。

（4）后处理。

应按照后处理工艺规程操作并记录，应保持添酒、倒酒、非生物稳定性处理、生物稳定性处理等记录，应定期对记录进行检查，应有书面规定记录保持的时间。

（5）过滤和灌装。

应针对各个阶段的过滤和灌装设备制定标准卫生操作程序并严格执行，保持清洁，避免霉菌和其他杂菌的生长。应及时维护和保养过滤设备，清洗或更换堵塞或行将击穿的滤膜、滤片等部件。应剔除有异臭和不易洗净的空瓶，并进行严格的清洗和消毒，尤其要关注回收的空瓶。封口时应采取措施避免瓶口出现破碎，并采取适当措施，对碎玻璃进行管理，以防污染产品。应按照灌装工艺规程进行操作并记录，并由负责人审核、留存。

3. 产品检验

（1）应有与生产能力相适应的检验室和具备相应资格的检验人员。

（2）检验室应具备检验工作所需要的标准资料、检验设施和仪器设备。检验仪器应按规定进行校准或检定。

（3）应制定原料及包装材料的品质规格、检验项目、验收标准、抽样计划（样品容器应适当标示）及检验方法等，并实施。

（4）成品应逐批抽取代表性样品，按相应标准进行出厂检验，凭检验合格报告入库和放行销售。

（5）应按法律、法规、标准及有关规定要求留样，样品应存放于专设的留样室内，按品种、批号分类存放，并有明显标识。

第四节　果蔬及饮料类加工企业的安全控制

一、果汁和蔬菜汁类生产企业的安全控制

GB/T 27305—2008《食品安全管理体系　果汁和蔬菜汁类生产企业要求》从我国果汁和蔬菜汁类食品安全存在的关键问题入手，结合果汁和蔬菜汁类食品生产企业特点，提出了建立果汁和蔬菜汁类企业食品安全管理体系的特定要求。果汁和蔬菜汁类生产企业及相关方在使用GB/T 22000—2006中，提出了针对本类型食品专业生产特点对通用要求进一步细化的需求。

鉴于果汁和蔬菜汁类生产企业在生产加工过程方面的差异，为确保产品安全，除必须关注的一些通用要求外，本标准还特别提出了“关键过程控制”要求，主要包括原辅料验收和贮存、原料果蔬的拣选、配料，杀菌和包装（灌装）等过程的卫生控制，过敏原、转基因等特殊原料使用的控制，以避免产品交叉污染，确保消费者食用安全。

（一）基本术语

1. 果汁和蔬菜汁类(fruit and vegetable juices)

用水果和(或)蔬菜(包括可食的根、茎、叶、花、果实)等为原料，经加工成发酵制成的饮料。(GB 10789—2015，定义5.2。)

2. 拣选(culled)

将腐烂变质、受损和其他不适于加工的果蔬剔除的过程。

3. 病原体5 - log减少(5 - log pathogen reduction)

使果汁和蔬菜汁类产品中相关病原体(致病菌)的数量至少减少100 000倍(5 - log)的处理。

4. 原位清洗(clear in place，CIP)

应用水、清洗剂、消毒剂等和相关设备对闭路的食品设备及其管道内部所进行的循环性冲洗处理。

5. 拆卸清洗(clear off place，COP)

应用水、清洗剂、消毒剂等和相关设备对拆卸打开的设备及其管道所进行的开放性冲洗处理。

（二）相关标准

GB 5749 生活饮用水卫生标准

GB 10789 饮料通则

GB/T 10791 软饮料原辅材料的要求

GB 12695 食品安全国家标准　饮料生产卫生规范

GB 17325 食品工业用浓缩果蔬汁(浆)卫生标准

GB 13432 预包装特殊膳食用食品标签通则

GB 14880 食品营养强化剂使用卫生标准

GB 16740 保健(功能)食品通用标准

(三)安全控制要点

1. 前提方案

(1)基础设施与维护。

生产企业的基础设施和维护保养应符合 GB 12695 第4、5、6 章的要求。

(2)卫生标准操作程序。

企业应识别、评估、确定生产加工全过程的卫生污染,建立卫生标准操作程序,形成文件,并对其实施有效的监视(包括监视的频率、人员),制订相应的预防性纠正措施。保持对监视、纠正过程的记录。

接触产品(包括原料、半成品、成品)或加工设备器具的水应当符合 GB 5749—2006 的要求。接触产品的设备、器具和工作服等的表面应符合卫生要求。应确保产品免受交叉污染。进入生产现场人员的手和与产品接触的部位应清洗消毒。应保持卫生间设施完好与清洁。

防止润滑剂、燃料、清洗消毒用品、冷凝水及其他污染物对产品造成危害。正确标识、存放和使用各类化学品。预防和消除虫、鼠害。产品的贮存和运输的条件应符合产品特性要求。需冷冻的产品应在 -18℃以下的条件下保存和运输。

清洗消毒的控制应满足以下要求:

①使用的清洗剂、消毒剂应符合食品卫生要求。

②对设备及管道的清洗消毒可采用原位清洗(CIP)或拆卸清洗(COP),并应定期对清洗消毒效果进行验证。

③应定期对场地、工具、容器等进行清洗消毒,应在车间设置专用的工器具清洗消毒场所。

④清洗、拣选、破(粉)碎、榨(取)汁、酶解、浓缩、调配、过滤、杀菌、灌装、封口、冷却等工序的设备及附件,应按照规定严格清洗消毒。

⑤灌装前对与产品直接接触的内包装材料应进行消毒处理,确保其卫生符合要求。

(3)人员健康和卫生。

从事生产、检验和管理的人员以及其他与产品有接触的人员健康卫生应符合 GB 12695 的 8.5 及 8.6 的要求。不同卫生要求的区域或岗位的人员应有明显的标志予以区别,不同加工区域的人员不得串岗。

2. 关键过程控制

(1)原辅料验收和贮存。

生产企业应建立原辅料的验收准则,并通知供方。原辅料应符合 GB 12695—2016 的 9.2 和 GB/T 10791 的要求,原辅料中的农、兽药等有害物质的残留应符合相关规定。原辅料经过验收合格后方可使用。生产企业所用的浓缩果蔬汁(浆)应符合 GB 17325 及相关要求。

(2)原料果蔬的拣选。

在原料果、蔬破(粉)碎前应通过有效的拣选,剔除霉烂变质、受损和不适于加工的部分,应使真菌毒素水平控制符合 GB 2761 的要求。

(3)配料。

食品添加剂、加工助剂、营养强化剂等的使用应符合 GB 2760 和 GB 14880 的规定。投料前应对各种配料的质量和用量进行核查,并做好记录。

(4)杀菌。

对需杀菌处理的产品应制订和实施杀菌工艺规程,其效果应达到病原体 5 - log 减少的要求,并保持记录。

(5)包装(灌装)。

包装(灌装)用的内包装材料应符合相应质量卫生标准的规定。包装(灌装)的区域应予以有效隔离,包装(灌装)环境应满足不同产品的安全卫生要求。应对包装(灌装)后的容器密封性实施检查。

3. 产品检测

(1)检验能力。

生产企业应有与生产能力相适应的内部检验部门,并具有满足 4.2.2 要求的检验人员。生产企业的设施和仪器设备应满足检验需要,仪器应按规定进行检定或校准。生产企业委托外部检验机构承担检验工作时,该检验机构承担委托检验项目的资质和能力应得到确认。

(2)检验要求。

生产企业内部检验部门的检验方法应满足顾客、法律法规和相关标准的要求,相关的检验方法在使用前应得到确认。生产企业应规定抽样的程序和方法,抽样人员应经专门的培训并能熟练操作。

二、饮料生产企业的安全控制

CCAA 0016—2014《食品安全管理体系　饮料生产企业要求》是结合饮料企业的生产特点,针对企业卫生安全生产环境和条件、关键过程控制、检验等,提出的建立我国饮料生产企业食品安全管理体系的专项技术要求。

鉴于饮料生产企业在生产加工过程方面的差异,为确保产品安全,除在高风险产品控制中所应关注的一些通用要求外,本技术要求进一步明确了针对本类产品特点的“关键过程控制”要求。主要包括采购控制、配料水的处理、配料控制、杀菌、灌装(包装)过程控制、贮存和运输、产品的标识,确保消费者食用安全,确保认证评价依据的一致性。

本节内容不包括酒精饮料生产企业和果蔬汁生产企业。

(一)基本术语

专业术语和定义同 GB 15091,产品名称及分类术语和定义同 GB 10789。

（二）相关的标准

国家认监委国认注（2003）81 号《出口饮料生产企业注册卫生规范》

国质检食监（2006）646 号附件 10《饮料产品生产许可证审查细则》

GB 10621 食品添加剂 液体二氧化碳

GB 5749 生活饮用水卫生标准

GB 10789 饮料通则

GB 12695 食品安全国家标准 饮料生产卫生规范

GB 15091 食品工业基本术语

GB 17405 保健食品良好生产规范

（三）安全控制要点

1. 前提方案

（1）基础设施及维护。

饮料生产企业应符合 GB 12695 关于基础设施和维护保养的要求；出口企业还应该符合《出口饮料生产企业注册卫生规范》相关要求。特殊用途饮料生产应符合GB 17405—1998 相关要求。各类饮料产品必备的生产设备、设施资源，应符合《饮料产品生产许可证审查细则》相关要求，并建立和落实维护保养制度。

管路清洗宜配置原位清洗系统（CIP）。风险较高产品的管路宜依据不同清洁度要求分别独立配置清洗系统。

（2）其他前提方案。

卫生制度、环境卫生、厂房设施卫生、机器设备卫生、清洗消毒、除虫灭害、污水污物管理应应符合 GB 12695 卫生管理要求；出口企业还应该符合《出口饮料生产企业注册卫生规范》生产卫生控制要求。特殊用途饮料生产企业应符合《保健食品良好生产规范》卫生管理要求。水处理系统运行应达到预定的水质要求、储水设施应有防污染措施，并应定期清洗消毒，各区域洁净级别和换气净化系统的清洁度应达到相关卫生要求。

生产设备、工具、容器、泵、管道及其附件等进行清洗、消毒应控制：

①包装（灌装）设备运行前及运行一段时间后，应对其储料罐、管道、设备上接触产品流体的关键部位进行物理和化学清洗，清除微生物和矿物质结垢等杂质。

②对管路清洗、消毒采用原位清洗系统（CIP），应控制系统密闭性、清洗液温度和浓度及洗液与管道充分接触时间、溶液流速。采用常规拆卸清洗系统（COP）时，应控制拆卸过程，防止毁坏联接件。应定期对其清洁程度和杀菌效果实施验证。

③其他清洗，当采用热水冲洗时，水温应达到 60℃；高压低流冲洗，应避免污垢凝结到待清洗表面以防止微生物的生长。

④清洗所使用的清洗剂、消毒剂应符合有关食品卫生要求。

⑤在短暂的停工期，保持辅助设备良好运转。生产结束后，设备清理、清洗应达到食品卫生要求。

溶解、调配、过滤、灌装、封罐、杀菌、灌装包装等工序,直接接触物料、内包装环节,应配备有效的洗手消毒措施;地面应随时冲洗清洁,设备使用后应马上冲洗和清洗,尽量避免污垢干燥;配料工序,在加工食品和配料时要小心以减少溢出;灌装包装工序,应及时清理掉废气包装材料,垃圾弃入垃圾箱宜有非手动式装置。宜采用机械清扫机或擦洗机进行清扫和/或擦洗。宜采用轻便式或集成式泡沫清洗系统以及50℃水,有效清洗重污垢区域、未包装产品及其他碎片。适宜时拿开、清洗和更换排水沟盖。应制定并实施瓶、盖卫生操作规程,灌装时瓶、盖或其他内包装物均应清洁卫生,菌落总数、大肠菌群检测指标符合相关产品卫生规范要求。

采用超洁净灌装(Ultra - Clean Filling)技术时,应对包装材料(瓶和盖)的消毒、灌装空间的净化、灌装设备外部的清洁和消毒、物料灌装通道的清洗和消毒以及操作过程中相关人员污染控制等诸多技术环节实施有效管理,定期验证消毒效果。热灌装生产线中,空盖的消毒方式宜采用连续喷冲法和浸泡法。空瓶的消毒:在低速生产线中,应采用灌注消毒法并控制消毒液作用时间;在中、高速生产线中,应采用消毒液的喷冲法,选用杀菌能力强的消毒剂。

生产线灌装区域的净化应采用生物洁净室,微生物的静态控制等级应达到国家规定的百级净化标准:

在生产准备期,应采用药物熏蒸方式对灌装区域进行消毒处理。

在生产前,利用COP和SOP操作对设备表面进行清洗和消毒,利用臭氧对空气消毒。

生产过程中,通过空气洁净系统将臭氧扩散至所控制的整个洁净区域,应使臭氧浓度均匀,以杀灭杂菌和霉菌。

灌装区域宜设置自动消毒液气溶胶喷雾熏蒸系统,可自动定期对灌装空间及其设备表面进行消毒。

过滤器应定期更换滤膜、滤棒、滤芯等。定期更换设备中的垫片和密封圈以减少渗漏和溅出现象。杀菌后加入的配料(从增香系统倒回管路的水果香精油等),应采取适宜措施以防止不良微生物的引入;冷热交替季节,生产车间应采取措施以防止霉菌孳生和繁殖。防止润滑剂、燃料、清洗消毒用品、冷凝水及其他化学、物理和生物等污染物对食品造成安全危害;正确标注、存放和使用各类化学物质,保证相关人员获取使用说明或接受有效培训;采取有效措施控制鼠害、虫害。

2. 关键过程控制

(1)采购控制。

应建立选择、评价供方程序,对原料、辅料、容器及包装物料的供方进行评价、选择,建立合格供方名录。饮料生产企业应制订原料、辅料、包装物、饮料容器的接受准则或规范。生产用原料、辅料应符合相关质量标准要求,出口产品应满足进口国卫生要求和消费国卫生要求,避免有毒、有害物质的污染。已实施生产许可管理制度的,应索取相关合法证明(有效许可证复印件等)。

原辅料的采购需符合质量标准要求并保留相关证据,需对其最低贮存期限和贮存数量实施管理。超过保质期的原料、辅料不得用于生产;残留(农药与兽药残留,重金属,生物与化学毒素,有毒物质,超标的微量元素等)超过相关限量规定的禁止使用。

原辅料贮存场所应有有效地防治有害生物孳生、繁殖的措施,防止外包装破损所造成的污染。启封后的原辅料,未用尽时不可裸露放置,易腐败变质的原料应及时加工处理,需冷冻或冷藏的原辅料,需选择适宜条件贮藏,有冷库的宜配置自动温度控制和记录装置,辅以人工监测和记录。

加工用的原浆饮料、浓缩饮料应符合相关质量安全卫生要求。不应使用我国、销售国或消费国禁止使用的配料,特殊用途的饮料中严禁添加我国颁布的禁用物品和销售国颁布的禁用药物,应符合国家食品药品监督管理局第19号令(2005年)保健食品注册管理办法(试行)第三章原料与辅料之第五十九至第六十六条款要求。为增加营养价值而加入食品中的天然或人工的营养素,其使用范围及使用量应符合GB 1488要求。饮料中使用的食品添加剂应符合GB 2760的规定。

加入饮料中的二氧化碳应符合GB 1917的规定,必要时应净化处理。灌装/包装用的内包装物及其他包装材料应符合相应产品卫生标准规定,必要时要符合销售国的规定。回收使用的玻璃瓶需考虑爆瓶安全性能要求,其他预包装容器不允许回收使用。采用超洁净灌装技术时,热灌装的PET瓶和瓶盖需要选择合理的包装方式并严格控制包装材料的储运条件。

(2)配料水的处理。

配料水水质处理符合饮料工艺用水卫生标准要求,应保持水处理和水质监测记录。

(3)配料控制。

配方正式投入生产使用或变更时,所投入物料类别和限量物质的比例应经过食品安全小组复核和批准,复核内容包括但不限于如下内容:

①食品添加剂使用的种类、数量(包括复合添加剂内含有的限量物质)依据国家相关法规要求及时备案。

②特殊用途的饮料还应符合卫法监发[2002]5号《卫生部关于进一步规范保健食品原料管理的通知》要求。

③考虑符合饮料行业新的食品安全要求。

④其他禁止性要求。

配料工序应有复核程序,一人投料一人复核、确认,以防止投料种类、顺序和数量有误。溶解后的糖浆应过滤去除杂质,调好的糖浆应在规定的时间内灌装完毕。变质、不合格、剩余的糖浆应从管道和混合器中全部排除。

对本过程关键因子实施控制(如时间、温度、pH值、压力、流速等物理条件,确保各工艺按规程进行。半成品的缓存,应提出温度和时间要求并验证所选定的缓存温度和时间能满足产品安全要求。应按照要求操作,因故而延缓生产时,对已调配好的半成品应及时作有效处理,防止被污染或腐败变质;恢复生产时,应对其进行检验,不符合标准要求的应予以废弃。调配好后半成品应立即灌装。

(4)杀菌。

对杀菌工艺产品,杀菌工艺应经过确认,证实其控制微生物效果符合食品安全要求及约定条件下的保质期要求。

①宜考虑 GB 12695—2016 关于杀菌的要求,正式投产前应实施杀菌效果确认,保持确认记录。

② GB 12695—2016 未覆盖的和不适宜的品种,应采用适宜的杀菌灭菌工艺,所选择的工艺规程的科学依据及实施有效的记录应保存。

③大豆蛋白饮料加工过程中的杀菌强度也应符合大豆胰蛋白酶的灭活强度要求。

杀菌系统的监视测量设备、设施管理:

①杀菌装置在使用过程中应定期进行能力测定。

②在新装置使用前或对装置进行改造后应确认杀菌效果。

③杀菌的监视测量设备在使用过程中应定期进行校准。

④杀菌系统维护保养工作能够保障杀菌效果。

(5)灌装(包装)过程控制。

产品灌装(包装)应在专用的灌装(包装)间进行,与其他操作间隔离;灌装(包装)间及其设施应满足不同产品要求。需无菌灌装、低温灌装或常温灌装的,灌装环境温度、湿度、洁净度应符合相关要求。

①热灌装应设置合理的灌装温度、倒瓶时间并加以控制。

②无菌罐装应在 UHT 达到灭菌温度、灭菌时间、出口温度要求,无菌灌装系统形成后进行。

③应控制灌装时料液注入温度、注入量,避免产品出现不安全问题。

产品包装应严密、整齐、无破损。应设专人检查封口的密闭性,封口密闭性检验方法应有效,以剔出密封不严或破损产品。

(6)贮存和运输。

需要保温试验的,按照规程完成保温试验;应按照产品特性控制产品储运温度。产品应贮存在干燥、通风良好的场所。不得与有毒、有害、有异味、易挥发、易腐蚀的物品同处贮存。运输产品时应避免日晒、雨淋。不得野蛮装卸,损坏产品。不得与有毒、有害、有异味或影响产品质量的物品混装运输。

(7)产品的标识。

饮料生产企业应建立文件化的产品标识程序,并有助于实现产品的追溯。出口产品预包装的标识应符合进口国的要求。应在运输包装物的侧面标注卫生注册编号、批号和生产日期等内容。加贴的合格证应符合我国和进口国规定。国内销售生产企业食品标签应符合 GB 7718—2011 的要求,还应符合国质检食监(2006)646 号附件 10《饮料产品生产许可证审查细则》关于标签的相关要求。

特殊用途饮料产品标识应符合《保健食品标识规定》要求，保健食品说明书、标签的印制，应与卫生部批准的内容相一致，符合 GB 13432—2013《食品安全国家标准　预包装特殊膳食用食品标签》要求；

3. 产品检测

①检验能力。

饮料企业应有与生产能力相适应的内设检验机构和具备相应资格的检验人员。必备的产品出厂检测设备满足检验项目需求并符合《饮料产品生产许可证审查细则》相关要求，检验仪器的计量应符合 GB/T 22000—2006 中 8.3 要求。实验室所用化学药品、仪器、设备应有合格的采购渠道，对其存放地点，标记标签、使用方法、校准及记录应实施有效管理。

实验室检验人员应接受持续培训以确保其有能力胜任关检验工作并保留培训记录。受委托的社会实验室应具有相应的资质，具备完成委托检验项目的实际检测能力，终产品食品安全指标应符合相关标准要求。

②检验要求。

实验室应建立与实际工作相符合的文件化的实验室管理程序，包括原辅材料验收标准、产品技术要求、试验方法、检验规则、样品保存方法和保存期限以及对记录的管理等。

思考题：

1. 有关食品安全控制的通用法规有哪些？
2. 食品安全控制中对各类食品企业的基础设施有何要求，如何维护？
3. 除基础设施外，食品企业在前提方案的建立中应重点关注哪些问题？
4. 食品安全管理专项要求中对产品检测有哪些方面的要求？
5. 各类食品的关键过程控制点有哪些？

第四章　食品品质设计

产品是企业的生产产物,也是企业占领市场、实现利润的物质基础。而具有优良品质的产品可以提高企业的市场占有率,促进企业的贸易行为,有利于实现企业的最大利润。在市场经济条件下,产品的品质决定了企业的生存与发展,要求企业必须持续不断地进行新产品的开发,只有不断地设计出满足或超出消费者需要的产品,持续地保持自身企业产品品质上的优良性,才能在市场竞争中占据有利地位,否则就有被淘汰的危险。

产品的优良品质源于设计。对于食品企业来说,需要在社会进步、技术发展、消费者需求不断提高的前提下,设计、生产出色泽、风味、质构、营养与安全各种品质属性俱佳的食品,只有这样才能保证其良好的贸易行为,实现自身的发展目标。

产品的设计即是对其应有的质量进行设计,通过设计人员的设计活动获得质量可以满足或超出消费者要求的产品,因此,在设计之初,对消费者需求的了解与认知是非常重要的,现代的产品设计要求以消费者需求为出发点,运用技术性方法与工具,对产品的质量特性、生产过程进行设计。

第一节　设计过程

社会的进步,科技的发展以及消费者需求的提高,既向食品生产企业提出了更新产品、提高产品质量的要求,也为新食品的涌现提供了动力和技术、材料等方面的支持。

新产品的设计是一项复杂的技术与管理工作,需要在设计之初,了解市场和消费者的需求,根据企业自身的基础与条件,定位产品的类型,按照科学的工作程序进行设计工作。

一、新产品类型

产品开发一般指新产品的研制与开发,是企业求生存图发展、提高综合竞争能力的重要途径。在知识经济浪潮的推动下,科学技术飞速发展,世界范围内产品更新换代的速度越来越快,高科技含量的产品、高附加值产品、差异化、特色化产品日益成为产品开发的重点。

在此论述的产品开发的主要方法不只是从技术的角度,而是从技术与市场、技术与产品性能和使用发展的趋势相结合的角度进行的。随着电子技术和计算机技术迅猛发展并向各产业渗透的加快以及消费个性化、快捷化、便利化发展的动向,采用系列化法、仿制法、配套法、替代法、跟踪法、利用专利法、附加价值法、多功能法以及复合法等探索性的方法,设计开发不同类型的新产品。

1. 系列产品

在现有产品的基础上，根据产品技术发展的特点或使用上的相关性等原理，进行延伸开发，使产品的品种、款式、规格、型号等形成系列。例如，系列调味料、系列饮料的设计与开发。系列产品的设计费用少，收效快，对原有生产工艺或过程的改动少，也有利于产品的市场销售。

2. 方便型产品

将已有的产品通过一定的处理方式转变成具有食用简便、携带方便，易于贮藏等特点的食品。例如，即食食品、速冻食品、方便菜肴等。

3. 新包装产品

对现有产品采用新的包装概念而改进的产品，新的包装可以提高产品的感官品质、货架期等作用。例如，包装容器的变化，采用气调包装技术延长产品的保质期。

4. 新概念产品

指具备独特的销售主张的产品或是具备独特消费观念的产品。成功的概念产品推广，不仅能够提升品牌形象更能够给企业带来巨大的经济效益。例如，强调食用油中的饱和脂肪酸、单不饱和脂肪酸与多不饱和脂肪酸的比例，使用的原料为非转基因大豆。

5. 移植型产品

指将其他类别的产品或他人开发生产的产品整合入自己的产品中，从而形成新的产品，一般是将两种或两种以上的产品有效地组合在一起开发成为一种新的集原各产品之长的复合产品。

6. 创新产品

指利用科学技术的发展成果，利用新设备、新工艺或新配方，开发生产新产品，以获得更好质量、更低成本的产品。

根据创新产品进入市场时间的先后，产品创新的模式有率先创新、模仿创新。率先创新是指依靠自身的努力和探索，产生核心概念或核心技术的突破，并在此基础上完成创新的后续环节，率先实现技术的商品化和市场开拓，向市场推出全新产品。模仿创新是指企业通过学习、模仿率先创新者的创新思路和创新行为，吸取率先者的成功经验和失败教训，引进和购买率先者的核心技术和核心秘密，并在此基础上改进完善，进一步开发。

二、设计步骤

产品设计是一项多过程、多部门、多人员参与的复杂的技术与管理工作，为了保证设计工作的顺利开展、产品设计的实现，必须对设计工作进行过程分析，并制定科学、可行的工作程序。

典型的产品设计过程包含四个阶段：概念开发和新产品计划、新产品试制、新产品鉴定和市场开发。

（1）在概念开发和新产品计划阶段，需要将市场机会、竞争力、技术可行性、生产需求、技术装备的可行性、相关法律法规等有关消费者需求与限制性因素的信息综合起来,确定新产品的原型,进行创意审查。

(2)在新产品试制阶段,根据已确定的新产品原型,将产品创意不断丰富、具体化,由技术人员拟定生产工艺进行试制,并对产品进行感官品质的评价。在试制成功后,需要进行放大生产的中试,中试产品不仅需要进行感官品质鉴定,以改善产品的感官品质;还要进行卫生安全检验,分析生产过程中的潜在危害,提出相应的控制措施,确定生产工艺条件。以中试的结果为基础,在企业的实际生产条件下进行批量化生产,对生产工艺进一步完善。

(3)在新产品的鉴定阶段,对批量化生产的产品进行最终保质期试验,以商品化的产品试验而定,确定产品的标准。批量化生产的产品经检验合格后,准备投放市场。

(4)在市场开发阶段,需要先精心选择一个或某几个试销市场,选择合适的时机与适当方式将产品推入市场,监控销售状态,了解消费者对产品的意见,对产品进行评价,不断加以改进。

第二节 产品开发

进行新产品的设计,是为了开发出能更好地满足消费者需求的产品,因此,在产品设计中必须研究产品的质量问题,需要分析对质量产生影响的因素有哪些,各因素对产品质量的影响程度如何,通过采用什么技术或管理措施对影响因素加以控制等。

食品是以农产品为主要原料,经过一定的加工过程制备得到产品。由于原料和产品中组分多样、性质各异,加工过程又可能发生复杂的相互作用,因此,在食品产品的设计开发时,要充分考虑原料、产品生产方法以及产品贮藏、运输、销售条件等因素对最终产品品质的影响。

一、影响食品设计品质的因素

1. 产品的原料

对于生产食品所需的加工原料来说,存在着产地、品质、季节性等方面的问题。不同产地或不同种植或养殖方法生产的同一种类的食品原料,其营养成分含量、加工特性、卫生安全状况等都会存在一定的差异;对于异地加工、季节性生产的食品原料来说,还要注意其对贮存、运输条件的要求。以上原因造成食品生产中原料的改变,会导致实际生产过程可能需要调整生产工艺条件,这就要求在产品设计时应予以考虑,以保证实际生产的正常进行和产品质量满足预定的产品标准。

2. 产品的生产方法

在进行产品设计开发时,应对所采用的生产方法及其对环境的影响进行分析,注意消费者对生产方法的认可或排斥情况,这影响消费者对最终产品的接受程度。例如,在生产食用油时,是利用转基因大豆还是非转基因大豆,是选择传统压榨法还是溶剂萃取法;在以植物蛋白为原料生产酱油时,能否采用酸水解法等。要通过对产品的加工过程控制,使其达到产品的标准要求。

3. 产品的品质稳定性

生产出的食品一般需经过贮藏、运输及销售等环节最终才被消费者购买、食用,在这一列过程中,食品体系会受到微生物、光照、氧、温度等因素的影响而发生品质的变化,如腐败变质,营养成分的氧化、分解,风味物质的挥发、丧失,组织形态的劣化、崩解,卫生安全状况恶化等情况。因此,要在产品设计时采用相应的保护措施,考虑产品的包装、贮藏、运输以及销售的方法或条件。

二、产品设计的技术工具

设计人员在食品的设计开发中对获得的数据或结果进行分析、评价和选择,这就需要利用一些技术工具和技术方法,常用的技术性方法与工具有以下一些。

1. 感官评价技术

食品的感官品质(色泽、风味、质构)是最先被消费者所评定和判断的,消费者在选择食品时往往以感官品质作为依据,因此食品的开发设计要非常重视产品的感官品质。食品感官品质的评价方法有以人的感官为工具的主观评价法和利用仪器设备进行的客观评价法。其中,主观评价法又分为分析型感官检验和嗜好型感官检验两种。

(1)分析型感官检验:把人的感觉作为测定仪器,测定食品的特性或差别。比如检验酒的杂味;判断用多少人造肉代替香肠中的动物肉时人们才能识别出它们之间的差别;评定各种食品的外观、口味、口感等特性。

(2)嗜好型感官检验:根据消费者的嗜好程度评定食品特性的方法。比如何种甜度为饮料的最佳甜度;何种颜色为最佳电冰箱颜色等。弄清感官检验的目的,即分清是利用人的感觉来测定物质的特性(分析型)还是通过物质来测定人们嗜好度(嗜好型)是设计感官检验的出发点。例如,对两种冰淇淋,如果要研究二者的差别,那么可把冰淇淋溶解或用水稀释,在最容易检查出其差别的条件下进行检验,但如果要研究哪种冰淇淋最受消费者欢迎,那么通常是在能吃的状态下进行检验。

2. 品质稳定性试验

食品品质在空间、时间上的稳定性是食品质量的一个重要指标,品质稳定性试验就是将食品置于一定的空间(环境)内,研究食品体系涉及质量的感官指标、微生物指标以及理化指标等随着时间的迁移而产生的变化,以此来判定食品品质能维持在一定水平之上的最长时间,即确定食品的保质期。品质稳定性试验有长期试验和加速试验两种,长期试验是将食品贮存于与产品市售环境相同的条件下,测定其品质随时间的变化关系;而加速试验是将食品贮存于一些极端条件(高温、低温或超低温、高压、紫外光照射、高氧环境等)下,测定其品质随时间的变化关系,并分析不同极端条件对食品品质的影响程度。

3. 专家系统

专家系统是一种模拟人类专家解决问题的计算机程序系统，其内部含有大量的某个领域若干专家水平的技术方法与经验，操作人员可以运用该系统内的专家水平的知识和解决问题的方法、经验进行推理和判断，模拟专家的处理过程，以便解决那些需要处理的实际工作中的复杂问题。对于食品设计开发人员来说，可以利用已建立的专家系统，分析原料的成分、产品配方、工艺条件和产品品质之间的相互关系，寻找最佳配方、确定最适工艺条件，从而化繁为简，节省时间，降低新产品计划和试制成本。

4. 微生物预测模型

微生物预测模型是结合微生物学、化学、数学、统计学和应用计算机技术的相关知识，采用数学的方法描述不同环境条件下，微生物数量变化和外部环境因素之间的响应关系，并对微生物的生长动力学做出预测。根据微生物在某种产品或在某个加工中的生长和失活速率评估，能开发新产品或改善产品，确定产品货架期。在产品研发时，根据微生物生长和失活模型能显示哪一种因子具有重要的影响，通过模拟预测微生物存活情况，求得有效的食品配方和处理条件，将食品中有关微生物的选择试验准确地局限于较小范围，大大减少产品开发的时间和成本。

5. 危害分析与关键控制点

危害分析与关键控制点（Hazard Analysis and Criticcu Control Point, HAACP）是生产安全食品的一种控制手段，对原料、关键生产工序及影响产品安全的认为因素进行分析，确定加工过程中的关键环节，建立、完善监控程序和标准，采取规范的纠正措施。在进行食品设计开发时，可以借助 HAACP 对食品生产过程中潜在的危害进行分析，并确定关键控制点，在设计中提出检测和控制的方法，保证设计开发的产品质量。

三、质量功能展开

质量功能展开（Quality Function Deployment, QFD）是一种立足于在产品开发过程中最大限度地满足顾客需求的系统化、用户驱动式的质量保证与改进方法。它于七十年代初起源于日本，由日本东京技术学院的 Shigeru Mizuno 博士提出。进入八十年代以后逐步得到欧美各发达国家的重视并得到广泛应用。

为了保证产品能为顾客所接受，一个组织（企业）必须认真研究和分析顾客的需求，将顾客的需求转化为可以进行和实施产品设计的质量特性。因为产品质量可以用多种质量特性，比如物理特性、性能特性、经济特性、使用特性等来体现，只有将这些特性落实到产品的研制和生产的整个过程中，最终转换成产品特征，才能真正体现顾客提出的需求。QFD 要求产品设计生产者在听取顾客对产品的意见和需求后，通过合适的方法和措施将顾客需求进行量化，采用工程计算的方法将其一步步地展开，将顾客需求落实到产品的设计和生产的整个过程中，从而最终在产品中体现顾客的需求，同时在实现顾客的需求过程中，帮助企业各职能部门制定出相应的技术要求和措施，使他们之间能够协调一致地工作。

QFD是在产品策划和设计阶段就实施质量保证与改进的一种有效的方法,能够以最快的速度、最低的成本和优良的质量满足顾客的最大需求,已成为企业进行全面质量管理的重要工具和实施产品质量改进有效的工具,对企业提高产品质量、缩短开发周期、降低生产成本和增加顾客的满意程度有极大的帮助,具体表现在以下几个方面。

1. QFD有助于企业正确把握顾客的需求

QFD是一种简单的,合乎逻辑的方法,它包含一套矩阵,这些矩阵有助于确定顾客的需求特征,以便于更好地满足和开拓市场,也有助于决定公司是否有力量成功地开拓这些市场,什么是最低的标准等等。

2. QFD有助于优选方案

在实施QFD的整个阶段,人人都能按照顾客的要求评价方案。即使在第四阶段,包括生产设备的选用,所有的决定都是以最大程度地满足顾客要求为基础的。当作出一个决定后,该决定必须是有利于顾客的,而不是工程技术部门或生产部门,顾客的观点置于各部门的偏爱之上。QFD方法是建立在产品和服务应该按照顾客要求进行设计的观念基础之上,所以顾客是整个过程中最重要的环节。

3. QFD有利于打破组织机构中部门间的功能障碍

QFD主要是由不同专业,不同观点的人来实施的,所以它是解决复杂、多方面业务问题的最好方法。但是实施QFD要求有献身和勤奋精神,要有坚强的领导集体和一心一意的成员,QFD要求并勉励使用具有多种专业的小组,从而为打破功能障碍、改善相互交流提供了合理的方法。

4. QFD容易激发员工们的工作热情

实施QFD,打破了不同部门间的隔阂,会使员工感到心满意足,因为他们更愿意在和谐气氛中工作,而不是在矛盾的气氛中工作。另外,当他们看到成功和高质量的产品,他们感到自豪并愿意献身于公司。

5. QFD能够更有效地开发产品,提高产品质量和可信度,更大程度地满足顾客需求

为了产品开发而采用QFD的公司已经尝到了甜头,成本削减了50%,开发时间缩短了30%,生产率提高了200%。如,采用QFD的日本本田公司和丰田公司已经能够以每三年半时间投放一项新产品,而美国汽车公司则需要5年时间才能够把一项新产品推向市场。

QFD从质量的保证和不断提高的角度出发,通过一定的市场调查方法获取顾客需求,并采用矩阵图解法和质量屋的方法将顾客的需求分解到产品开发的各个过程和各个职能部门中去,以实现对各职能部门和各个过程工作的协调和统一部署,使它们能够共同努力、一起采取措施,最终保证产品质量,使设计和制造的产品能真正满足顾客的需求。故QFD是一种由顾客需求所驱动的产品开发管理方法。

1. QFD瀑布式分解模型

调查和分析顾客需求是QFD的最初输入,而产品是最终的输出。这种输出是由使用他们的顾客的满意度确定的,并取决于形成及支持他们的过程的效果。由此可以看出,正

确理解顾客需求对于实施 QFD 是十分重要的。顾客需求确定之后,采用科学、实用的工具和方法,将顾客需求一步步地分解展开,分别转换成产品的技术需求等,并最终确定出产品质量控制办法。相关矩阵(也称质量屋)是实施 QFD 展开的基本工具,瀑布式分解模型则是 QFD 的展开方式和整体实施思想的描述。图 4 - 1 是一个由 4 个质量屋矩阵组成的典型 QFD 瀑布式分解模型。

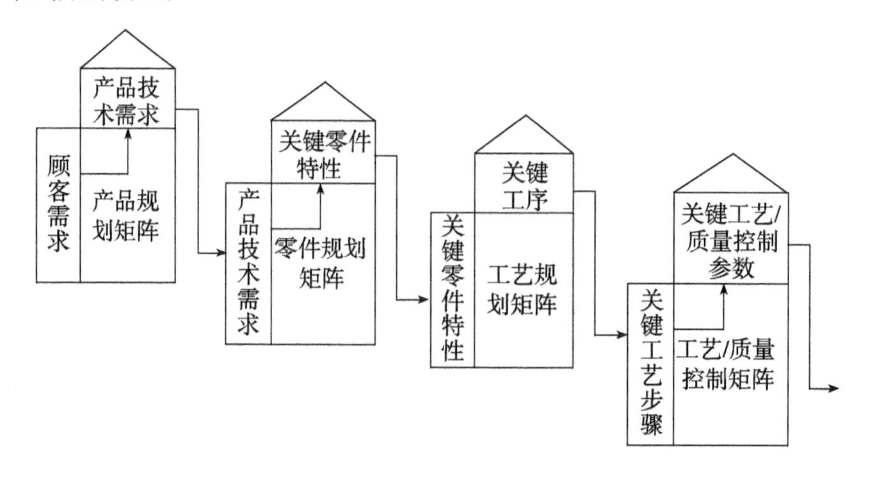

图 4 - 1　典型的 QFD 瀑布式分解模型示意图

实施 QFD 的关键是获取顾客需求并将顾客需求分解到产品形成的各个过程,将顾客需求转换成产品开发过程具体的技术要求和质量控制要求。通过对这些技术和质量控制要求的实现来满足顾客的需求。因此,严格地说,QFD 是一种思想,一种产品开发管理和质量保证与改进的方法论。对于如何将顾客需求一步一步地分解和配置到产品开发的各个过程中,需要采用 QFD 瀑布式分解模型。但是,针对具体的产品和实例,没有固定的模式和分解模型,可以根据不同目的按照不同路线、模式和分解模型进行分解和配置。

2. 质量屋

质量屋(House of Quality, HOQ)的概念是由美国学者 J. R. Hauser 和 Don Clausing 在 1988 年提出的。质量屋为将顾客需求转换为产品技术需求以及进一步将产品技术需求转换为关键零件特性、将关键零件特性转换为关键工艺步骤和将关键工艺步骤转换为关键工艺/质量控制参数等 QFD 的一系列瀑布式的分解提供了一个基本工具。

质量屋结构如图 4 - 2 所示,一个完整的质量屋包括 6 个部分,即顾客需求、技术需求、关系矩阵、竞争分析、屋顶和技术评估。竞争分析和技术评估又都由若干项组成。在实际应用中,视具体要求的不同,质量屋结构可能会略有不同。例如,有的时候,可能不设置屋顶;有的时候,竞争分析和技术评估这两部分的组成项目会有所增删等。

顾客需求及其需求类型,即质量屋的"什么(What)"。

各项顾客需求可简单地采用图示列表的方式,将顾客需求 1、顾客需求 2、……顾客需求 nc,填入质量屋中。也可采用类似于分层式调查表的方式,或采用树图表示。

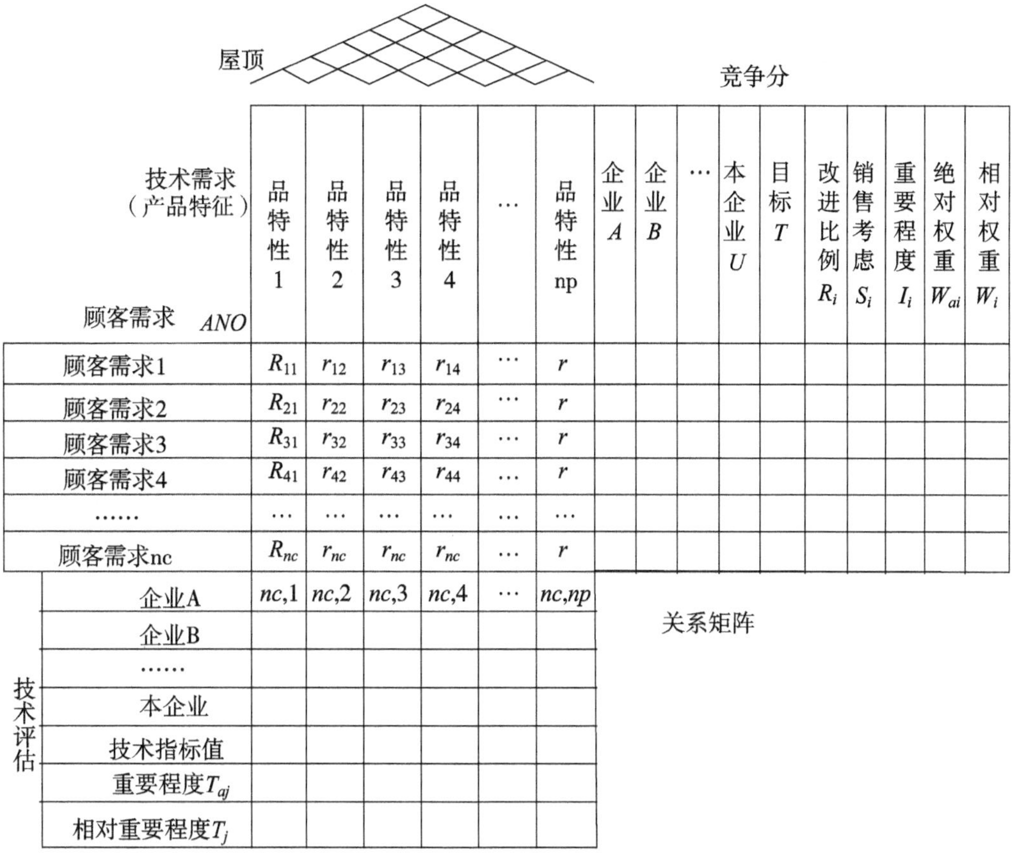

屋顶　　　　竞争分

技术需求（产品特征） 顾客需求 ANO	品特性1	品特性2	品特性3	品特性4	…	品特性np	企业A	企业B	…	本企业U	目标T	改进比例R_i	销售考虑S_i	重要程度I_i	绝对权重W_{ai}	相对权重W_i
顾客需求1	R_{11}	r_{12}	r_{13}	r_{14}	…	r										
顾客需求2	R_{21}	r_{22}	r_{23}	r_{24}	…	r										
顾客需求3	R_{31}	r_{32}	r_{33}	r_{34}	…	r										
顾客需求4	R_{41}	r_{42}	r_{43}	r_{44}	…	r										
……	…	…	…	…	…	…										
顾客需求nc	R_{nc}	r_{nc}	r_{nc}	r_{nc}	…	r										
技术评估：企业A	nc,1	nc,2	nc,3	nc,4	…	nc,np										
企业B																
……																
本企业																
技术指标值																
重要程度T_{aj}																
相对重要程度T_j																

关系矩阵

注 1）关系矩阵一般用“◎、○和△”表示，它们分别对应数字“9，3和1”，没有表示无关系，对应数字0；

2）销售考虑用“●和●”表示，“●”表示强销售考虑；“●”表示可能销售考虑，没有表示不是销售考虑。分别用对应数字1.5，1.2和1.0。

图4－2　质量屋结构形式示意图

技术需求（最终产品特性），即质量屋的“如何（How）”。

技术需求也可采用简单的列表、树图、分层调查表或系统图的方式描述。技术需求是用以满足顾客需求的手段，是由顾客需求推演出的，必须用标准化的形式表述。技术需求可以是一个产品的特性或技术指标，也可以是指产品的零件特性或技术指标，或者是一个零件的关键工序及属性等。根据质量屋用于描述的关系矩阵不同而不同。

关系矩阵，即顾客需求和技术需求之间的相关程度关系矩阵。

这是质量屋的本体部分，它用于描述技术需求（产品特性）对各个顾客需求的贡献和影响程度。图4－2所示质量屋关系矩阵可采用数学表达式$R=[r_{ij}]$nc x np表示。r_{ij}是指第j个技术需求（产品特性）对第i个顾客需求的贡献和影响程度。r_{ij}的取值可以是数值域[0，1]内的任何一个数值，或从{0，1，3，9}中取值。取值越大，说明第j个技术需求（产品特性）对第i个顾客需求的贡献和影响程度越大；反之，越小。

竞争分析,站在顾客的角度,对本企业的产品和市场上其他竞争者的产品在满足顾客需求方面进行评估。

第三节　过程设计

过程设计是指将顾客的需求转化为生产、采购、检验、服务等标准,使工艺设计和开发做到有计划、按程序进行,确保工艺设计和开发的适用性,满足用户的要求,使产品工艺设计和开发的结果真正达到以较低的成本为用户提供优质产品。

产品生产过程设计包括加工工程、控制与信息系统的设计、生产组织和原辅材料的采购与贮存。加工工程包括系统设计、参数设计、容差设计和卫生设计。

在进行食品产品的过程设计时,要注意食品加工原料的特殊性,由于食品原料成分复杂、易变质、受工艺条件影响大,因此加工工程的设计要兼顾原料和产品的特性,科学合理地选择或优化食品加工工程,使最终产品既满足顾客的需求,还要顾及生产的可行性、成本等。

一、失败模式与效果分析

失败模式和效果分析(Failure Mode and Effects Analysis,FMEA)是一种系统分析工具,可用于产品设计中。FMEA 有两种形式,一种是设计失败模式和效果分析(DFMEA),用于分析新产品和新服务中存在的潜在失败;一种是过程失败模式和效果分析(PFMEA),用于分析制造过程和服务过程中的失败分析。FMEA (DFMEA 和 PFMEA)在产品的设计阶段和过程设计阶段,对构成产品的各项品质、对构成过程的各道工序逐一进行分析,找出所有潜在的失效模式,并分析其可能的后果,从而预先采取必要的措施,以提高产品的质量和可靠性的一种系统化的活动。

在本书中,我们只讨论 PFMEA 在过程设计中的运用。采用 PFMEA 进行产品过程设计的工作原理如图 4-3 所示:

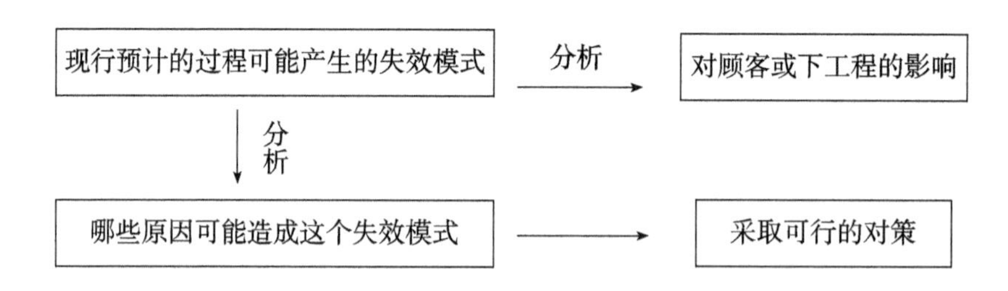

图 4-3　PFMEA 过程设计示意图

实施 FMEA 进行过程设计的流程如下(图 4-4,表 4-1 ~4):

PFMEA 提供了过程设计中潜在失败模式的有关信息,并对这些可能出现的失败模式

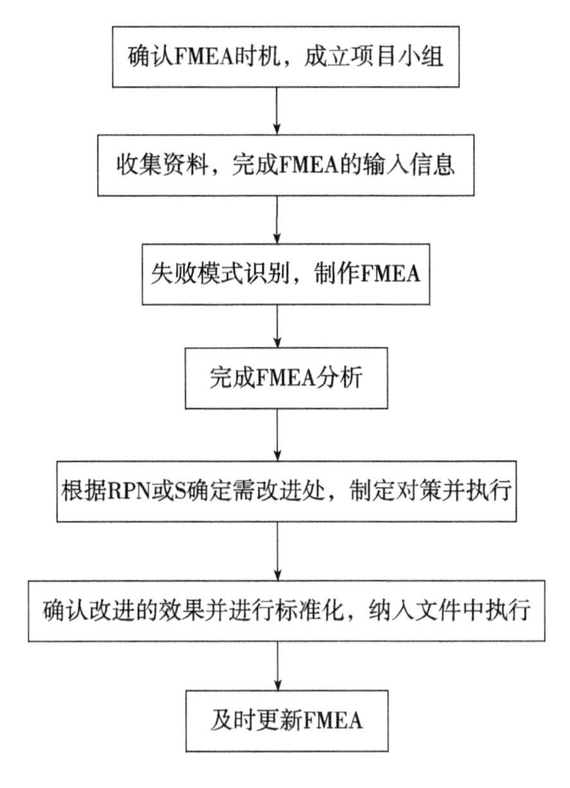

图 4－4　PFMEA 作业流程图

排列出处理的优先顺序。失败模式的处理优先顺序由风险顺序数(RPN)决定，RPN 可由潜在失败模式后果的严重度(S)、潜在失败模式起因/机理的频度(O)、现行过程控制的检出能力(D)三者按 RPN = S × O × D 计算得到。其中 S、O、D 值可用 1 ~ 10 的计分方式按下列评分标准得到。

表 4－1　潜在失败模式后果的严重程度评价准则

后果	当潜在失败模式导致最终制造过程产生缺陷时便得出相应的定级后果	严重度级别
无警告的危害	在无警告的情况下影响产品生产或导致最终产品质量不符合法规的要求时，严重度定级非常高	10
有警告的危害	当潜在的失败模式在有警告的情况下影响产品生产或导致最终产品质量不符合法规的要求时，严重度定级非常高	9
很高	导致产品失去使用功能	8
高	导致产品质量水平下降。顾客非常不满意	7
中等	产品能使用，但部分质量指标不佳。顾客不满意	6
低	产品质量水平不够好。顾客不太满意	5
很低	产品质量水平不够好。多数(75% 以上)顾客能发觉缺陷	4

续表

后果	当潜在失败模式导致最终制造过程产生缺陷时便得出相应的定级后果	严重度级别
轻微	产品质量水平不够好。50%的顾客能发觉缺陷	3
很轻微	产品质量水平不够好。有辨识力顾客(25%以下)能发觉缺陷	2
无	无可辨别的影响	1

表4-2　PFMEA频度评价准则

失败发生的可能性	可能的失败率	频度
很高:持续性失败	≥100个/1 000件	10
	50个/1 000件	9
高:经常性失败	20个/1 000件	8
	10个/1 000件	7
中等:偶然性失败	5个/1 000件	6
	2个/1 000件	5
	1个/1 000件	4
低:相对很少发生的失败	0.5个/1 000件	3
	0.1个/1 000件	2
极低:失败不太可能发生	≤0.01个/1 000件	1

表4-3　PFMEA检出能力评价准则

检验性	准则	检验类别			检出能力
		防错	量具	人工检验	
几乎不可能	绝对肯定不可能检验出			√	10
很微小	控制方法可能检验不出			√	9
微小	控制有很少的机会能检验出			√	8
很小	控制有很少的机会能检验出			√	7
小	控制可能能检验出		√	√	6
中等	控制可能能检验出		√		5
中上	控制有较多机会可检验出	√	√		4
高	控制有较多机会可检验出	√	√		3
很高	控制几乎肯定能检验出	√	√		2
很高	肯定能检验出	√			1

项目小组进行FMEA活动时,对RPN值>80(另有要求时,可变化)或S值>7时的失败模式及后果优先采取纠正措施。表4-4为实施PFMEA的实例。

表4-4　清啤陈化过程PFMEA

失败模式	失败后果	S	失败原因	O	现行过程控制预防	现行过程控制检验	D	RPN	建议措施	措施结果			
										S	O	D	RPN
清啤陈化温控	保质期下降	5	温度太低	5	检查冰水阀门是否损坏	计算机系统控温	7	175	使用灵敏温感元件时时监控	5	5	3	75

二、田口方法与稳健设计技术

与传统的质量定义不同，田口玄一博士将产品的质量定义为：产品出厂后避免对社会造成损失的特性，可用“质量损失”来对产品质量进行定量描述。质量损失是指产品出厂后“给社会带来的损失”，包括直接损失（空气污染、噪声污染等）和间接损失（顾客对产品的不满意以及由此导致的市场损失、销售损失等）。质量特性值偏离目标值越大，损失越大，即质量越差；反之，质量就越好。对待偏差问题，传统的方法是通过产品检测剔除超差部分或严格控制材料、工艺以缩小偏差。这些方法一方面很不经济，另一方面在技术上也难以实现。田口方法通过调整设计参数，使产品的功能、性能对偏差的起因不敏感，以提高产品自身的抗干扰能力。为了定量描述产品质量损失，田口提出了“质量损失函数”的概念，并以信噪比来衡量设计参数的稳健程度。

田口方法是一种聚焦于最小化过程变异或使产品、过程对环境变异最不敏感的实验设计方法，是一种能设计出环境多变条件下能够稳健和优化操作的高效方法。

田口方法的特色主要体现在以下几个方面：

（1）“源流”管理理论。

田口方法认为，开发设计阶段是保证产品质量的源流，是上游，制造和检验阶段是下游。在质量管理中，“抓好上游管理，下游管理就很容易”，若设计质量水平上不去，生产制造中就很难造出高质量的产品。

（2）产品开发的三次设计法。

产品开发设计（包括生产工艺设计）可以分为三个阶段进行，即系统设计、参数设计、容差设计。参数设计是核心，传统的多数设计是先追求目标值，通过筛选元器件来减少波动，这样做的结果是，尽管都是一级品的器件，但整机由于参数搭配不佳而性能不稳定。田口方法则先追求产品的稳定性，强调为了使产品对各种非控制因素不敏感可以使用低级品元件，通过分析质量特性与元部件之间的非线性关系（交互作用），找出使稳定性达到最佳水平的组合。产品的三次设计方法能从根本上解决内外干扰引起的质量波动问题，利用三次设计这一有效工具，设计出的产品质量好、价格便宜、性能稳定。

（3）质量与成本的平衡性。

引入质量损失函数这个工具使工程技术人员可以从技术和经济两个方面分析产品的设计、制造、使用、报废等过程，使产品在整个寿命周期内社会总损失最小。在产品设计中，采用容差设计技术，使得质量和成本达到平衡，设计和生产出价廉物美的产品，提高产品的竞争力。

（4）新颖、实用的正交试验设计技术。

使用综合误差因素法、动态特性设计等先进技术，用误差因素模拟各种干扰（如噪声），使得试验设计更具有工程特色，大大提高试验效率，增加试验设计的科学性，其试验设计出的最优结果在加工过程和顾客环境下都达到最优。采用这种技术可大大节约试验费用。

（一）三次设计理论

三次设计法由田口博士提出（图4－5），三次设计是指系统设计（System design）、参数设计（Parameter design）和容差设计（Tolerance design）。它是一种优化设计，是线外质量管理的主要内容。它和传统的产品的三段设计（方案设计、技术设计和施工设计）有一定的交叉。通过三次设计使产品具有健壮性。三次设计中进一步运用正交设计的理论和方法研究考核指标的稳定性。

（1）系统设计。

系统设计即传统的设计。它是依据技术文件进行的。例如产品生产过程选择什么样的原材料和工艺路线。系统设计的质量取决于专业技术的高低。但对于某些成分或组织结构复杂、多参数、多特性值的产品，要全面考虑各种参数组合的综合效应，单凭专业技术往往无法定量地确定经济合理的最佳参数组合。尽管系统设计有这个不足，有时甚至由于时间限制，不可能对所有系统进行研究，只能根据直觉或预测，从各个系统中挑选几个重要的系统进行研究。系统设计是整个设计的基础，它为选择需要考察的因素和待定的水平提供了依据。

（2）参数设计。

在系统设计的基础上，就该决定这些系统中各参数值的最优水平及最佳组合。但由于系统设计是凭专业知识推测出待考察的因素和水平，无法综合考虑减小质量波动，降低成本等因素。而参数设计是一种非线性设计，它运用正交试验、方差分析等方法来研究各种参数组合与输出特性之间的关系，以便找出特性值波动最小的最佳参数组合。因此，参数设计也称参数组合的中心值设计。

（3）容差设计。

系统要素的中心值决定后，便进入决定这些因素波动范围的容差设计。由于某些输出特性的波动范围仍然较大，若想进一步控制波动范围，就得考虑选择较好的原材料、配件，但这样自然会提高成本。因此有必要将产品的质量和成本进行综合平衡。容差是从经济角度考虑允许质量特性值的波动范围。容差设计通过研究容差范围与质量成本之间的关系，对质量和成本进行综合平衡。

例如，可以将那些对产品输出特性影响大而成本低的指标的容差选得紧一些，而对输出特性影响小而成本又很高的指标选得松一些。为此，必须要有一个质量损失函数来评价质量波动所造成的经济损失。

可见，容差设计是在决定了最佳参数组合的中心值后，根据质量损失函数，在综合平衡质量水平与生产费用的情况下，选定合理的参数控制范围（公差范围）。

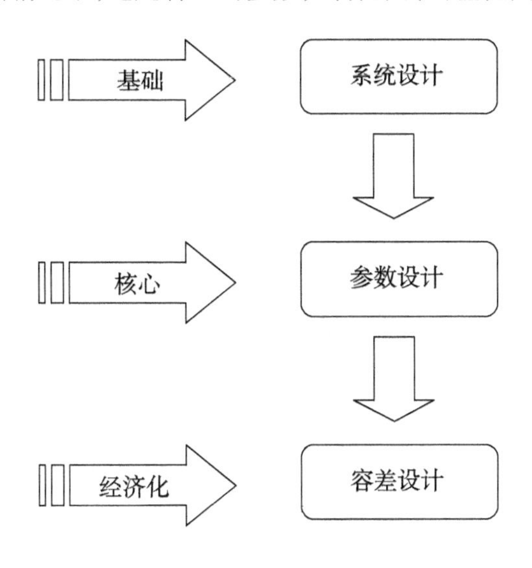

图4－5　三次设计作用示意图

（二）稳健设计技术

稳健设计（也称为鲁棒设计、健壮设计、robust 设计），是在三次设计法基础上发展起来的、低成本、高稳定性的设计方法。稳健设计也包括产品设计和过程设计两个方面。通过稳健设计，可以使产品的性能对各种噪声因素的不可预测的变化，拥有很强的抗干扰能力，使得实际生产过程得到的产品性能更加稳定、质量更加可靠。

其工作原理比较简单：设 X 为可控的设计因素，Y 为不可控的噪声因素，产品质量 Q 受两类因素的综合影响。通过合理调整可控的设计因素水平，可以使得 Q 对噪声因素 Y 不再敏感，从而获得较好的产品质量稳健性。

第四节　品质设计管理

在产品设计开发中，不仅需要利用先进、可行的技术工具和方法进行产品设计和过程设计，还需要有效地利用各种资源、缩短开发周期，降低开发成本，因而需要把产品设计开发作为企业的一项系统工程，进行科学的管理，使之有条不紊地进行，增加产品设计开发结果的可预见性，实现产品质量设计的方针和战略。

为了保证产品质量设计的顺利完成和良好结果，至少有以下几个方面需要正确地认识和理解：

（1）在产品质量设计的目标上，要突出以满足消费者需求为设计导向。这就要求综合分析与评价各方面的因果关系以及质量设计中公司内部或公司、消费与其他方面之间可能存在的相互冲突,制定适应的产品发展战略,确立适宜的质量目标。

(2)在设计过程中,要对质量设计过程的步骤、工作流程、控制措施、设计方法、培训需求、各种资源进行科学管理,做到控制产品设计开发成本、避免失误、控制偏差、节约时间、提高对产品设计开发结果的可预见性。

(3)在进行质量设计的管理上,需要发掘或选择一些科学的、先进的工作方法,提高质量设计工作的效率和质量。

一、坚持以消费者需求为导向的设计管理

新产品是企业实现发展方针和战略目标的最重要的物质基础,而新产品的这种作用和地位依赖于其质量,即新产品满足或超出消费者需求或期望的程度。因此,在进行产品设计的管理中,也应时刻坚持以消费者需求为导向,把实现消费者需求作为指导产品设计开发工作的基本原则之一。

基于此,对消费者需求有关的信息应加以收集、整理,从而使之成为产品设计开发的重要参考依据和出发点(表4-5)。在获得消费者需求信息时,应注意信息收集的来源、渠道、方式,另外,还要注意有关的支持性信息,如:社会变化对消费者需求产生的影响;技术进步对产品设计开发产生的影响;食品生产消费链变化对新产品类型的拓展;法律法规对新产品设计开发带来的要求或制约等。

表4-5 与消费者需求有关的信息

直接性信息	间接性信息	支持性信息
市场调查	投诉分析	社会发展,如社会
消费者代表座谈	竞争对手产品分析	技术进步,如专利、研究报告
经销商意见征求	销售额差别分析	食品供应链变化
与消费者直接交流	各种记录收集与分析	法律法规修订

在以消费者需求为导向的产品设计开发过程中包含着两大因素:企业与消费者。

对于企业这一因素来说,在进行产品设计开发时,要紧紧围绕企业发展战略,制定正确的决策。这就需要企业了解和正确评价行业的整体现状和发展趋势、消费者的需求变化、竞争对手的状况和变化、自身的资源与竞争优势。

对于消费者这一因素而言,企业需在产品设计开发之初,对消费者需求充分了解并将各种需求特性转化为可以测量的技术特征值,依据即将开发出的新产品的技术特征值模拟消费者的选择取向,对新产品做出评价,判断新产品与其他竞争性产品的优势与短缺,从而进行新产品的市场预测。

二、并行工程与交叉功能小组

(一)并行工程

1. 并行工程的定义

1988年美国国家防御分析研究所(IDA)完整地提出了并行工程(Concurrent Engineering)的概念,即"并行工程是集成地、并行地设计产品及其相关过程(包括制造过程和支持过程)的系统方法"。这种方法要求产品开发人员在一开始就考虑产品整个生命周期中从概念形成到产品报废的所有因素,包括质量、成本、进度计划和用户要求。并行工程的目标为提高质量、降低成本、缩短产品开发周期和产品上市时间。并行工程的具体做法是:在产品开发初期,组织多种职能协同工作的项目组,使有关人员从一开始就获得对新产品需求的要求和信息,积极研究涉及本部门的工作业务,并将所需要求提供给设计人员,使许多问题在开发早期就得到解决,从而保证了设计的质量,避免了大量的返工浪费。

2. 并行工程的要求

(1)并行交叉。

强调产品设计与工艺过程设计、生产技术准备、采购、生产等种种活动并行交叉进行。并行交叉有两种形式:一是按部件并行交叉,即将一个产品分成若干个部件,使各部件能并行交叉进行设计开发;二是对每单个部件,可以使其设计、工艺过程设计、生产技术准备、采购、生产等各种活动尽最大可能并行交叉进行。需要注意的是,并行工程强调各种活动并行交叉,并不是也不可能违反产品开发过程必要的逻辑顺序和规律,不能取消或越过任何一个必经的阶段,而是在充分细分各种活动的基础上,找出各子活动之间的逻辑关系,将可以并行交叉的尽量并行交叉进行。

(2)尽早开始工作。

正因为强调各活动之间的并行交叉,以及并行工程为了争取时间,所以它强调人们要学会在信息不完备情况下就开始工作。因为根据传统观点,人们认为只有等到所有产品设计图纸全部完成以后才能进行工艺设计工作,所有工艺设计图完成后才能进行生产技术准备和采购,生产技术准备和采购完成后才能进行生产。正因为并行工程强调将各有关活动细化后进行并行交叉,因此很多工作要在我们传统上认为信息不完备的情况下进行。

3. 本性工程的本质特征

(1)并行工程强调面向过程和面向对象。

并行工程强调面向过程和面向对象,一个新产品从概念构思到生产出来是一个完整的过程。传统的串行工程方法是基于二百多年前英国政治经济学家亚当·斯密的劳动分工理论。该理论认为分工越细,工作效率越高。因此串行方法是把整个产品开发全过程细分为很多步骤,每个部门和个人都只做其中的一部分工作,而且是相对独立进行的,工作做完以后把结果交给下一部门。西方把这种方式称为"抛过墙法",他们的工作是以职能和分工任务为中心的,不一定存在完整的、统一的产品概念。而并行工程则强调设计要面向整个过程或产品对象,因此它特别强调设计人员在设计时不仅要考虑设计,还要考虑这种设计的工艺性、可制造性、可生产性、可维修性等,工艺部门的人也要同样考虑其他过程,设计某个部件时要考虑与其他部件之间的配合。所以整个开发工作都是要着眼于整个过程和产品目标。从串行到并行,是观念上的很大转变。

(2)并行工程强调系统集成与整体优化。

在传统串行工程中,对各部门工作的评价往往是看交给它的那一份工作任务完成是否出色。就设计而言,主要是看设计工作是否新颖,是否有创造性,产品是否有优良的性能。对其他部门也是看他的那一份工作是否完成出色。而并行工程则强调系统集成与整体优化,它并不完全追求单个部门、局部过程和单个部件的最优,而是追求全局优化,追求产品整体的竞争能力。对产品而言,这种竞争能力就是由产品的 TQCS 综合指标——交货期(Time)、质量(Quality)、价格(Cost)和服务(Service)。在不同情况下,侧重点不同。在现阶段,交货期可能是关键因素,有时是质量,有时是价格,有时是它们中的几个综合指标。对每一个产品而言,企业都对它有一个竞争目标的合理定位,因此并行工程应酬围绕这个目标来进行整个产品开发活动。只要达到整体优化和全局目标,并不追求每个部门的工作最优。因此对整个工作的评价是根据整体优化结果来评价的。

(二)交叉功能小组

在采用并行工程进行产品设计开发时,需要把相关部门和人员组织起来,形成一个分工明确、但又彼此交叉、相互合作的项目小组,即交叉功能小组,这是实施并行工程的团队组织。

一个典型的产品设计开发项目组一般由以下相关部门与人员组成(表 4 -6)。

表 4 -6　交叉功能小组成员

成员	职责
高级经理	审查新产品创意,保证其与企业发展战略的相符合
财务专家	监督产品设计开发的成本,控制预算限额
法律顾问	保证新产品设计开发符合法律法规的要求
销售部门	了解消费者需求,进行新产品市场预测
仓储与流通部门	提供新产品在仓储和流通环节的所需条件与限制性因素
工程技术人员	评估新产品制造所需的工艺、技术条件
生产部门	明确新产品对企业生产系统的要求与影响
采购部门	保证原材料的质量,提高原材料的利用率,为降低生产成本提供保障
质控部门	分析生产过程中的潜在风险,确定关键控制点
审查部门	控制新产品设计开发过程的技术,审查技术的可行性、新产品局限性

三、设计过程质量管理

为了保证产品设计质量、组织协调各阶段质量职能、以最短时间最少消耗完成设计开发任务，需要对产品设计过程开展质量管理活动。

设计质量是指设计的结果应是：使产品具有技术上的先进性和经济上的合理性，在设计中要积极采用新技术、新工艺新材料，从而提高产品质量的档次；在工艺设计方面，使加工制造方便、降低制造成本、提高经济效益。

设计过程质量管理活动内容一般包括以下若干方面：

(1)掌握市场调研结果，进行产品设计的总体构思。

(2)确定产品设计的具体质量目标。

(3)开展新技术的先行试验研究。

(4)明确产品设计的工作程序。

(5)进行早期故障分析。

(6)组织设计质量评审。

(7)根据质量水平确定目标成本。

(8)搞好产品试验验证。

(9)进行小批试制和产品鉴定。

(10)进行质量特性的重要性分级。

(11)加强设计过程的质量信息管理。

思考题

1. 新产品的类型有哪些？新产品设计的步骤是什么？
2. 技术人员在进行食品设计与开发中常用的技术工具与方法有哪些？
3. 什么是质量功能展开(QFD)？它是如何实现顾客需求的？
4. 什么是失败模式与效果分析(FMEA)？它在质量设计中的作用及其实施步骤？
5. 什么是田口方法？田口方法的特色有哪些？
6. 什么是稳健设计技术？它的工作原理？
7. 如何保证产品质量设计的顺利完成并取得良好结果？
8. 简述设计过程质量管理活动的基本内容。

第五章　食品质量控制

企业要在激烈的市场竞争中生存和发展,仅靠方向性的战略性选择是不够的。任何企业间的竞争都离不开产品质量的竞争,没有过硬的产品质量,企业终将在市场经济的浪潮中消失。而产品质量作为最难以控制和最容易发生的问题,往往让生产商苦不堪言,小则退货赔钱,大则客户流失,破产倒闭。因此,如何有效的进行过程控制是确保产品质量和提升产品质量,促使企业发展、赢得市场、获得利润的核心。

质量控制,是指为达到质量要求所采取的作业技术和活动称为质量控制。这就是说,质量控制是为了通过监视质量形成过程,消除质量环上所有阶段引起不合格或不满意效果的因素,以达到质量要求,获取经济效益,而采用的各种质量作业技术和活动。

质量控制包含技术和管理两个元素,典型的技术元素包括:使用的统计方法和仪器使用方法。典型的管理因素是指对质量控制的责任,与供应商及销售商的关系,对个人的教育和指导,使之能够实施质量控制。

第一节　质量控制的基本原理与质量数据

一、质量控制的基本原理

食品质量控制是在产品设计过程完成后所采取的对生产过程的控制过程,主要目的是将生产出的产品质量控制在允许误差范围之内,减少质量波动,以提高食品质量,保障消费者的权益。

(一)质量波动(图5-1)

1. 正常波动

正常波动是产品、生产过程和系统所固有的,包括所有单独来源的协同作用。影响因素多,占已知波动来源比例大(80%~90%),可以通过组织改善减小波动的一般来源,包括人(通过教育)、材料、机器、工具、方法、测量手段和环境来改善。

2. 异常波动

异常波动并非是产品、生产过程和系统所固有的,例如:材料供应商提供了一批劣质原料、操作人员不熟练或者没有校正测量工具等,占已知波动来源比例小(10%~20%),对质量影响显著,可以通过提高技术水品,加强管理等方法进行改善。

造成质量波动的原因有人、机器、原料、方法和环境五个方面的,可能是随机原因也可能是系统原因。随机原因在生产过程中大量存在、经常起作用;随机原因造成的正常波动不应由工人和管理人员来负责,只能靠提高科技水平来减少。

异常波动是由系统性原因造成的质量数据波动;系统性原因在生产过程中少量存在、

不经常起作用。

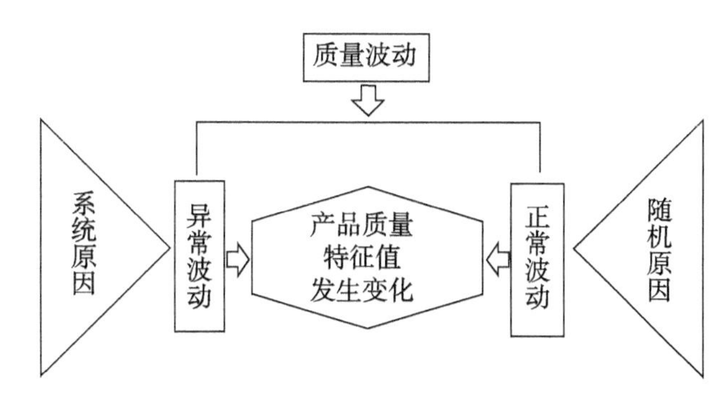

图5-1 质量波动的原因

（二）质量控制过程

要对产品的生产进行控制就应首先了解控制过程的概念，一般的控制系统主要包括测量或监督单位、在误差范围内比较实际结果和目标值、必要的纠正措施。这个过程又叫做"控制周期"，控制周期可以被认为是质量控制的基本原则，通常包括四个方面的内容：测量、检验、调解与纠正。

1. 测量——测量生产过程的参数

即在测量步骤中将对生产过程或产品进行分析或测量。测量单元的主要特征包括信号/噪声比，生产过程中发生变化的反应速度，以及测定的信号和生产过程的实际状态之间的关联。分析或测量得到的结果必须正确地反映生产过程的实际状态。

测量单元可以是自动的，也可以是手动的。手段可以是目测或者仪器测量。采用分析手段比直接测量需要更多时间。

2. 检验——即在允许误差范围内将测量到的数值与规定的数值比较

检验是将测量或分析得到的结果与已经设定的目标和允许误差进行比较。结果可以是一个数值或者感官结果。在控制周期这一部分中，通常使用控制图标检验。考虑到误差来源，一般作用的协同作用效果反映为允许误差。特殊来源被注明为失控状态。

3. 调解——调解人员决定应该采用何种措施

调解人员根据与目标值进行比较的结果判断应该采用何种纠正措施。在实际生产中有许多类调解人员，包括简单的调解人员和复杂的调节系统。

4. 纠正——所采取的正确纠正措施

纠正措施指由于超出了目标允许误差范围而采取的实际措施。纠正措施可以通过改变机器参数设置或使用人工来实现。纠正措施的准确度对于完成一个良好的质量周期来说十分重要。

（三）质量控制的工作程序

质量控制过程的一般工作程序包括以下四个步骤或环节：

（1）搜集数据。

(2)对数据整理归纳,形成数、表、图形或计算出特征值。

(3)观察分析,找出质量波动的统计规律。

(4)判断并找出主要问题,针对问题采取措施。

二、质量数据

质量数据是指某质量指标的质量特性值。狭义的质量数据主要是产品质量相关的数据,如不良品数、合格率、直通率、返修率等。广义的质量数据指能反映各项工作质量的数据,如质量成本损失、生产批量、库存积压、无效作业时间等。这些均将成为精益质量管理的研究改进对象。

由于质量一词含义丰富,既包括狭义的产品质量,也包括广义的工作质量,因而质量指标在企业中就多种多样,质量数据在企业中几乎无处不在。在质量数据统计分析中,特别关注三项指标,一是数据的集中位置,二是数据的分散程度,三是数据的分布规律。数据的集中位置分别有均值、中位数、众数三种表示方法,其各具优缺点,其中均值最为普遍常用,用符号 μ 表示。数据的分散程度由标准差表达,用符号 σ 表示,数据的分散程度在质量管理中就是质量特性值的波动性,反映过程能力。数据的分布规律在质量管理中对统计总体而言为正态分布,该分布规律是理论和实践证明的统计规律。质量数据统计分析重点就是在总体正态分布这个已知背景下研究该正态分布的均值和标准差。质量数据定量化分析对企业质量管理以及经营管理具有重要意义,其是精益质量管理的基础。

(一)质量数据的特点

1. 波动性

即在相同的生产技术条件下生产出来的一批产品,其质量特性数据由于受到操作者、设备、材料、方法、环境等多种因素的影响而总存在着一定的差异。

2. 规律性

即当生产过程处于正常状态时,其质量数据的波动是有一定规律的。

(二)质量数据的分类

质量数据是指由个体产品质量特性值组成的样本(总体)的质量数据集,在统计上称为变量;个体产品质量特性值称变量值。根据质量数据的特点,可以将其分为计量值数据和计数值数据。

1. 计量值数据

计量值数据,或称计量数据,是一类可以连续取值的数据,属于连续型变量。其特点是在任意两个数值之间都可以取精度较高一级的数值。它通常由测量得到,如重量、强度、几何尺寸、标高、位移等。此外,一些属于定性的质量特性,可由专家主观评分、划分等级而使之数量化,得到的数据也属于计量值数据。

2. 计数值数据

计数值数据,或称计数数据,是一类不能连续取值但可以一一计数的数据,是只能按

0,1,2,……数列取值计数的数据,属于离散型变量。它一般由计数得到。计数值数据又可分为计件值数据和计点值数据。

计件值数据,表示具有某一质量标准的产品个数。如总体中合格品数、一级品数。

计点值数据,表示个体(单件产品、单位长度、单位面积、单位体积等)上的缺陷数、质量问题点数等。如检验钢结构构件涂料涂装质量时,构件表面的焊渣、焊疤、油污、毛刺数量等。

(三)质量数据的收集方法

1. 全数检验

全数检验是对总体中的全部个体逐一观察、测量、计数、登记,从而获得对总体质量水平评价的方法。

2. 抽样检验

抽样检验是按照随机抽样的原则,从总体中抽取部分个体组成样本,根据对样品进行检测的结果,推断总体质量水平的方法。

抽样检验抽取样品不受检验人员主观意愿的支配,每一个体被抽中的概率都相同,从而保证了样本在总体中的分布比较均匀,有充分的代表性;同时它还具有节省人力、物力、财力、时间和准确性高的优点;它又可用于破坏性检验和生产过程的质量监控,完成全数检测无法进行的检测项目,具有广泛的应用空间。抽样的具体方法有:

(1)简单随机抽样。

简单随机抽样又称纯随机抽样、完全随机抽样,是对总体不进行任何加工,直接进行随机抽样,获取样本的方法。

(2)分层抽样。

分层抽样又称分类或分组抽样,是将总体按与研究目的有关的某一特性分为若干组,然后在每组内随机抽取样品组成样本的方法。

(3)等距抽样。

等距抽样又称机械抽样或系统抽样,是将个体按某一特性排队编号后均分为 n 组,这时每组有 $K=N/n$ 个个体,然后在第一组内随机抽取第一件样品,以后每隔一定距离(K 号)抽选出其余样品组成样本的方法。如在流水作业线上每生产 100 件产品抽出一件产品作样品,直到抽出 n 件产品组成样本。

(4)整群抽样。

整群抽样一般是将总体按自然存在的状态分为若干群,并从中抽取样品群组成样本,然后在中选群内进行全数检验的方法。如对原材料质量进行检测,可按原包装的箱、盒为群随机抽取,对中选箱、盒做全数检验;每隔一定时间抽出一批产品进行全数检验等。

由于随机性表现在群间,样品集中,分布不均匀,代表性差,产生的抽样误差也大,同时在有周期性变动时,也应注意避免系统偏差。

(5)多阶段抽样。

多阶段抽样又称多级抽样。上述抽样方法的共同特点是整个过程中只有一次随机抽样，因而统称为单阶段抽样。但是当总体很大时，很难一次抽样完成预定的目标。多阶段抽样是将各种单阶段抽样方法结合使用，通过多次随机抽样来实现的抽样方法。如检验钢材、水泥等质量时，可以对总体按不同批次分为 R 群，从中随机抽取 r 群，而后在中选的 r 群中的 M 个个体中随机抽取 m 个个体，这就是整群抽样与分层抽样相结合的二阶段抽样，它的随机性表现在群间和群内有两次。

第二节　质量管理常用统计工具与方法

一、调查表

调查表又叫检查表，是一种统计图表，利用这种统计图表可以进行数据的搜查、整理和原因调查，并在此基础上进行粗略分析。根据调查项目的不同和质量特性要求的不同，采用不同形式，有不合格原因调查表、不合格项目调查表、缺陷位置调查表及过程质量分布调查表等（表 5－1～3）。

表 5－1　凝胶软糖不合格原因调查

影响因素	过酸	色深	过软	表面粘手
柠檬酸钠添加量	+			
熬糖温度		+		
干燥时间		—	—	+
胶凝剂用量			+	
…				

注：+ 主要影响因素　— 次要影响因素

表 5－2　凝胶软糖不合格项目调查

<table>
<tr><td>产品名称</td><td>山芋凝胶软糖</td><td>检查日期</td><td>2012－1－10</td></tr>
<tr><td>生产单位</td><td>2 车间 1 线</td><td>生产批号</td><td>20120106</td></tr>
<tr><td>检查批量</td><td>1000 件</td><td rowspan="2">检查人</td><td rowspan="2">周寅生、余梦</td></tr>
<tr><td>检查方式</td><td>抽检（1200 个）</td></tr>
<tr><td colspan="2">不合格项目</td><td>不合格数量</td><td>备注</td></tr>
<tr><td colspan="2">色泽（过深）</td><td>15</td><td></td></tr>
<tr><td colspan="2">酸度（过酸）</td><td>12</td><td></td></tr>
<tr><td colspan="2">软硬（过软）</td><td>26</td><td></td></tr>
<tr><td colspan="2">形状（变形）</td><td>10</td><td></td></tr>
<tr><td colspan="2">其他</td><td>8</td><td></td></tr>
<tr><td colspan="2">总计</td><td>71</td><td></td></tr>
</table>

表 5－3　凝胶软糖外包装袋印刷质量缺陷位置调查

产品名称	凝胶软糖外包装袋	检查日期	2012－1－6
工序	印刷	生产批号	20120101
抽检数量	120 个/6000 个	检查人	李利
●色斑 #破裂 ※印刷错误 # ●色斑 ●色斑 ※印刷错误			

二、分层法

把搜集到的质量数据按照与质量有关的各种因素加以分类，把性质相同、条件相同的数据归在一个组，把划分的组叫层。

生产中出现了不合格品，引起不合格的原因可能不是唯一的，虽然原因是客观存在的，也是既定的，但是未知的，为了查明原因，就需要对生产过程中与产生不合格产品的有关因素进行分析，找出造成不合格的真正原因。如果数据不分层，不同的数据混在一起，产生质量问题的原因就不易寻找。

对数据进行分层时，可以根据生产过程的时间、操作人员、生产设备、操作方法、原材料、检查手段进行不合格品原因的分层，例如，原材料可能来自 M1 与 M2 两个供货单位；生产设备可能有 A 和 B 两台；操作人员可能有 P1、P2、P3 和 P4 四人；生产工序分为 1 和 2，其中 P1 和 P2 负责工序 1，P3 和 P4 负责工序 2；生产时间分为上午和下午；操作方法有Ⅰ和Ⅱ……，据此一层层地将数据分类，分得越是合理，对不合格原因的判断就会越准确，如表 5－4。

在对数据或原因进行分层时，需注意以下两个原则：

（1）分层要结合实际生产情况进行，目的不同，分层的方法和粗细程度应不同。

（2）分层要合理，要按相同的层次进行组合分层，以便使问题或原因暴露得更彻底。

表 5－4　按操作者分层分析熬糖工序对凝胶软糖色泽影响

操作者	色泽适中	色泽过深	不合格率
张一	18	2	10%
李二	20	0	0

续表

操作者	色泽适中	色泽过深	不合格率
王三	12	8	40%
赵四	15	5	25%
合计	65	15	18.75%

分层法常常与其他的数据统计分析图表结合使用。

三、排列图

排列图又叫柏拉图,是一种找出影响质量的主要问题,确定质量改进关键项目的控制方法。

在大多数情况下,质量损失(不合格项目和成本)往往是由几种不合格的质量特征值引起的,而这几种不合格的质量特征又是由少数原因导致的。因此,一旦明确了这些“关键的少数”,就可通过消除这些“关键的少数”及其引起的原因,避免由此所引起的大量损失。用排列图法,我们可以有效地实现这一目的。

排列图是为了对发生频次从最高到最低的项目进行排列而采用的简单图示技术。排列图是建立在巴雷特原理的基础上,认为主要的影响往往是由少数原因导致的,通过区分最重要的与较次要的原因,可以用最少的努力获取最佳地改进效果。

在质量管理领域,美国的朱兰博士运用洛伦兹的图表法将质量问题分为“关键的少数”和“次要的多数”,并将这种方法命名为“巴雷特分析法”。朱兰博士指出,在许多情况下,多数不合格及其引起的损失是由相对少数的原因引起的。

排列图按下降的顺序显示出每个项目(例如不合格项目)在整个结果中的相应作用。相应的作用可以包括发生次数、有关每个项目的成本或影响结果的其他指标。用矩形的高度表示每个项目相应的作用大小,用累计频数表示各项目的累计作用,如图5-2。

排列图的作图步骤如下:

(1)根据检查表,确定不良项目。

(2)收集数据,制定统计表。

(3)根据统计表中问题出现频率,制定坐标。

(4)记录收集的时间、总检验数、制作人等内容。

(5)确定结论。

制作排列图的注意要点:

(1)分类方法不同得到的排列图不同。通过不同的角度观察问题,把握问题的实质,需要用不同的分类方法进行分类,以确定“关键的少数”,这也是排列图分析方法的目的。

(2)为了抓住“关键的少数”,在排列图上通常把累计频率分为三类:在0%~80%的因素为A类因素,即主要因素;在80%~90%的因素为B类因素,即次要因素;在90%~

100%的因素为C类因素,即一般因素。

(3)如果“其他”项所占的百分比很大,则分类是不够理想的。如果出现这种情况,是因为调查的项目分类不当,把许多项目归在了一起,这时应考虑采用另外的分类方法。

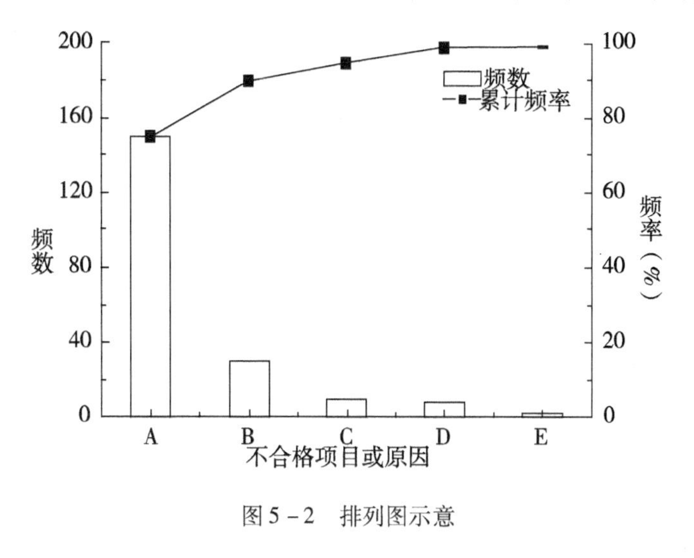

图5-2 排列图示意

四、因果图

因果图,又称特性要因图、树枝图、鱼刺图,是表示质量特性波动与其潜在原因关系的一种图表,是日本管理大师石川馨所提出的一种把握结果(特性)与原因(影响特性的要因)的极方便而有效的方法,故又名“石川图”(图5-3)。

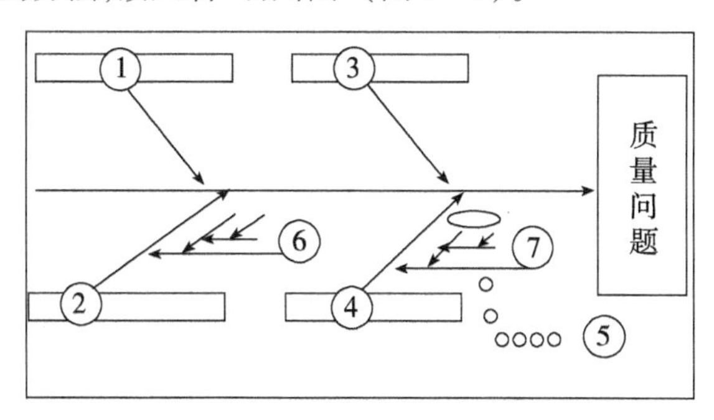

图5-3 因果图示意

(注:图中1、2、3……代表各级影响因素)

因问题的特性总是受到一些因素的影响,我们通过头脑风暴法找出这些因素,并将它们与特性值一起,按相互关联性整理而成的层次分明、条理清楚,并标出重要因素。

头脑风暴法(Brain Storming, BS):一种通过集思广益、发挥团体智慧,从各种不同角度找出问题所有原因或构成要素的会议方法。

制作因果图分两个步骤:分析问题原因/结构、绘制因果图。

1. 分析问题原因/结构

(1)针对问题点,选择层别方法(人机料法环测量等)。

(2)按头脑风暴分别对各层别类别找出所有可能原因(因素)。

(3)将找出的各要素进行归类、整理,明确其从属关系。

(4)分析选取重要因素。

(5)检查各要素的描述方法,确保语法简明、意思明确。

分析时注意的要点:

(1)确定大要因时,现场作业一般从“人、机、料、法、环”着手应视具体情况决定。

(2)大要因必须用中性词描述(不说明好坏),中、小要因必须使用价值判断(不良、良好等)。

(3)脑力激荡时,应尽可能多而全地找出所有可能原因,而不仅限于自己能完全掌控或正在执行的内容,对人的原因,宜从行动而非思想态度面着手分析。

(4)中要因跟特性值、小要因跟中要因间有直接的原因—问题关系,小要因应分析至可以直接下对策。

(5)如果某种原因可同时归属于两种或两种以上因素,请以关联性最强者为准。(必要时考虑三现主义:即现时到现场看现物,通过相对条件的比较,找出相关性最强的要因归类。)

(6)选取重要原因时,不要超过7项,且应标识在最末端原因。

2. 绘制因果图(鱼骨图)(图5-4)

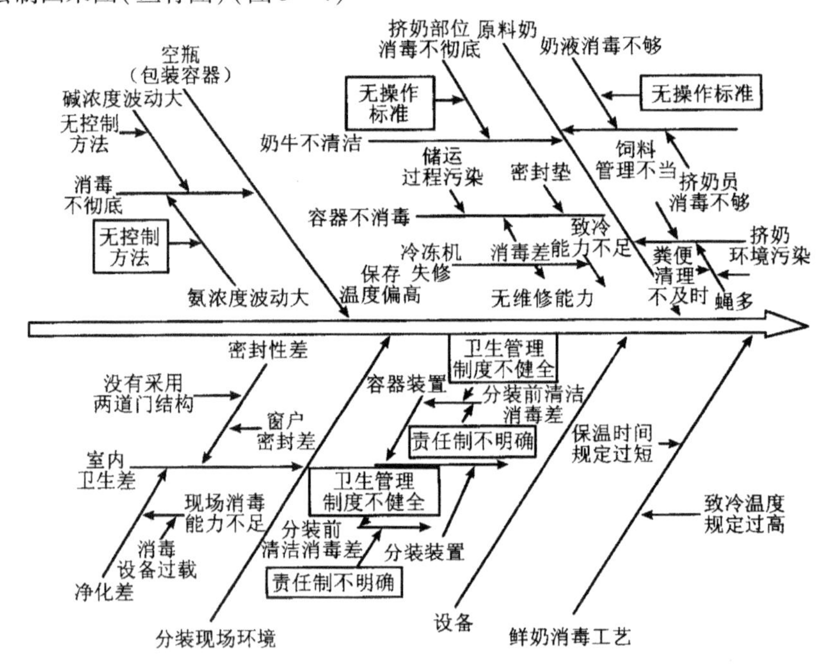

图5-4 鱼骨图

（1）由问题的负责人召集与问题有关的人员组成一个工作组，该组成员必须对问题有一定深度的了解。

（2）问题的负责人将拟找出原因的问题写在黑板或白纸右边的一个三角形的框内，并在其尾部引出一条水平直线，该线称为鱼脊。

（3）工作组成员在鱼脊上画出与鱼脊成45°角的直线，并在其上标出引起问题的主要原因，这些成45°角的直线称为大骨。

（4）对引起问题的原因进一步细化，画出中骨、小骨……，尽可能列出所有原因。

（5）对鱼骨图进行优化整理。

（6）根据鱼骨图进行讨论。由于鱼骨图不以数值来表示，并处理问题，而是通过整理问题与它的原因的层次来标明关系，因此，能很好的描述定性问题。鱼骨图的实施要求工作组负责人（即进行企业诊断的专家）有丰富的指导经验，整个过程负责人尽可能为工作组成员创造友好、平等、宽松的讨论环境，使每个成员的意见都能完全表达，同时保证鱼骨图正确做出，即防止工作组成员将原因、现象、对策互相混淆，并保证鱼骨图层次清晰。负责人不对问题发表任何看法，也不能对工作组成员进行任何诱导。

五、直方图

直方图是表示特性值（尺寸、重量、时间等计量值）频度分布的柱状图。

通过制作直方图，可以一目了然地观察出数据分布的形状、数据分布的中心位置、数据分散的程度、数据和质量标准（规格）的关系。

1. 直方图的制作

（1）收集数据。

某公司制造了一批保健食品，约1万包，每天抽取10包测量质量，共测量10天得到下列数据，结果如表5-5。

表5-5 产品质量测定结果（单位:g）

	1	2	3	4	5	6	7	8	9	10
A	13.8	14.2	13.9	13.7	13.6	13.8	13.8	13.6	14.8	14
B	14.2	14.1	13.5	14.3	14.1	14	13	14.2	13.9	13.7
C	13.4	14.3	14.2	14.1	14	13.7	13.8	14.8	13.8	13.7
D	14.2	13.7	13.8	14.1	13.5	14.1	14	13.6	14.3	14.3
E	13.9	14.5	14	13.3	15	13.9	13.5	13.9	13.9	14
F	14.1	12.9	13.9	14.1	13.7	14	14.1	13.7	13.8	14.7
G	13.6	14	14	14.4	14	13.2	14.5	13.9	13.7	14.3
H	14.6	13.7	14.7	13.6	13.9	14.8	13.6	14	14.2	13.5
I	14.4	14	13.7	14.1	13.5	13.9	14	14.7	14.2	14.8
J	13.1	14.4	14.4	14.9	14..4	14.5	13.8	13.3	14.5	14

(2)计算极差。

找出所有数据中的最大值 X_{max} 和最小值 X_{min}，计算极差 R。本例中 $X_{max}=15.0$，$X_{min}=12.9$，因此 $R=2.1$。

(3)确定临时区间数。

把整个数据分成若干个等间隔的区间(数据的组数)。通常根据数据的多少确定区间数 K，可以参考下标进行确定。本例中，数据数量为 100，可以取 $K=10$(表 5-6)。

表 5-6 区间数确定参考

数据数量	区间数
50~100	6~10
100~250	7~12
>250	10~20

(4)确定区间宽度。

区间宽度 h(组距)是指区间上边界值之间的差。区间宽度按下式计算，且应与测量最小单位成整数倍的关系。

$$h=\frac{R}{K}$$

本例中，$h=\frac{2.1}{10}=0.21$，由于测量测量单位为 0.1，所以最终取 $h=0.2$。

(5)确定区间的边界值。

各区间的边界值(上下限)应精确到最小测量单位的 1/2，以避免边界值与数据值的重合而使数据难以归属区间。第一区间的边界值应为 $X_{min}\pm h/2$；第一区间的上限值是第二区间的下限值；第二区间的上限值等于其下限值加上组距 h……，依次类推。每一区间的上下限的平均值为组中值，它是每个区间的代表值。

(6)作频数分布表。

将数据归入相应的区间，统计各区间的数据个数(频数)，得频数分布表。

本例中，频数分布表如表 5-7 所示。

表 5-7 频数分布

区间	区间的边界值	中心值	频数
1	12.80~13.05	12.95	2
2	13.05~13.25	13.15	2
3	13.25~13.45	13.35	3
4	13.45~13.65	13.55	11
5	13.65~14.05	13.95	18
6	13.85~14.05	13.95	24

续表

区间	区间的边界值	中心值	频数
7	14.05～14.25	14.15	16
8	14.25～14.45	14.35	10
9	14.45～14.65	14.55	5
10	14.65～14.85	14.75	7
11	14.85～15.05	14.95	2

(7)作直方图。

以横坐标表示质量特征值,纵坐标表示频数,以组距为底,以频数为高,作出一系列矩形,再在横坐标上表明区间边界,就得到了整个数据的直方图(图5－5)。

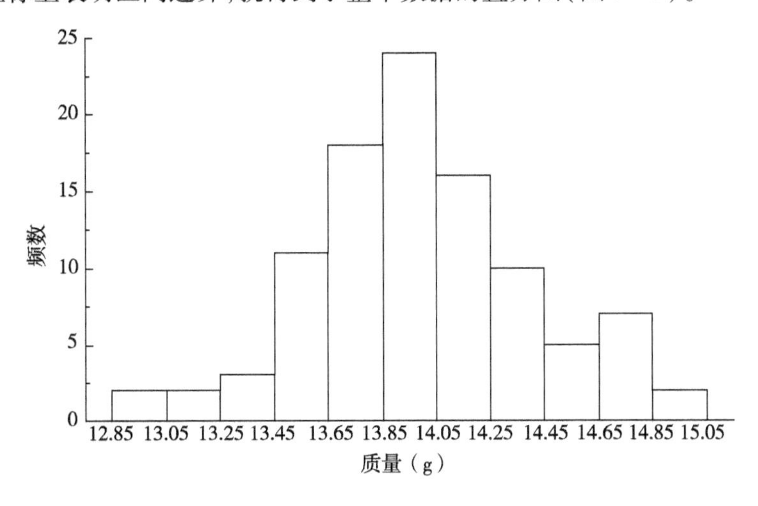

图5－5　直方图

2. 直方图的观察与分析

(1)直方图的形状分析。

直方图的形状有图5－6所示几种类型:

①正常型。

正常型直方图有一个高峰,两侧基本对称且向两侧单调下降。

②锯齿型。

锯齿型直方图中数据分布无规律,每个区间的频数时高时低呈现锯齿状。这可能是由于分组不当、测量方法有问题造成的。

③偏向型。

直方图中的高峰偏向一侧分布。有些数据本身就服从这样的分布,如百分率,也可能是由于系统误差、工作习惯、心理余量造成的。

④双峰型。

直方图中间的区间频数较低,在两侧各出现一个形状差不多的"直方图"。这种情况往往是把平均数不同的两组数据混合在一起作图造成的,如在测量数据时把不同生产条件下的产品混在了一起。

⑤孤岛型。

在一个直方图中出现一大一小两个"直方图"。这表明出现了某种异常,如少数产品是由个别素质不同寻常的操作人员生产的,或在某一短暂时间段内机器设备出现了异常。

⑥平顶型。

直方图中没有突出的峰。这可能是由于多个总体混在一起,或质量指标在某个区间呈均匀分布造成的。

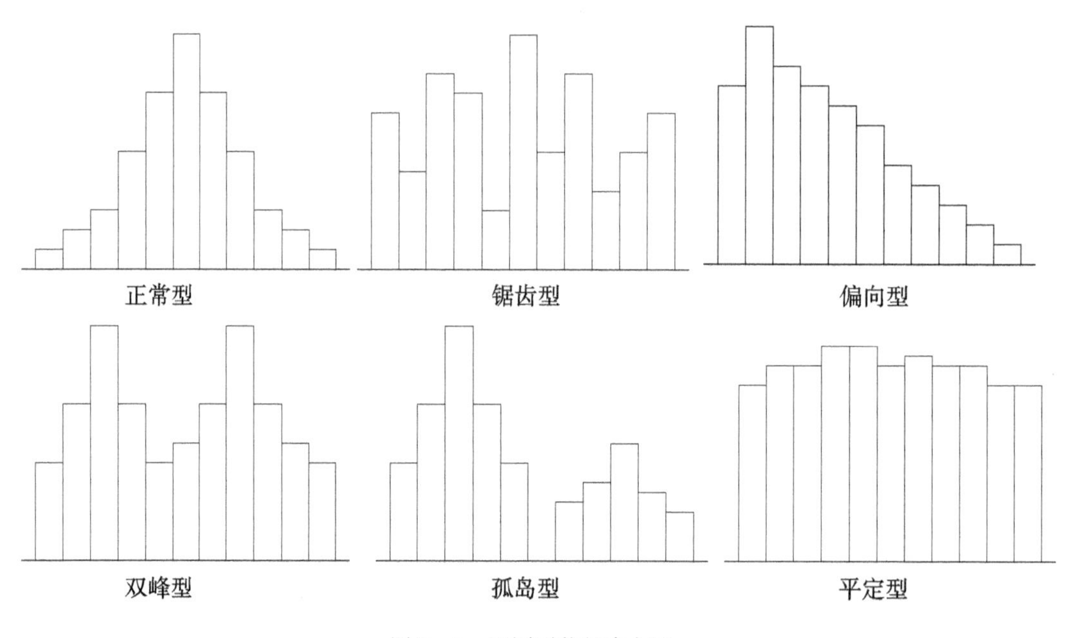

图 5-6 不同形状的直方图

(2)直方图与质量标准比较。

由直方图可计算出产品质量特征值分布的均值、标准偏差、工序能力指数等参数。对于异常形状的直方图,应分析其原因;对于正常形状的直方图,还需通过数据平均值与标准中心值的偏离、数据标准偏差与质量标准偏差来判断实际生产过程满足规格要求的程度。

设质量标准上下限分别为 S_u 与 S_l,则规格范围为 $S=[S_l,S_u]$,中心值为 $S_M=(S_u+S_l)/2$。产品的质量特征值 X_i 最大值和最小值分别为 X_{max} 与 X_{min},则数据范围为 $X=[X_{max},X_{min}]$,中心值为 $X_M=(X_{max}+X_{min})/2$。则产品质量特征值的直方图与质量标准偏差相比较大致有以下几种情况(图 5-7):

①理想型。

X 位于 S 内,$X_M \approx S_M$,两侧有余量(0.5~1 个标准差),产品合格,工序处于完全稳定控制状态。

②单侧无余量型。

X 位于 S 内，但一侧余量太小，工序稍有波动，产品质量数据就会超出质量标准范围，出现不合格品。

③双侧无余量型。

X 基本位于 S 内，但双侧无余量，工序稍有波动，就会产生大量不合格品。

④单侧超差型。

X 的上限或下限已超出 S 的范围，已经产生不合格品。

⑤双侧超差型。

X 的上限和下限都已超出 S 的范围，出现了大量不合格品。

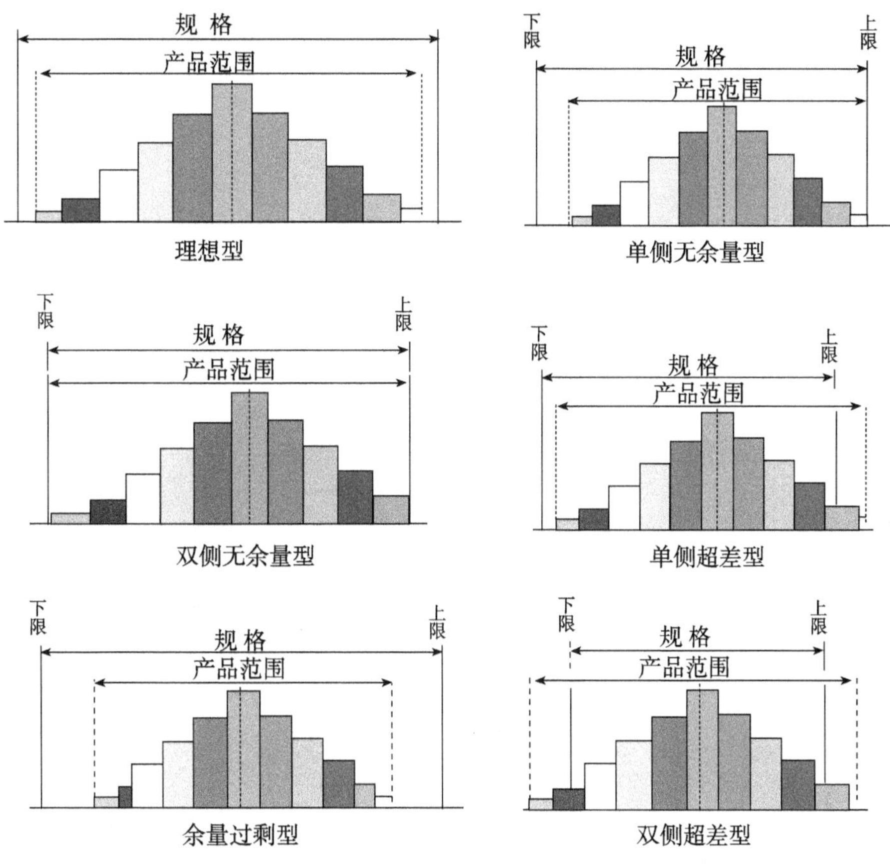

图 5－7　直方图与质量标准比较

3. 工序能力分析

工序能力：指在正常稳定的生产条件下，均有使生产的产品达到一定质量水平的能力，简单地说就是工序能够生产合格品的能力，用符号 B 表示。

公差：实际参数值（质量特征值）的允许变动量，用符号 T 表示，$T = S_u - S_l$ 。

工序能力指数：公差 T 与工序能力 B 之比，是指工序能够满足公差要求的程度，用符号

Cp 表示，$C\text{p} = \frac{T}{B}$（图 5－8）。

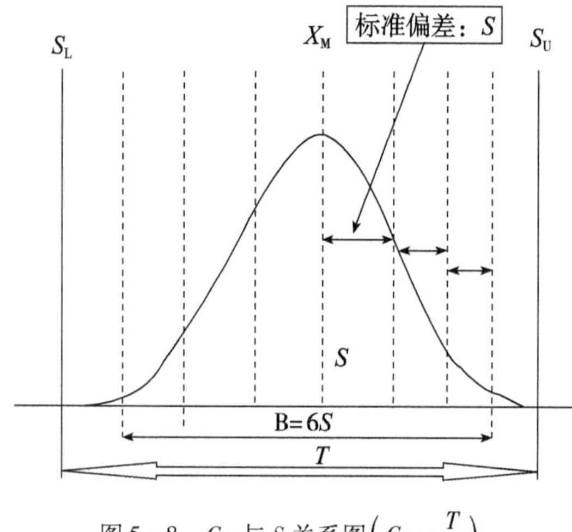

图 5－8　Cp 与 S 关系图$\left(Cp=\frac{T}{S}\right)$

根据质量数据和质量标准可以计算工序的 Cp 值，分为以下两种情况。

（1）若 $X_M = S_M$。

当质量数据中心与质量标准中心一致时：

$$C\text{p} = \frac{S_u - S_l}{6S}$$

其中 S 为质量数据的标准偏差，可以按照下式计算得到，

$$S = \sqrt{v} = \sqrt{\frac{\sum_{i=1}^{n}(x_i - \bar{x})^2}{n-1}}$$

在上例中，如设定 $S = [12.70, 14.80]$，即上下限规格分别为 $S_L = 12.70\text{g}$，$S_U = 14.80\text{g}$，则通过已知的 100 个质量数据计算得到的 Cp 为：

$$C\text{p} = \frac{14.80 - 12.70}{6 \times 0.41} = 0.841$$

（2）若 $X_M \neq S_M$。

当质量数据中心与质量标准中心不一致，即两者偏离时，为了正确地进行评价，应采取考虑分布中心偏离的工序能力指数，即：

$$C\text{p}_k = (1-k) \times C\text{p} = \frac{(T - 2d)}{6S}$$

$$k = \frac{|S_M - X_M|}{\frac{1}{2} \times (S_u - S_l)}$$

$$d = |X_M - S_M|$$

由此可知，上例中，实际的工序能力指数 $C\text{p}_k$ 为：

$$k = \frac{|13.994 - 13.75|}{\frac{1}{2} \times (14.80 - 12.70)} = 0.232$$

$$Cp_k = (1 - 0.232) \times 0.841 = 0.646$$

工序能力满足公差要求的程度分为下面三种情况：

(1)工序能力指数等于1,即工序能力恰好能满足公差要求。此时的工序稍有变化或质量标准稍有变更,就会产生不合格品,如图5-7中的双侧无余量型。

(2)工序能力指数小于1,即工序能力不能满足公差要求。这时必须采取措施,提高工序能力或降低质量标准,才能避免产生不合格品。

(3)工序能力指数大于1,即工序能力充分满足公差要求。这时的工序有所变化或质量标准稍有提高,也不会产生不合格品,如图5-7中的双侧余量过剩型,其中Cp为1.33左右时,最为理想,如图5-7中的理想型。

六、散点图

散点图表示因变量(质量特征值)随自变量(影响因素,如工艺条件水平)而变化的大致趋势,据此可以选择合适的函数对数据点进行拟合。

在生产实际中,往往有些变量之间存在着相关关系,但又不能由一个变量的数值精确地求出另一个变量的数值。如大豆的蛋白质含量与脂肪含量之间的关系;流体的温度与黏度的关系。

1. 散点图的制作方法

散点图的制作步骤基本如下：

(1)收集两变量的数据。

(2)利用相应统计分析软件(Excel、Origin等)作图,其中一个设为因变量,可作为Y轴,另一个设为自变量,作为X轴。

(3)对作出的图进行数据的线性拟合,分析两个变量间的相关性及强弱。

2. 散点图的观察分析

根据测量的两种数据作出散点图后,观察其分布的形状和密疏程度,来判断它们关系密切程度。

从上图中,我们可以看出散点图大致可分为下列五种情形：

(1)完全正相关:x增大,y也随之增大。x与y之间可用线性方程$y = a + bx$(b为正数)表示。(图5-9a)

(2)正相关:x增大,y基本上随之增大。此时除了因素x外,可能还有其他因素影响。(图5-9b)

(3)不相关:即x变化不影响y的变化。(图5-9c)

(4)完全负相关:x增大,y随之减小。x与y之间可用线性方程$y = a + bx$(b为负数)

表示。(图5-9d)

(5)负相关:x增大,y基本上随之减小。同样,此时可能还有其他因素影响。(图5-9e)

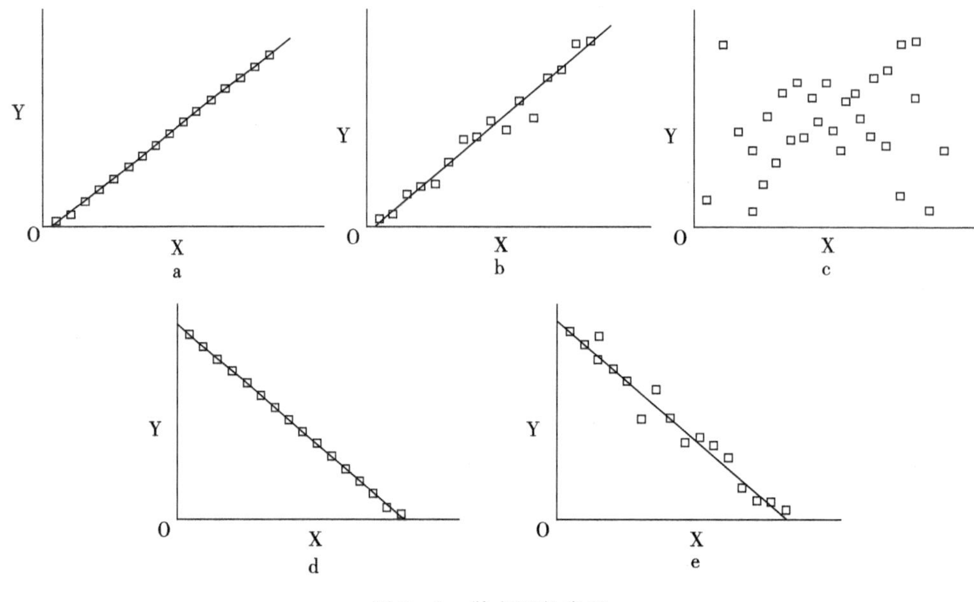

图5-9 散点图的类型

3. 散点图与相关系数 r

为了表达两个变量之间相关关系的密切程度,需要用一个数量指标来表示,这个指标称为相关系数,通常用 r 表示。不同的散点图有不同的相关系数,r 满足:$-1 \leqslant r \leqslant 1$。因此,可根据相关系数 r 值来判断散布图中两个变量之间的关系。见表5-8。

表5-8 相关系数 r 的取值说明

r	两变量间的关系
$r=1$	完全正相关
$1>r>0$	正相关(越接近1,越强;越接近0,越弱)
$r=0$	不相关
$0>r>-1$	负相关(越接近-1,越强;越接近0,越弱)
$r=-1$	完全负相关

应注意:相关系数 r 所表示的两个变量之间的相关是指线性相关。因此,当 r 的绝对值很小甚至等于0时,并不表示 x 与 y 之间就一定不存在任何关系。如 x 与 y 之间有关系的,但经过计算相关系数的结果却为0,这是因为此时 x 与 y 的关系是曲线关系,而不是线性关系造成的。

4. 制作与观察散点图时注意事项

(1)应观察是否有异常点或离群点出现,即有个别点子脱离总体点子较远。如果有不正常点子应剔除;如果是原因不明的点子,就慎重处理,以防还有其他因素影响。

(2)散点图如果处理不当也会造成假象。如图5-10(a)。由图可见,若将x的范围只局限在中间的那一段,则在此范围内看,y与x似乎并不相关,但从整体看,x与y关系还比较密切。

(3)散点图有时要分层处理。如图5-10(b),x与y的相关关系似乎很密切,但若仔细分析一下数据,这些数据原是来自三种不同的条件。如果这些点子分成三个不同层次A、B、C。从每个层次中考虑,x与y实际上并不相关。

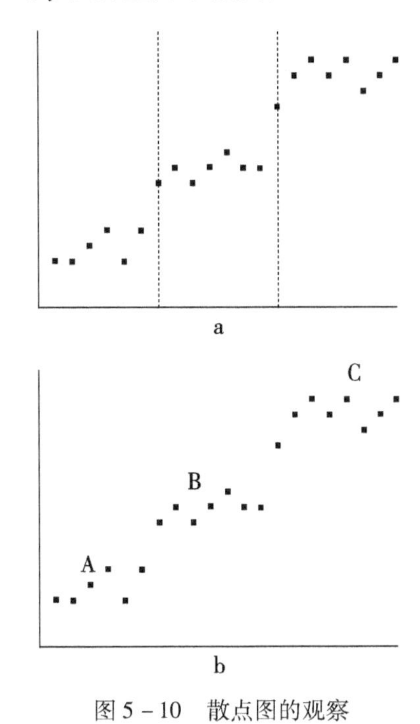

图5-10 散点图的观察

七、控制图

1. 控制图概念

控制图就是对生产过程的关键质量特性值进行测定、记录、评估并监测过程是否处于受控状态的一种统计学方法。它是根据假设检验的原理制作统计图表,用于监测生产过程是否处于控制状态的一种重要工具。

如图5-11(a)所示,是一定时间内测定的产品的质量数据,反映了生产过程中产品质量随时间变化的情况,也是工艺过程的质量变化;如果在此基础上,在图中添加上控制界限和中心线作为判断产品质量是否异常的标准,得到图5-11(b),这样的图就称为控制图。

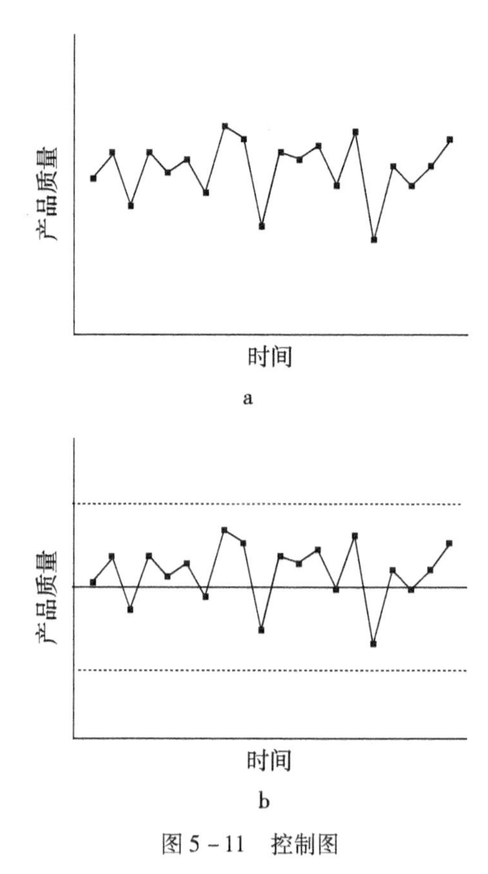

图5－11　控制图

只要代表产品质量数据的点在上下控制线范围内，生产过程就是正常进行，也即过程是稳定的，倘若代表质量数据的点有出现在控制线以外的，就说明过程出现了异常。

与公差界限不同，控制界限用来评判工序是否稳定、有无异常，而前者主要用来判断产品是否合格，质量数据是否超出了质量标准的要求。

2. 控制图原理

质量数据具有波动性，在没进行观察分析时，一般是未知的，但具有一定的规律性，它们是在一定范围内波动的，是随机变量。

如果随机变量受大量独立的偶然因素影响，每种因素的影响小且均匀，即没有一项因素影响是特别突出的，则随机变量将服从正态分布（图5－12）。

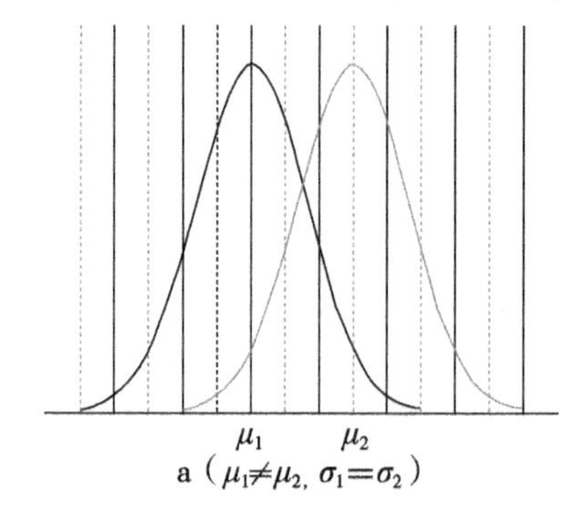

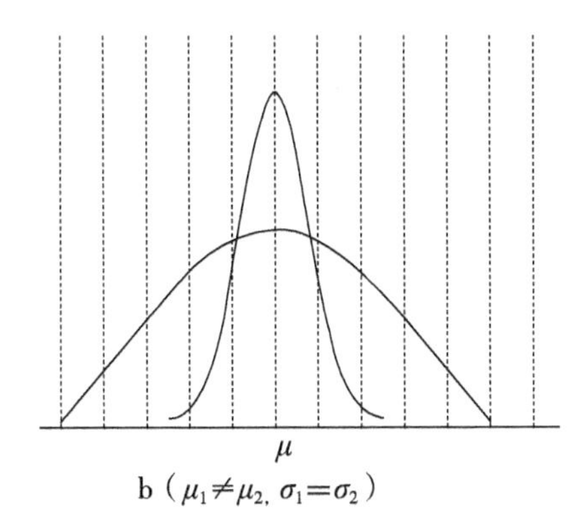

图 5－12　μ 和 σ 对正态分布曲线的影响

正态分布，又称高斯分布，是连续型随机变量最常见的一种分布。一般来说，在生产条件正常的情况下，产品的质量特征值大多服从正态分布。

（1）正态分布的定义。

若随机变量的密度函数为：

$$p(x) = \frac{1}{\sigma\sqrt{2\pi}} e^{\frac{(x-\mu)^2}{2\sigma^2}} \quad (\mu, \sigma > 0, -\infty < x > +\infty)$$

则称 $p(x)$ 服从正态分布，记为 $p(x) \sim (\mu, \sigma)$。

正态分布曲线概率密度函数中，μ 为数据平均值，σ 为数据的标准偏差。μ 决定了正态分布曲线的位置，而 σ 影响着正态分布曲线的形状，只要 μ 和 σ 确定了，正态分布曲线的位置和形状也就确定了，因此 μ 和 σ 被称为正态分布曲线的数字特征值。

由概率论可知，质量特征值的测定数据落入一定范围内的概率如表 5－9 所示。假如，测定 1 000 个产品，其质量特征值数据出现在$(\mu-3\sigma, \mu+3\sigma)$范围内的可能有 997 个，而出现在$(\mu-3\sigma, \mu+3\sigma)$范围之外的可能不超过 3 个。这可以理解为，在生产过程有系统因素的影响下，仅有大量偶然因素的影响，则质量特征值数据出现在$(\mu-3\sigma, \mu+3\sigma)$范围内的概率为 99.73%，而出现在$(\mu-3\sigma, \mu+3\sigma)$范围之外的概率只有不到 0.27%，为小概率事件。小概率事件在一次测定（试验）中被认为是不可能发生的，如果小概率事件出现了，即某一个或某些质量特征值数据出现在了$(\mu-3\sigma, \mu+3\sigma)$范围之外，则表明生产过程出现了异常。控制图正是基于以上结论而产生的，在产品质量控制中主要用于评判生产状态是否正常和稳定。

表 5－9　概率分布

界限（$\mu \pm k\sigma$）	界限内分布概率（%）	界限外分布概率（%）
$\mu \pm 0.67\sigma$	50.00	50.00
$\mu \pm 1\sigma$	68.27	31.73
$\mu \pm 1.96\sigma$	95.00	5.00
$\mu \pm 2\sigma$	95.45	4.55
$\mu \pm 2.58\sigma$	99.00	1.00

续表

界限($\mu \pm k\sigma$)	界限内分布概率(%)	界限外分布概率(%)
$\mu \pm 3\sigma$	99.73	0.27
$\mu \pm 4\sigma$	>99.99	<0.01

(2)从正态分布曲线到控制图的转变。

如果将数据的正态分布曲线(图5－13a)旋转到一定位置,即得到了控制图的基本形式(图5－13b),再去掉正态分布的概率密度曲线就得到了控制图的轮廓线,最后添加上质量数据就得到了控制图(图5－13c)。

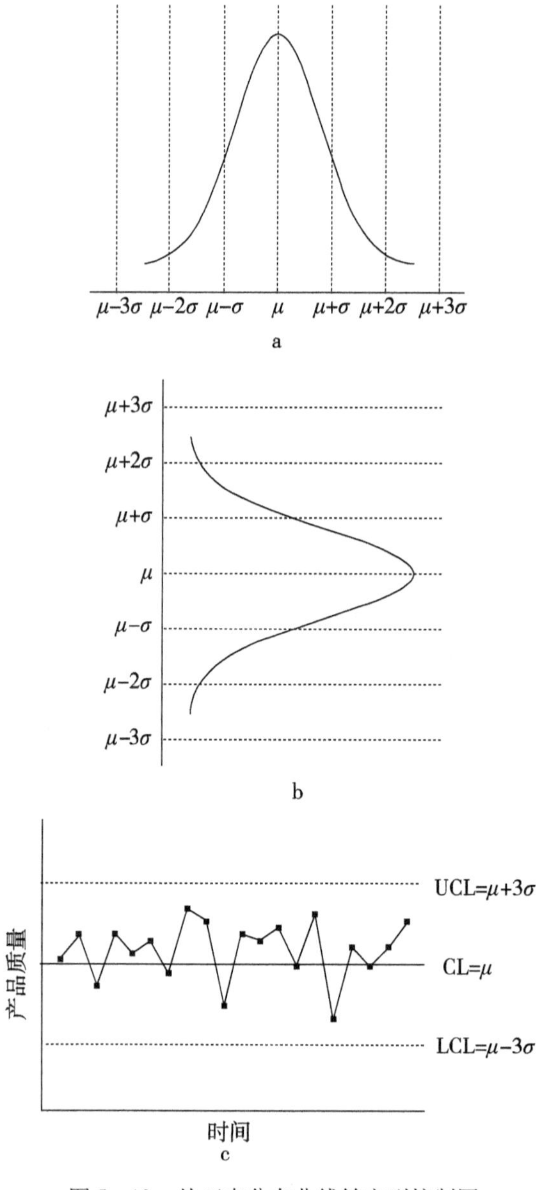

图5－13　从正态分布曲线转变到控制图

(3)两类影响因素。

生产过程的稳定性会受到两类因素的影响,一类是随机因素,如同批次原料品质的差异;一类是系统因素,如机械故障、工作态度等。随机因素带来的产品质量波动是不可避免的,它影响着 σ 值的大小,如果生产过程仅受到随机因素的影响,产品质量特征值的分布往往有较稳定的分布规律,如正态分布。系统因素对产品的质量影响较大,但一般是可以消除的。

对于不出现异常的生产过程,产品质量特征数据分布有一定的规律性,不随时间变化而变化,这种总体质量不随时间变化而变化的生产状态称为稳定状态或统计管理状态。控制图的作用就在于能通过产品质量特征值的分布情况评判产品生产过程是否处于稳定状态。

(4)两类错误——控制界限的确定。

用控制图来控制生产过程,当质量数据超出界限时,就认为生产过程出现了异常、不稳定,这是因为原本不应该出现的小概率事件发生了。例如,采用 $\mu \pm 3\sigma$ 作为控制界限,测定的质量特征值出现在 $(\mu - 3\sigma, \mu + 3\sigma)$ 范围之外的可能性为 0.27%,虽然概率很小,但并不是绝对不可能发生的,因此,在按照控制图的原理评判生产过程稳定与否时就会出现下列错误:在 1 000 次中可能有 3 次将本来稳定的生产状态误判为不稳定状态。将正常的生产过程评判为异常,这是第一类错误,称为弃真错误 α。另外,如果生产状态确实已经异常,但所测量的质量特征值仍然没有超出控制范围,这时根据控制图的原理我们会评判生产过程是正常的,这就犯了第二类错误,即存伪错误 β(表 5-10)。

表 5-10 弃真错误与存伪错误

控制界限	α 值	平均值移动	β 值
$\mu \pm \sigma$	31.73%	$\pm \sigma$	97.72%
$\mu \pm 2\sigma$	4.55%	$\pm 2\sigma$	84.13%
$\mu \pm 3\sigma$	0.27%	$\pm 3\sigma$	50%

孤立地看,哪一种错误都是可以避免的,但要同时避免两种错误却是不可能的。减少一种错误的发生就会增加另外一种错误的发生。根据经验证明,当控制图的界限定位 $\mu \pm 3\sigma$ 时,两种错误造成的损失最小。另外,对于存伪错误来说,可以通过增大质量特征值的测量数量(样本容量)来降低。

3. 控制图的制作

在此介绍两种常用的控制图的制作方法:单值—移差控制图、平均值—极差控制图。

(1)单值—移差控制图。

单值—移差(x—Rs)控制图是计量值最基本的控制图,其数据不需分组,可直接使用。

x—Rs 控制图是利用质量特征值数据的离差来反映和控制产品质量特性的离散程度。Rs 是指相邻的两个质量特征值数据之差的绝对值，即有：

$$Rs = |x_{i+1} - x_i|$$

x—Rs 控制图的控制界限为：

$$CL = \mu$$
$$UCL = \mu + 3\sigma$$
$$LCL = \mu - 3\sigma$$

在 μ 和 σ 未知的情况下，CL、UCL 及 LCL 可按照下述方法估计：

①生产条件与以往相同，生产过程稳定，可采用以往的经验值(μ、σ)。

②在没有经验值(μ、σ)时，可根据“样本均值 $\bar{x}$ 是总体平均值 μ 的无偏估计量”原则，进行随机抽样，用样本容量大于 30 的样本均值 $\bar{x}$ 代替 μ；根据“样本方差 S 是总体方差 σ 的无偏估计量”原则，用样本方差 S 代替 σ。

由于 Rs 的计算较 S 简便，常用 Rs 来估算 S：

$$S = \frac{\bar{R}_s}{d_2} = \frac{1}{N-1}\sum Rs$$

因此，有：

$$CL_X = \mu = x = \frac{1}{N}\sum_{i=1}^{N} x_i$$

$$LCL_X = \mu - 3\sigma = \mu - 3S = x - 3 \times \frac{\bar{R}_s}{d_2} = x - E_2 \times \bar{R}_s$$

$$UCL_X = \mu + 3\sigma = \mu + 3S = x + 3 \times \frac{\bar{R}_s}{d_2} = x + E_2 \times \bar{R}_s$$

而对于 Rs 则有：

$$CL_{Rs} = \bar{R}_s = \frac{1}{N-1}\sum Rs$$
$$LCL_{Rs} = \bar{R}_s - 3\sigma_{Rs} = D_3\bar{R}_s$$
$$UCL_{Rs} = \bar{R}_s + 3\sigma_{Rs} = D_4\bar{R}_s$$

其中，N 为随机抽样的样本容量，d_2 为与 N 有关的系数，可查控制图用系数表 5－12 得到。

以表 5－11 中的数据为例，制作 x—Rs 控制图。

因为在计算 Rs 时，样本容量为 2，所以查表 5－11 得 $d_2 = 1.128$，$D_3 = 0$，$D_4 = 3.267$，则 x—Rs 控制图中：

Rs 图的控制界限为：

$$CL_{Rs} = \bar{R}_s = 27.93$$
$$LCL_{Rs} = D_3\bar{R}_s = 0 \times 27.93 = 0$$
$$UCL_{Rs} = D_4\bar{R}_s = 3.267 \times 27.93 = 91.25$$

x 图的控制界限为：

$$CL = \bar{x} = 347.17$$

$$LCL = \overline{x} - E_2\overline{R}_s = 347.17 - 2.660 \times 27.93 = 272.87$$

$$UCL = \overline{x} + E_2\overline{R}_s = 347.17 + 2.660 \times 27.93 = 421.27$$

表 5－11　示例数据表

N	x	Rs	N	x	Rs
1	310	—	16	400	30
2	380	70	17	370	30
3	320	60	18	345	25
4	300	20	19	340	5
5	400	100	20	355	15
6	360	40	21	320	35
7	340	20	22	330	10
8	370	30	23	360	30
9	320	50	24	350	10
10	330	10	25	335	15
11	325	5	26	310	25
12	345	20	27	315	5
13	365	20	28	385	70
14	375	10	29	350	35
15	370	5	30	340	10

表 5－12　计量值控制图用系数表

样本容量	均值控制图			标准差控制图						极差控制图						中位数控制图		
	控制界限系数			中心线系数		控制界限系数				中心线系数			控制界限系数			控制界限系数		
N	A	A_2	A_3	C_4	$1/C_4$	B_3	B_4	B_5	B_6	d_2	$1/d_2$	d_3	D_1	D_2	D_3	D_4	M_3	M_3A_2
2	2.121	1.880	2.659	0.798	1.253	0	3.267	0	2.606	1.128	0.887	0.853	0	3.686	0	3.267	1.000	1.880
3	1.732	1.023	1.954	0.886	1.128	0	2.568	0	2.276	1.693	0.591	0.888	0	4.358	0	2.574	1.160	1.187
4	1.500	0.729	1.628	0.921	1.085	0	2.266	0	2.088	2.059	0.486	0.880	0	4.698	0	2.282	1.092	0.796
5	1.342	0.572	1.427	0.940	1.064	0	2.089	0	1.964	2.326	0.430	0.864	0	4.918	0	2.114	1.198	0.691
6	1.225	0.483	1.287	0.952	1.051	0.030	1.970	0.029	1.874	2.534	0.395	0.848	0	5.078	0	2.004	1.135	0.549
7	1.134	0.419	1.182	0.959	1.042	0.118	1.882	0.113	1.806	2.704	0.370	0.833	0.204	5.204	0.076	1.924	1.214	0.509
8	1.061	0.373	1.099	0.965	1.036	0.185	1.815	0.179	1.751	2.847	0.351	0.820	0.388	5.306	0.136	1.864	1.160	0.432
9	1.00	0.377	1.032	0.969	1.032	0.29	1.761	0.232	1.707	2.970	0.337	0.808	0.547	5.393	0.184	1.816	1.223	0.412
10	0.949	0.308	0.975	0.973	1.028	0.284	1.716	0.276	1.669	3.078	0.325	0.797	0.687	5.469	0.223	1.777	1.176	0.363
11	0.905	0.285	0.927	0.975	1.025	0.321	1.679	0.313	1.637	3.173	0.315	0.787	0.811	5.535	0.256	1.744		
12	0.886	0.266	0.886	0.978	1.023	0.354	1.646	0.346	1.610	3.258	0.307	0.778	0.922	5.594	0.283	1.717		
13	0.832	0.249	0.850	0.979	1.021	0.382	1.618	0.374	1.585	3.336	0.300	0.770	1.025	5.647	0.307	1.693		
14	0.802	0.235	0.817	0.981	1.019	0.406	1.594	0.399	1.563	3.407	0.294	0.763	1.118	5.696	0.328	1.672		
15	0.775	0.223	0.789	0.982	1.018	0.428	1.157	0.421	1.544	3.472	0.288	0.756	1.203	5.741	0.347	1.653		
16	0.750	0.212	0.763	0.984	1.017	0.448	1.552	0.440	1.526	3.532	0.283	0.750	1.282	5.782	0.363	1.637		
17	0.728	0.203	0.739	0.985	1.016	0.466	1.534	0.458	1.511	3.588	0.279	0.744	1.356	5.820	0.378	1.622		
18	0.707	0.194	0.718	0.985	1.015	0.482	1.518	0.475	1.496	3.640	0.275	0.739	1.424	5.856	0.391	1.608		
19	0.688	0.187	0.698	0.986	1.014	0.497	1.503	0.490	1.483	3.689	0.271	0.734	1.487	5.891	0.403	1.597		
20	0.671	0.180	0.680	0.987	1.013	0.510	1.490	0.504	1.470	3.735	0.268	0.729	1.549	5.921	0.415	1.585		
21	0.655	0.173	0.663	0.988	1.013	0.253	1.477	0.516	1.459	3.778	0.265	0.724	1.605	5.951	0.425	1.575		
22	0.640	0.167	0.647	0.988	1.012	0.534	1.466	0.528	1.448	3.819	0.262	0.720	1.659	5.979	0.434	1.566		
23	0.626	0.126	0.633	0.989	1.011	0.545	1.455	0.539	1.438	3.858	0.259	0.716	1.710	6.006	0.443	1.557		
24	0.612	0.157	0.619	0.989	1.011	0.555	1.445	0.549	1.429	3.895	0.257	0.712	1.759	6.031	0.451	1.548		
25	0.600	0.153	0.606	0.990	1.011	0.565	1.435	0.559	1.420	3.931	0.254	0.708	1.806	6.056	0.459	1.541		

根据以上结果，作出本例的 x—Rs 控制图如图 5－14 所示：

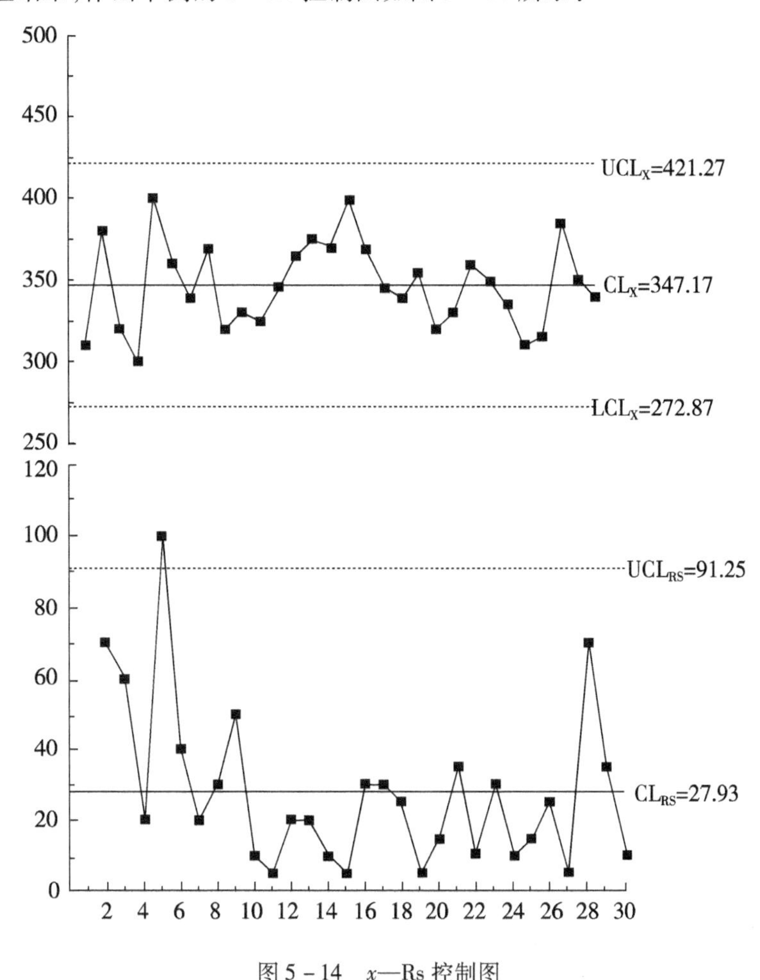

图 5－14　x—Rs 控制图

(2)平均值—极差控制图。

平均值—极差控制图($\bar{x}$—R)也是计量值最常用的控制图之一，其中 $\bar{x}$ 为样本平均值，R 为极差。

如前所述，正态分布是质量管理中连续型质量特征值数据经常遇到的一种分布状态，但在生产中还存在许多非正态分布的质量特征值数据。这样的问题，可以通过对样本均数分布状态特点的研究加以解决。

根据数理统计的中心极限定理：任意总体，不论其分布状态如何，若总体的平均数和标准偏差存在，则随机变量的样本均数 $\bar{x}$ 的分布状态，随着样本量 N 的增大而逐渐接近于正态分布。简而言之，不论总体分布状态如何，当 N 足够大时，它的样本均数总是趋于正态分布。这就是样本均数分布状态的特点。利用这个特点，可以把非正态分布的总体变成正态分布，从而运用正态分布的规律对生产过程进行控制。

控制图主要用于观察和判断总体平均值 μ 是否发生变化，即控制概率分布密度曲线的中心位置。$\bar{x}$ 控制图有以下的优点：

①应用范围广。从控制图原理部分的介绍我们已知，控制图是由正态分布推演出来的，当某个质量特性数据的分布为非正态分布时，由中心极限定理得知，它的样本均数是服从正态分布的，所以就能够利用 $\bar{x}$ 控制图来分析和控制任意总体的质量特性数据的变化了。

②它能避免 x 单值控制图中由于个别极端值的出现而犯第一类错误。最重要的是它比 x 单值控制图敏感性强。

$\bar{x}$—R 控制图中的控制界限计算如下。

R 控制图的界限为：

$$CL_R = \bar{R} = \frac{1}{k}\sum R_j$$

$$LCL_R = D_3\bar{R}$$

$$UCL_R = D_4\bar{R}$$

$\bar{x}$ 控制图的界限为：

$$CL_{\bar{x}} = \mu = \bar{x} = \frac{1}{k}\sum \bar{x}_j$$

$$LCL_{\bar{x}} = \bar{x} - \overline{A_2 R}$$

$$UCL_{\bar{x}} = \bar{x} + \overline{A_2 R}$$

其中，k 为分组组数；R_j为第 j 组的极差；$\bar{x}_j$ 为第 j 组的平均值；A_2为与每组样本容量有关的系数。

表 5－13　示例数据

组号	测量值				$\bar{x}$	R	组号	测量值				$\bar{x}$	R
	x_1	x_2	x_3	x_4				x_1	x_2	x_3	x_4		
1	61.3	62.7	58.7	58.5	60.3	4.2	13	60.3	59.8	61.4	61.9	60.85	2.1
2	58.6	59.3	58.8	62.5	59.8	3.9	14	61.0	63.7	59.9	59.2	60.95	4.5
3	59.3	57.3	59.7	58.5	58.7	2.4	15	55.1	58.0	59.3	61.2	58.4	6.1
4	59.4	60.4	60.6	58.8	59.8	1.8	16	59.9	61.1	58.6	59.8	59.85	2.5
5	62.0	59.9	58.0	59.7	59.9	2.3	17	60.5	61.4	61.7	60.6	61.05	1.2
6	59.5	60.2	63.2	63.9	61.7	4.4	18	64.2	58.4	60.7	60.7	61	5.8
7	58.6	58.7	59.3	60.6	59.3	2.0	19	56.9	61.3	61.1	60.3	59.9	4.4
8	60.2	60.4	57.0	57.8	58.85	3.4	20	56.9	61.0	64.2	59.5	60.4	7.3
9	59.3	60.1	59.9	60.3	59.9	1.0	21	56.2	59.5	58.1	58.0	57.95	3.3
10	60.3	59.7	60.7	57.7	59.6	3.0	22	55.4	59.6	60.5	57.3	58.2	5.1
11	59.6	63.3	60.9	56.8	60.15	6.5	23	62.3	56.9	57.8	64.2	60.3	7.3
12	57.3	60.1	59.5	59.3	59.05	2.8	24	64.7	62.1	61.0	63.2	62.75	3.6

以表 5－13 中数据为例制作 $\bar{x}$—R 控制图，由表可知数据的组数 $k=24$，每组样本容量为 4，查表 5－11 可得 $A_2=0.729$，$D_3=0$，$D_4=2.282$，则有：

$$CL_R = \frac{1}{k}\sum R_j = 3.79$$

$$LCL_R = D_3\overline{R} = 0 \times 3.79 = 0$$

$$UCL_R = D_4\overline{R} = 2.282 \times 3.79 = 8.65$$

$$CL_{\bar{x}} = \frac{1}{k}\sum \bar{x}_j = 59.94$$

$$LCL_{\bar{x}} = \bar{x} - A_2\overline{R} = 59.94 - 0.729 \times 3.79 = 57.18$$

$$UCL_{\bar{x}} = \bar{x} + A_2\overline{R} = 59.94 + 0.729 \times 3.79 = 62.70$$

根据以上结果，作出本例的 $\bar{x}$—R 控制图如图 5－15：

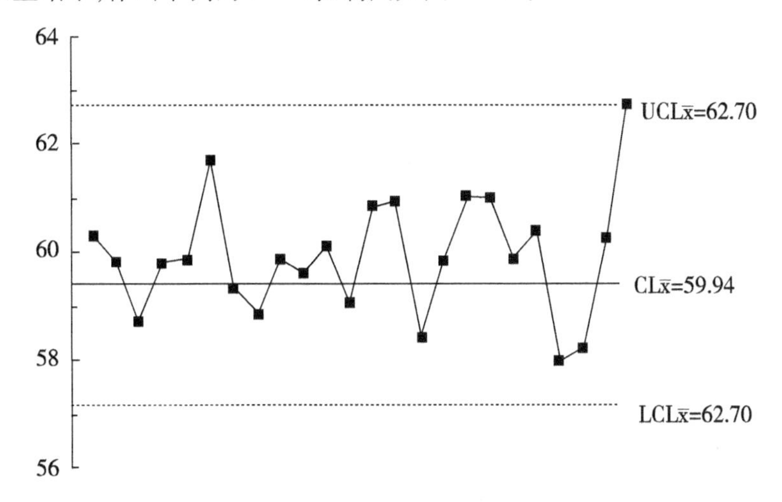

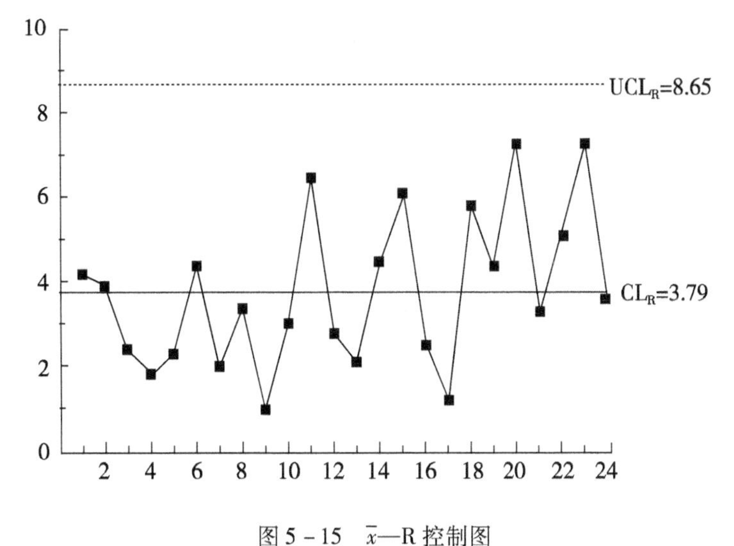

图 5－15　$\bar{x}$—R 控制图

第三节　质量控制新七大工具

质量控制工具新的工具包括亲和图（也称 KJ 法）、关联图、系统图、过程决定计划图（PDPC 法）、矩阵图、矩阵数据解析法、箭线图七种。质量管理新七种工具不能代替质量控制旧七种工具，更不是对立的，而是相辅相成的，相互补充机能上的不足。这七种方法是思考型的全面质量管理，属于创造型领域，主要用文字、语言分析，确定方针、提高质量。

一、亲和图

亲和图是 1953 年日本人川喜田二郎在探险尼泊尔时将野外的调查结果资料进行整理研究开发出来的。亲和图也叫 KJ 法，就是把收集到大量的各种数据、资料，甚至工作中的事实、意见、构思等信息，按其之间的相互亲和性（相近性）归纳整理，使问题明朗化，并使大家取得统一的认识，有利于问题解决的一种方法。

1. 亲和图的类型

亲和图分类通常是根据人员来分的，可以分为两类：（1）个人亲和图：是指主要工作由一个人进行，其重点放在资料的组织整理上；（2）团队亲和图：由 2 个或 2 个以上的人员进行，重点放在策略，再把所有成员各种意见整理分类。

2. 亲和图法制作步骤

亲和图的制作较为简单，没有复杂的计算，个人亲和图主要与人员有很大关系，重点是列清所有项目，再加以整理；而团队亲和图则是需要发动大家的积极性，把问题与内容全部列出，再共同讨论整理。一般按以下九个步骤进行：

（1）确定主题，主题的选定可采用以下几点的任意一点：

①对没有掌握好的杂乱无章的事物以求掌握。

②将自己的想法或小组想法整理出来。

③对还没有理清的杂乱思想加以综合归纳整理。

④打破原有观念重新整理新想法或新观念。

⑤读书心得整理。

⑥小组观念沟通。

（2）针对主题进行语言资料的收集，方法有：

①直接观察法：利用眼、耳、手等直接观察。

②文献调查法。

③面谈调查法。

④个人思考法（回忆法、自省法）。

⑤团体思考法（脑力激荡法、小组讨论法）。

（3）将收集到的信息记录在语言资料卡片上，语言文字尽可能简单、精练、明了。

(4)将已记录好的卡片汇集后充分混合,再将其排列开来,务必一览无遗地摊开,接着由小组成员再次研读,找出最具亲和力的卡片,此时由主席引导效果更佳。

(5)小组感受资料卡所想表达的意思,而将内容恰当地予以表现出来,写在卡片上,我们称此卡为亲和卡。

(6)亲和卡制作好之后,以颜色区分,用回形针固定,放回资料卡堆中,与其他资料卡一样当作是一张卡片来处理,继续进行卡片的汇集、分群。如此反复进行步骤(5)的作业。亲和卡的制作是将语言的表现一步步提高了它的抽象程度,在汇集卡片的初期,要尽可能地具体化,然后一点一点地提高抽象度。

(7)将卡片进行配置排列,把一叠叠的亲和卡依次排在大张纸上,并将其粘贴、固定。

(8)制作亲和图,将亲和卡和资料卡之间相互关系,用框线连结起来。框线若改变粗细或不同颜色描绘的话,会更加清楚。经过这 8 个步骤所完成的图,就是亲和图。当资料卡零散时造成混淆,如果完成亲和图,便可清晰地理顺其关系。

(9)亲和图完成后,所有的相关人员共同讨论,进一步理清其关系,统一大家的认识,并指定专人撰写报告。

3. 案例分析

某食品公司原定于 3 月底交货 20 万箱巴氏消毒鲜奶。然后,合同规定之日,公司并没有如约生产出 20 万箱鲜奶,因而导致不能准时交货的局面,严重影响其公司信誉及形象。此事发生之后,公司领导层开始思考为什么会导致交期不准的事件发生呢?

公司采用了亲和图的方法,根据交期不准的主题采用头脑风暴收集语言资料信息,并把它们分别记录在卡片上,将所有的卡片汇总、分类整理,最终做出如下的亲和图(图 5-16)。

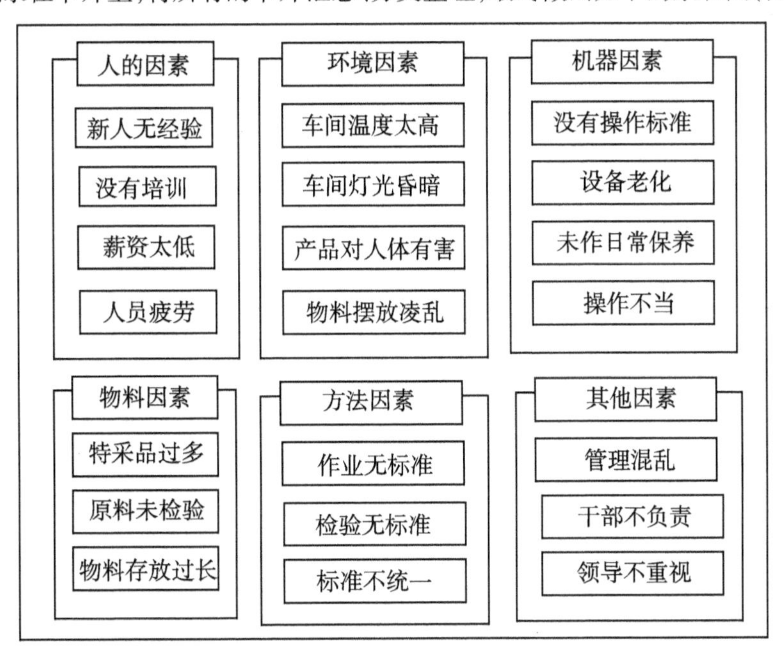

图 5-16 亲和图

二、关联图

关联图就是把现象与问题有关系的各种因素串联起来的图形。通过关联图可以找出与此问题有关系的一切要图，从而进一步抓住重点问题并寻求解决对策。对于各种复杂性原因缠绕的问题，针对问题将原因群展开成1次、2次原因，将其因果关系明朗化，以找出主要原因。关联图的箭头，只反映逻辑关系，不是工作顺序，一般是从原因指向结果，手段指向目的。

1. 关联图的类型

(1)中央集中型关联图，把应解决的问题或重要的项目安排在中央位置，从和它们最近的因素开始，把有关系的各因素排列在它的周围，并逐层展开(图5-17)。

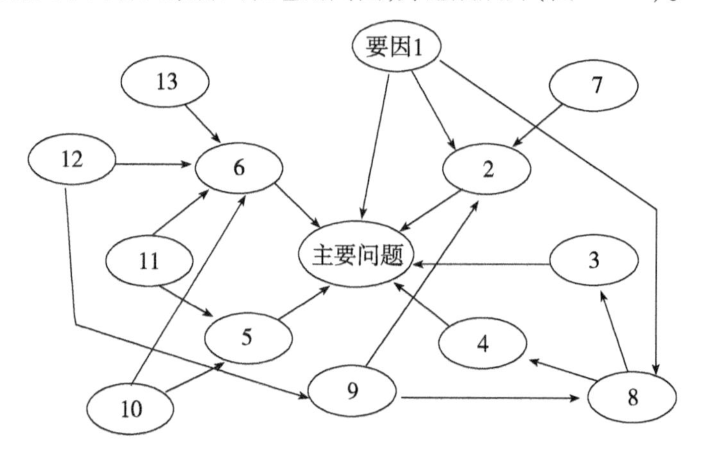

图5-17 中央集中型关联图

(2)单方向集中型关联图，把需要解决的问题或重要项目安排在右(或左)侧，与其相关联的各因素，按主要因果关系和层次顺序从右(或左)侧向左(或右)侧排列(图5-18)。

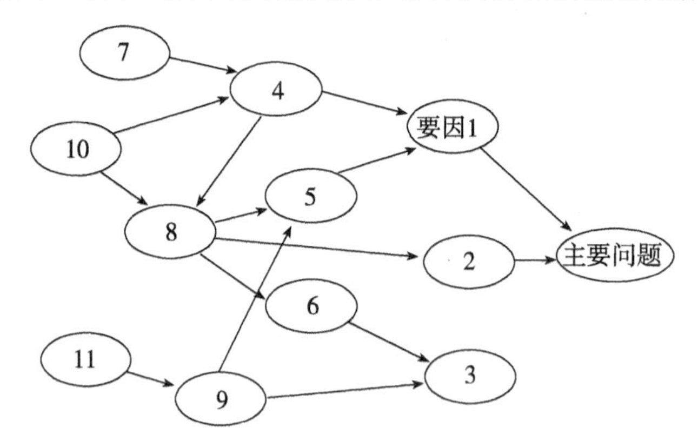

图5-18 方向集中型关联图

2. 关联图法制作步骤

(1)决定主题，并依主题决定动作成员。

(2)列举原因,预先由主席定义主题,并要求成员预先思考,收集资料。

(3)整理卡片。

(4)集群组合,以推理将因果关系相近的卡片加以归类。

(5)以箭头联结原因结果,尽量以为什么发问,回答寻找因果关系。

(6)检讨整体的内容,可以再三修正,并将主题放于中间。

(7)粘贴卡片,画箭头。

(8)明确重点、将重要原因加以着色。

(9)写出结论、作总结。

3. 案例分析

某公司生产的牛奶在一段时间内经常出现在保质期内变质的现象。公司派人对牛奶的变质原因进行调查,再用关联图法寻找导致牛奶变质的主要原因(图5－19),最终确定导致牛奶在保质期内变质的原因是杀菌不彻底,残留细菌大量繁殖。

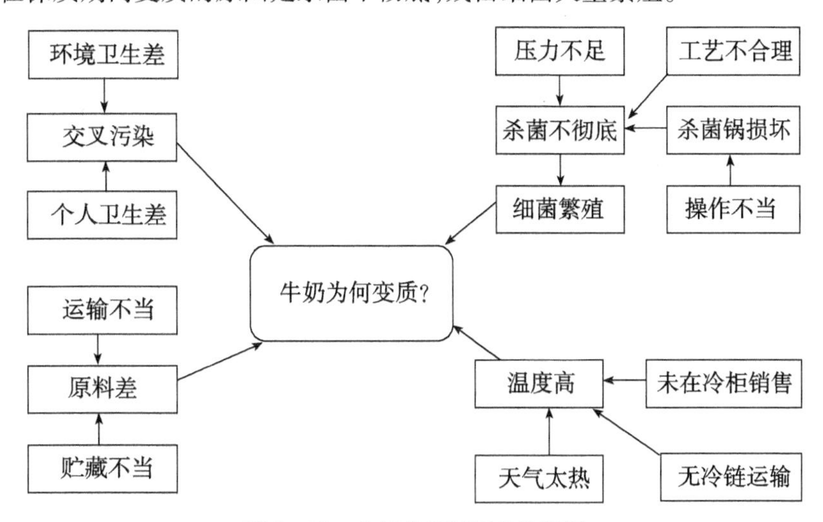

图5－19　牛奶变质原因的关联图

三、系统图

当某一目的较难达成,一时又想不出较好的方法,或当某一结果令人失望,却又找不到根本原因,在这种情况下,可用系统图。通过系统图,原来复杂的问题简单化了,找不到原因的问题找到了原因之所在。系统图就是为了达成目标或解决问题,以[目的—方法]或[结果—原因]层层展开分析,以寻找最恰当的方法和最根本的原因。

1. 系统图的类型

系统图一般可分为两种,一种是对策型系统图,另一种是原因型系统图。对策型系统图:以[目的—方法]方式展开(图5－20);原因型系统图:以[结果—原因]方式展开(图5－21)。

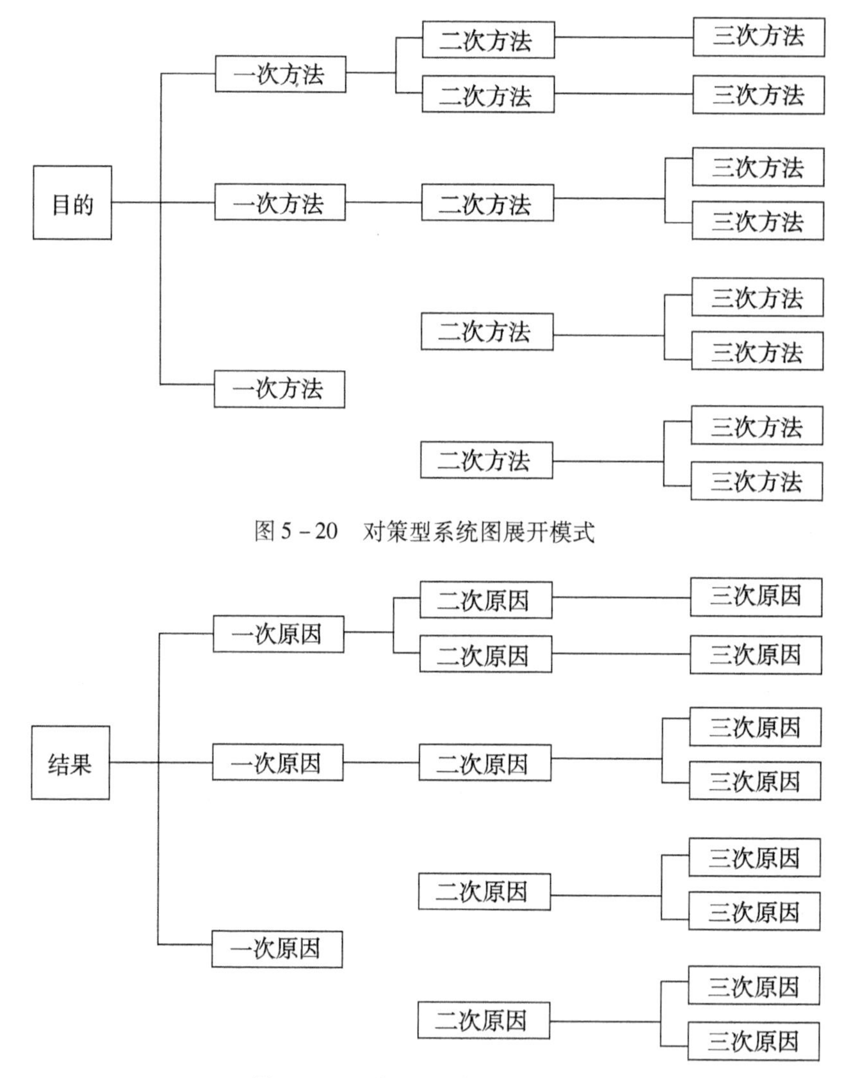

图 5－20　对策型系统图展开模式

图 5－21　原因型系统图展开模式

2. 系统图的制作步骤

系统图是目前在企业内被广泛运用的作图法，其制作步骤有以下九项：

（1）组成制作小组，选择有相同经验或知识的人员。

（2）决定主题：将希望解决的问题或想达成的目标，以粗体字写在卡片上，必要的时候，以简洁精练的文句来表示，但要让相关的人能够了解句中的含意。

（3）记入所设定目标的限制条件，如此可使问题更明朗，而对策也更能依循此条件找出来，此限制条件可依据人、事、时、地、物、费用、方法等分开表示。

（4）第一次展开，讨论出达成目的的方法，将其可能的方法写在卡片上，此方法如同对策型因果图中的大要因。

（5）第二次展开，把第一次展开所讨论出来的方法当作目的，为了达成目的，讨论在哪些方法可以使用。讨论后，将它写在卡片上，这些方法则称之为第二次方法展开。

(6)以同样的要领，将第二次方法当成目的，展开第三次方法，如此不断地往下展开，直到大家认为可以具体展开行动，而且可以在日常管理活动中加以考核。

(7)制作实施方法的评价表，经过全体人员讨论同意后，将最后一次展开的各种方法依其重要性、可行性、急迫性、经济性进行评价，评价结果最好用分数表示。

(8)将卡片与评价表贴在白板上，经过一段时间(1 小时或 1 天)后，再集合小组成员检查一次，看是否有遗漏或需要修正。

(9)系统图制作完毕后，须填入完成的年、月、日、地点、小组成员及其他必要的事项。

3. 案例分析

某食品公司生产吞拿鱼罐头，近期接到多宗顾客投诉，表示食用罐头以后发生食物中毒的现象。公司召集员工，利用系统图分析原因及对策(图 5－22)。

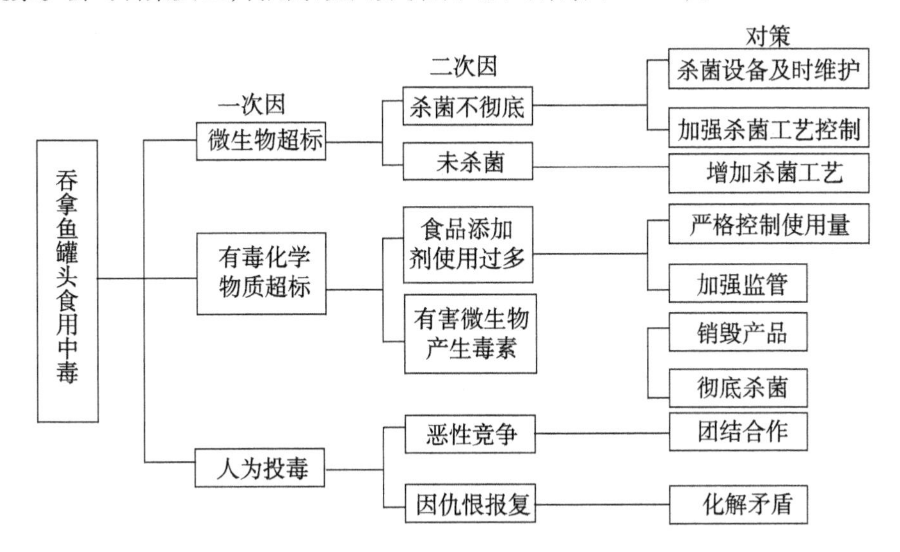

图 5－22　吞拿鱼罐头食物中毒的原因分析以及对策

四、PDPC 图

PDPC 图(Process Decision Program Chart)，即过程决策图。所谓 PDPC 图是针对为了达成目标的计划，尽量导向预期理想状态的一种手法。任何一件事情的完成，它必定有一个过程，有的过程简单，有的过程复杂，简单的过程我们较容易控制，但有些复杂的过程，如果我们采用 PDPC 法，可以做到防患于未然，避免重大事故的发生，最后达成目标。

1. PDPC 图的类型

一般情况下 PDPC 法可分为两种制作方法：

(1)依次展开型：即一边进行问题解决作业，一边收集信息，一旦遇上新情况或新作业，即刻标示于图表上。

(2)强制连结型：即在进行作业前，为达成目标，在所有过程中被认为有阻碍的因素事先提出，并且制订出对策或回避对策，将它标示于图表上。

2. PDPC 图的制作步骤

(1)首先确定课题,然后召集有关人员进行讨论存在的问题。

(2)从讨论中提出实施过程中各种可能出现的问题,并一一记录下来。

(3)确定每一个问题的对策或具体方案。

(4)把方案按照其紧迫程度、难易情况、可能性、工时、费用等分类,确定方案的优先程序及有关途径,用箭头向理想状态连接。

(5)在实施过程中,根据情况研究修正路线。

(6)决定承担者。

(7)确定日期。

(8)在实施过程中收集信息,随时修正。

3. 案例分析

某学习小组对"如何预防细菌交叉感染"的课题进行分析。小组成员采用头脑风暴法将可能的情况进行罗列,并绘制了 PDPC 图(图 5-23)。

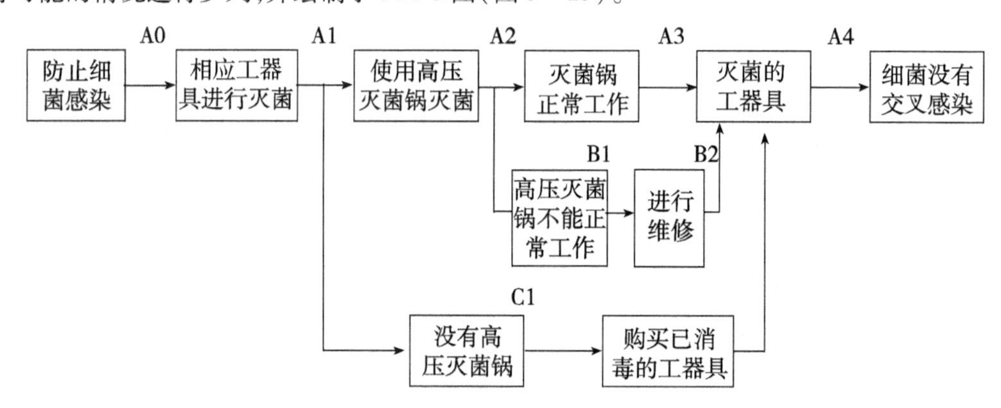

图 5-23 利用 PDPC 图确定防止细菌感染过程

五、矩阵图

从问题事项中,找出成对的因素群,分别排列成行和列,找出其间行与列的相关性或相关程度的大小的一种方法。在目的或结果都有两个以上,而要找出原因或对策时,用矩阵图比其他图方便。

矩阵图着眼于由属于行的要素与属于列的要素所构成的二元素的交点:在行与列的展开要素中,要寻求交叉点时,如果能够取得数据,就应依定量方式求出;如果无法取得数据时,则应依经验转换成资讯,再决定,所以决策交叉点时,以全员讨论的方式进行,并能在矩阵图旁注上讨论的成员、时间、地点及数据取得方式等简历,以便使用参考。

1. 矩阵图的类型

常见的矩阵为:L 型矩阵、T 型矩阵、Y 型矩阵和 X 型矩阵(图 5-24)。

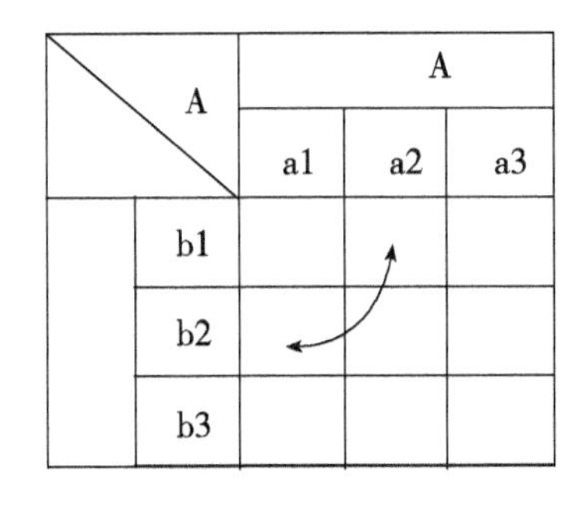

L 型矩阵图

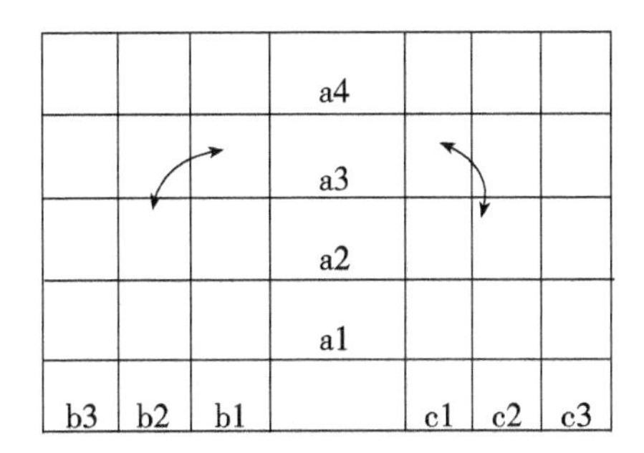

T 型矩阵图

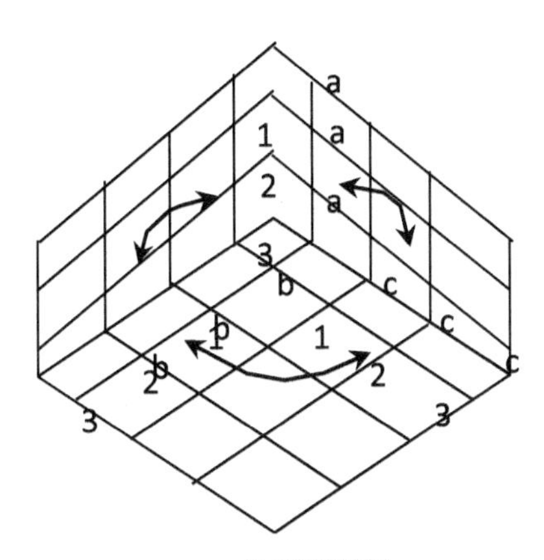

Y 型矩阵图

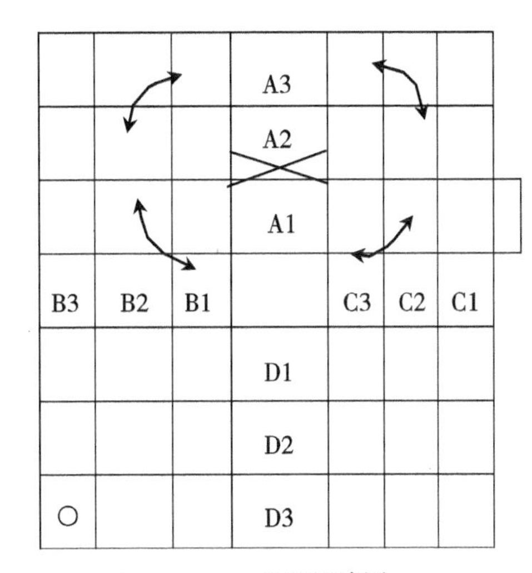

X 型矩阵图

图 5－24　四大常见的矩阵图

2. 矩阵图的制作步骤

(1)确定事项。首先确定需组合哪些事项,解决什么问题。

(2)选择对应的因素群。找出与问题有关的属于同一水平的对应因素,这是绘制矩阵图的关键。

(3)选择适用的矩阵图类型。

(4)根据经验、集思广益、征求意见、展开讨论,用理性分析和经验分析的方法,用符号在对应的因素群交点上做出相应关联程度的标志。

(5)在列或行的终端,对有关系或有强烈关系、密切关系的符号做出数据统计、以明确解决问题的着眼点和重点。

3. 案例分析

在质量设计时,常用到的工具质量功能展开(QFD)就是一个很好的矩阵图的例子(图 5－25)。

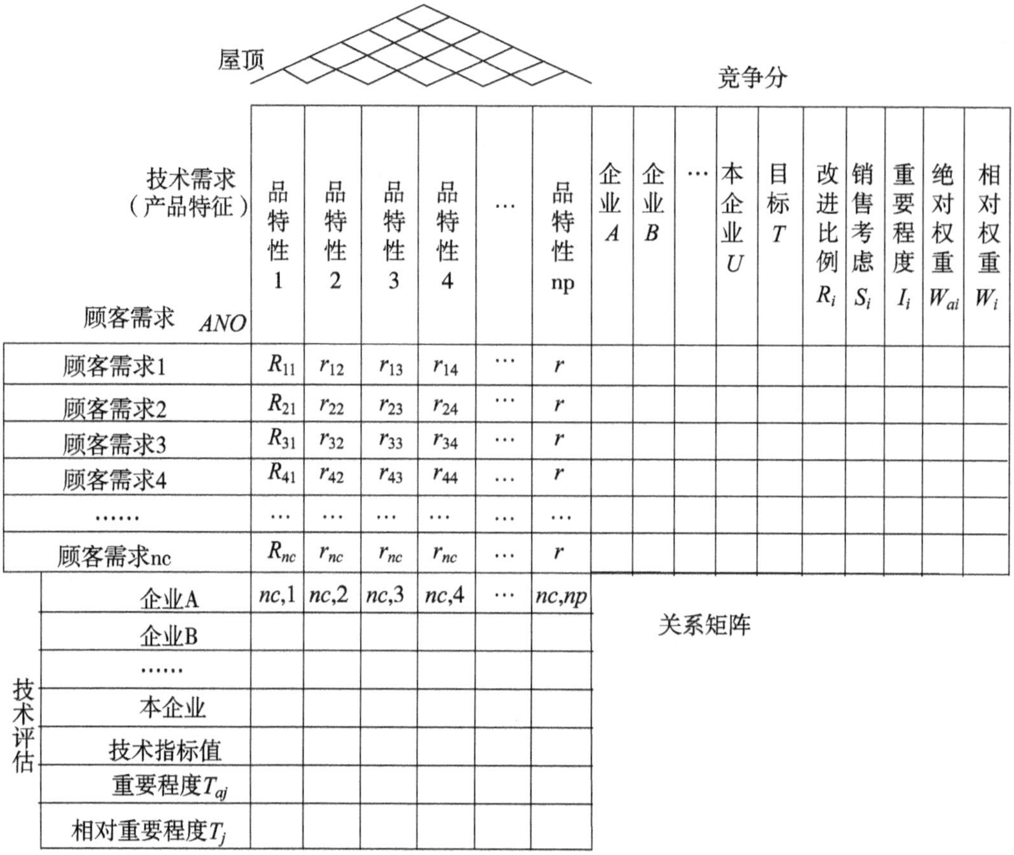

屋顶

竞争分

技术需求（产品特征） 顾客需求 ANO	品特性1	品特性2	品特性3	品特性4	…	品特性np	企业 A	企业 B	…	本企业 U	目标 T	改进比例 R_i	销售考虑 S_i	重要程度 I_i	绝对权重 W_{ai}	相对权重 W_i
顾客需求1	R_{11}	r_{12}	r_{13}	r_{14}	…	r										
顾客需求2	R_{21}	r_{22}	r_{23}	r_{24}	…	r										
顾客需求3	R_{31}	r_{32}	r_{33}	r_{34}	…	r										
顾客需求4	R_{41}	r_{42}	r_{43}	r_{44}	…	r										
……	…	…	…	…	…	…										
顾客需求nc	R_{nc}	r_{nc}	r_{nc}	r_{nc}	…	r										
技术评估：企业A	$nc,1$	$nc,2$	$nc,3$	$nc,4$	…	nc,np										
技术评估：企业B																
技术评估：……																
技术评估：本企业																
技术评估：技术指标值																
技术评估：重要程度 T_{aj}																
技术评估：相对重要程度 T_j																

关系矩阵

图 5－25　质量功能展开示意图

注 1）关系矩阵一般用“◎、○和△”表示，它们分别对应数字“9，3 和 1”，没有表示无关系，对应数字 0；

2）销售考虑用“●和●”表示，“●”表示强销售考虑；“●”表示可能销售考虑，没有表示不是销售考虑。分别用对应数字 1.5，1.2 和 1.0。

六、箭型图

箭头图法即网络分析技术图，即把一项任务的工作过程，作为一个系统加以处理，将组成系统的各项任务，细分为不同层次和不同阶段，按照任务的相互关联和先后顺序，用图或网络的方式表达出来，形成工程问题或管理问题的一种确切的数学模型，用以求解系统中各种实际问题。

1. 箭型图的制作步骤

有了工序名称和工序先后顺序的清单后，就可进行网络图的绘制工作。绘制时从第一道工序开始，以一支箭代表一个工序，依工序先后顺序，由左向右绘制，直到最后一道工序为止。在箭与箭的分界处接上圆圈，再在起始工作的箭尾处和终止工序的箭头处画上圆圈，就得到了一张网络图，如图 5－26 所示。

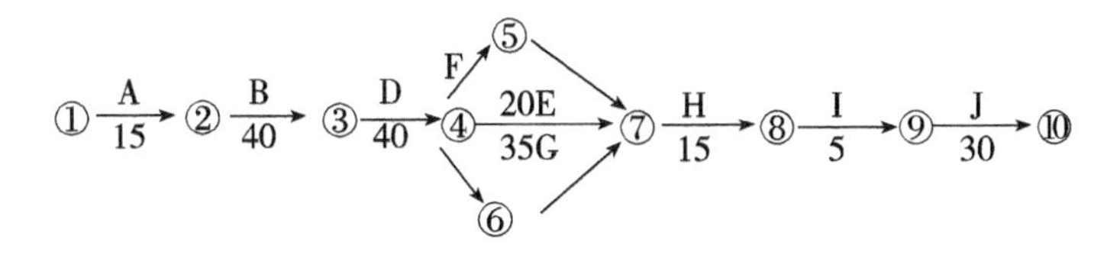

图 5－26 箭型图的制作步骤示意图

2. 案例分析

一项工程由 11 道工序(A、B、C、D、E、F、G、H、I、J、K)组成,它们之间的关系是:

A 完工后,B、C、G 可以同时开工;

B 完工后,E、D 可以同时开工;

C、D 完工后,H 可以开工;

G、H 完工后,F、J 才可以开工;

F、E 完工后,I 才可以开工;

I、J 完工后,K 才可以开工。

图 5－27 是按工序间关系排列箭。如果再把相邻工序交接处画一圆圈,表示两个工序的分界点,每一圆圈再编上顺序号,箭尾表示工序的开始,箭头表示工序的完成。最后再将完成每道工序所需时间标在相应的箭杆上,则画出一张网络图,也称工序流程图、箭头图、统筹图,如图 5－28 所示。

网络图由工序、事项和路线三部分组成。

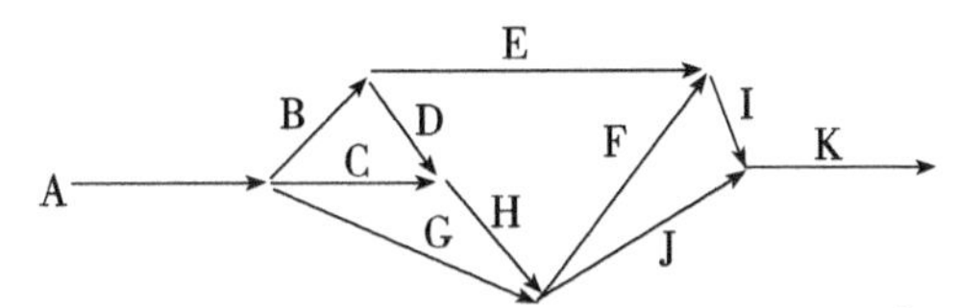

图 5－27 按工序间关系排列箭型图

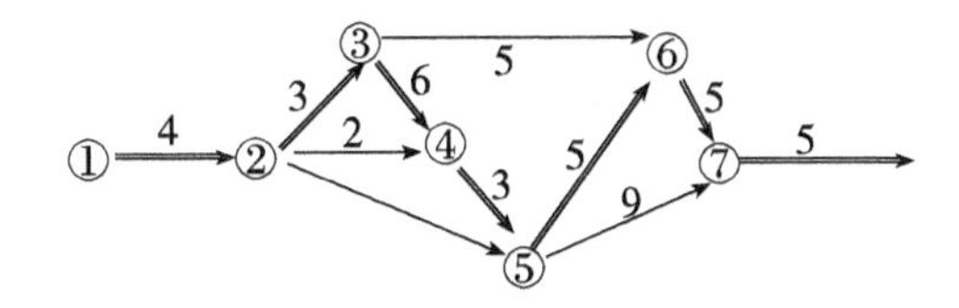

图 5－28 箭型图

七、矩阵数据解析法

矩阵图上各元素间的关系如果能用数据定量化表示,就能更准确地整理和分析结果。这种可以用数据表示的矩阵图法,叫作矩阵数据分析法。是将已知的宠大资料,经过整理、计算、判断、解析得出结果,以决定新产品开发或体质改善重点的一种方法。在 QC 新七种工具中,数据矩阵分析法是唯一种利用数据分析问题的方法,但其结果仍要以图形表示。

矩阵数据解析法的主要方法为主成分分析法(principal component analysis,PCA),是一种可将多个变量化为少数综合变量的一种多元统计方法。

矩阵数据解析法的主要用途:①客户需求调查。②客户需求预测。③竞争对手分析。④新产品策划。⑤明确事项内容。⑥方针目的展开。⑦方案优化。

第四节　质量诊断

质量诊断是指对企业的产品、生产过程和质量管理工作进行调查分析,判定其产品、工序和质量管理体系是否满足规定要求,找出可能存在的问题,分析原因并提出改进措施,指导质量改进活动。

质量诊断按照诊断的内容主要包括两个方面,一是产品质量方面,即产品质量诊断,二是质量管理方面,即工序质量诊断和质量体系诊断。

质量诊断按照诊断主体不同又可分为两类:一是由企业的内部人员进行的内部诊断,二是由企业外部人员进行的外部诊断。

质量诊断的步骤分两步:

(1)进行诊断:包括分析现状,找出问题及其原因;设计具体的改善方案和提出诊断报告书三个步骤。

(2)实施指导:包括对有关人员培训、制定实施计划;进行指导帮助和执行三个阶段。

质量诊断所用的评价方法有定性评价和定量评价。定量化的评价方法,一般有直接评分法、加权评分法、模糊数学法以及瑟斯顿法等。质量诊断分析方法常用的有调查表法、排列图法及因果图法等。

质量诊断具有以下几方面的特点:

(1)内部诊断由企业内部当事人或企业指派专人进行,外部诊断按照合同由企业外部专业人员进行。

(2)质量诊断主要针对生产中的薄弱环节,目的在于提高产品质量,主要对象是中小企业。

(3)质量诊断不同于检查评比,有很强的服务性,具有管理培训性质,通过质量诊断工作的实施,企业可以增强质量管理工作的理论水平和方法。

(4)质量诊断工作具有一定的复杂性和难度,必须在一定的时间内完成,要求准确判断企业存在的问题,并提出可行的改进措施,因此对进行质量诊断工作的人员有较高的要求,既要有质量管理理论知识,又要有丰富实践经验。

一、产品质量诊断

产品质量诊断是指对已检验入库或已进入流通领域的产品进行抽查检验,审查产品是否符合有关标准的要求和满足消费者的需求,了解产品质量的信息,以便采取相应措施对质量缺陷加以改进。

进行产品质量诊断,主要需解决以下四个方面的问题。

(一)产品质量的缺陷分级

为了突出产品质量诊断的重点,便于将众多的质量缺陷进行综合、分析,给出产品质量的整体评价,一般按照产品质量缺陷的严重程度将质量缺陷分为四级。

A 级:致命缺陷,会造成产品功能丧失,不能使用,可能会带来使用安全问题。

B 级:严重缺陷,会造成产品功能的严重下降。

C 级:一般缺陷,对产品功能影响一般。

D 级:轻微缺陷,对产品功能不产生影响。

在计算不同级别质量缺陷造成的影响时,A 级、B 级、C 级与 D 级质量缺陷加权值依次为 100 分、50 分、10 分、1 分。

(二)样本容量

在进行产品质量诊断时,需要抽查样品,如果样本容量过大,则费用太高;但若样本容量过小,样本质量情况又不能很好的代表总体产品的质量水平,因此需要对样本容量加以确定。

①当产品总体数量较大时,可以采用下式确定抽查的样本容量:

$$n = 0.008N + 2$$

②当产品总体数量较少时,可以采用下式确定抽查的样本容量:

$$n = k\sqrt{2N}$$

以上两公式中,n 为样本容量,N 为产品总量,k 为反映产品质量均匀性与复杂性的系数(见表 5－14)。

表 5－14　k 值选择

复杂性	质量均匀性	
	均匀	不均匀
简单产品	1.00	2.00
复杂产品	1.25	2.50

(三)进行诊断的时间

产品从生产到被消费者使用经历了若干环节,不同环节产品质量是有所变化的。进行产品质量诊断的最理想环节或时间当然是在消费者使用产品时,但这在实际操作中几乎是不可能的。因此,一般选择在以下环节对产品进行质量诊断:在检验员检验之后、运输到目的地、销售者拿到产品、消费者购买到产品。

(四)诊断项目的确定

在进行产品质量诊断时,要特别强调诊断的质量项目应满足用户的适用性需要。表 5－15中是某面粉企业对产品质量诊断时选择的质量项目。

表 5-15 质量诊断项目

质量诊断项目	缺陷	占总缺陷项目数的百分率(%)
色泽	偏黄	20
单位包装重量	低于规格要求	50
水分含量	超过产品规格要求	30

而通过对用户的问卷调查以及退货原因调查分析发现,消费者实际关注的质量项目如表 5-16。

表 5-16 消费者关注的质量缺陷项目

质量缺陷项目	缺陷	占总缺陷项目数的百分率(%)
色泽	偏黄	20
包装	破损	80

由以上两个表对比可以看出,进行的产品质量诊断没有起到根据产品质量、揭露主要质量缺陷的作用,这就会导致消费者对产品的满意度降低。

二、工序质量诊断

工序质量诊断是指对工序质量进行检查,评价各工序能力是否达到要求,掌握工序质量信息,寻找影响工序质量的主要因素,以便采取对策加以改进。

工序质量诊断的目的在于考核各工序或工序中影响工序质量的各种因素是否处于受控状态。这就要求:①生产过程必须按规定的标准程序进行。②随时监控质量动态,一旦发现"失控",将质量事故消除在发生之前。③一旦发生质量问题,要能够及时发现,及时纠正,不发生大量质量事故。④产品质量具备可追朔性。

在产品的生产过程中,影响工序质量的因素极其复杂,产品的最终质量受生产系统中多种因素的影响,且各种因素在不同的条件下,以不同的程度和方式影响产品的加工质量。工序质量诊断的目的就是从众多影响加工质量的因素中,找到影响加工质量的主要因素,即诊断主要的工序质量误差源。

进行工序质量误差源的诊断一般可采用以下三种方法:

一是研究某一因素对生产误差形式、性质的影响,通过理论分析计算或实验测试等方法建立工序质量误差源和生产误差之间的理论或实验关系,为寻找产生某一生产误差的主要误差源提供理论依据。这种方法是从误差源出发,分析其产生的生产误差。

二是根据生产误差的形式和表现的特征分析产生这种误差的主要原因,这种方法是从生产误差的现象出发,分析查找工序质量误差源的所在。

另外一种方法是利用专家的联想记忆功能,根据以往处理类似问题的实例,来求解新的工序质量问题。

在人类实际的质量诊断活动中，质量诊断人员是综合使用上述三种诊断方法的。

工序质量诊断的流程如图5－29所示。其中最为关键的是数据分析、知识检索和故障判定三个环节。数据分析通过对质量特征值的进一步处理，提取最能反映工序质量问题的信息；根据这些信息，从人、机、料、法、环、测(5M1E)等角度进行检索，排查质量问题的可能故障源；最后依照相关准则对质量故障源给出判定，依照判定结果结合相关知识对工序进行改进。

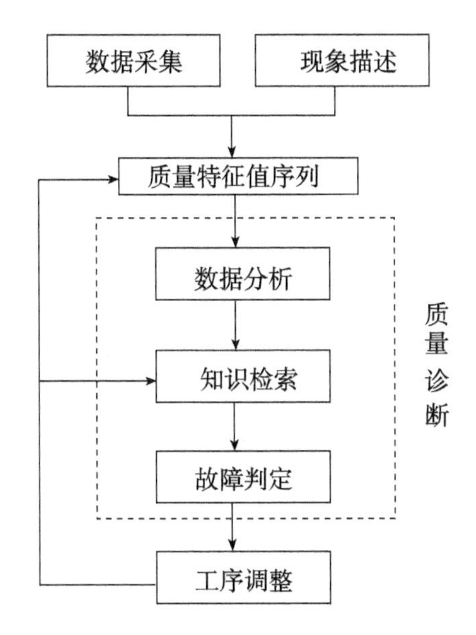

图5－29 质量诊断基本流程

三、质量体系诊断

质量体系诊断是指对质量体系各组成部分的质量职能及其工作进行审查和评价，以便确定是否能有效地实现所规定的质量目标，找出质量体系的薄弱环节，加以改进。

质量体系诊断的主要内容有：

1. 组织结构

①了解行政组织结构。②了解质量保证组织结构。③职责、权限是否文件化，是否严格执行。④职责、权限是否有职无权或有权无职。

2. 质量方针、质量目标

①有无年度(长期)质量方针、中(短)期质量目标。②质量目标是否量化，有无实施方案、计划，是否量化至每一位员工，有无考核、激励机制。

3. 人力资源管理

①人力资源管理有无长期规划；②人力资源有无系统培训方案、计划。

4. 设备(生产设备、检测设备、仪表、仪器等)管理

①设备是否得到有效控制;②有无成文设备、设备耗材、辅材购进机制;③有无成文购进后安装、调试、检测机制;④有无成文设备操作、维护、保养作业指导书;⑤有无成文设备标识系统;⑥有无成文工、装、夹具、模具、辅材等管理、控制机制。

5. 文件和资料管理

①文件和资料使用前有无审批机制;②文件和资料有无发放机制;③文件和资料有无更改机制;④文件和资料有无报废、保存、复印、使用等控制机制;⑤有无成文信息反馈机制;⑥信息收集、汇总、分析、反馈是否有效、及时、经济。

6. 物料管理

①了解仓库管理;②了解生产现场物料管理;③仓库、生产现场有无合理分区;④物资有无明确标识。

7. 生产环境管理

①有无环境要求的场合,有无成文环境管理制度(消防、人身安全、健康、工艺要求、环保等);②有无推行“5S”,是否形成素养。

8. 生产作业管理

①各部门业务流程是否文件化、标准化、具体化、规范化;②各部门开展业务是否有成文工作标准;③每一员工进行操作是否均有成文作业指导书。

9. 成本能源核算

①有无单位产品材料成本核算;②有无单位产品能耗核算。

10. 物资(原材料、工序产品、成品等)检验

①有无物资检验规程;②有无适用的检验抽样方案;③有无适用的检验报表;④有无成文的不合格物资处理机制;⑤工作品质检验;⑥有无部门、个人工作质量考核、评定机制;⑦有无改进机制、奖罚机制;⑧品管技巧的应用;⑨有无导入5S;⑩有无导入目标管理机制。

第五节 质量改进

质量改进是指通过计划、组织、分析和判断等措施消除系统性的问题,对现有的质量水平在控制的基础上加以提高,使质量达到一个新水平、新高度。

一、质量改进的原则和目的意义

质量改进的最终效果是按照比原计划目标高得多的质量水平进行工作。如此工作必然得到比原来目标高得多的产品质量。质量改进与质量控制效果不一样,但两者是紧密相关的,质量控制是质量改进的前提,质量改进是质量控制的发展方向,控制意味着维持其质量水平,改进的效果则是突破或提高。可见,质量控制是面对“今天”的要求,而质量改进是为了“明天”的需要。

进行质量改进主要源于以下两种情况：一是生产过程中有质量问题；二是为了满足消费者需求的不断提高。以上两种情况都需要进行质量改进，从而持续性地提高产品质量水平，不断降低成本。因此，可以说质量改进是一种以追求更高的过程效果和效率为目标的持续活动。

质量改进的意义体现在以下几个方面：

①质量改进有很高的投资收益率。

②可以促进新产品开发，改进产品性能，延长产品的寿命周期。

③通过对产品设计和生产工艺的改进，更加合理、有效地使用资金和技术力量，充分挖掘组织的潜力。

④提高产品的制造质量，减少不合格品的出现，实现增产增效的目的。

⑤通过提高产品的适应性，从而提高组织产品的市场竞争力。

⑥有利于发挥各部门的质量职能，提高工作质量，为产品质量提供强有力的保证。

二、质量改进的工作程序

任何一个质量改进活动都要遵循的基本过程是 PDCA 循环过程。即：计划、执行、检查、处理四个阶段，这四个阶段一个也不能少，是大环套小环不断上升的循环，大致可分为以下七个步骤完成。

1. 明确问题

企业需要改进的问题会很多，经常提到的不外乎是质量、成本、交货期、安全、激励、环境六方面。进行质量改进时通常也围绕这六方面来选，如降低不合格率、降低成本、保证交货期等。

主要活动内容：

①明确要解决的问题为什么比其他问题重要。

②问题的背景是什么，到目前为止的情况是怎样的。

③将不尽人意的结果用具体的语言表现出来，有什么损失，并具体说明希望改进到什么程度。

④选定题目和目标值如果有必要，将子题目也决定下来。

⑤正式选定任务负责人，若是小组就确定组长和组员。

⑥对改进活动的费用做出预算。

⑦拟定改进活动的时间表。

2. 掌握现状

质量改进课题确定后，就要了解把握当前问题的现状。

主要活动内容：

①抓住问题的特征，需要调查的若干要点，如时间、地点、问题的种类、问题的特征等。

②如要解决质量问题，就要从人、机、料、法、环、测量等各个不同角度进行调查。

③去现场收集数据中没有包含的信息。

3. 分析问题原因

分析问题原因是一个设立假说、验证假说的过程。

主要活动内容:

①设立假说(选择可能的原因)。

搜集关于可能原因的全部信息;

运用“掌握现状”阶段掌握的信息,消去已确认为无关的因素,重新整理剩下的因素。

②验证假说(从已设定因素中找出主要原因)。

搜集新的数据或证据,制订计划来确认原因对问题的影响;

综合全部调查到的信息,决定主要影响原因;

如条件允许,可以将问题再现一次。

4. 拟定对策并实施

主要活动内容:

①将现象的排除(应急对策)与原因的排除(永久对策)严格区分开来。

②先准备好若干对策方案,调查各自利弊,选择参加者都能接受的方案。

③实施对策。

5. 确认效果

对质量改进的效果要正确确认,错误的确认会让人误认为问题已得到解决,从而导致问题的再次发生。反之,也可能导致对质量改进的成果视而不见,从而挫伤了持续改进的积极性。

主要活动内容:

①使用同一种图表将采取对策前后的质量特性值、成本、交货期等指标进行比较。

②如果改进的目的是降低不合格品率或降低成本,则要将特性值换算成金额,并与目标值进行比较。

③如果有其他效果,不管大小都要列举出来。

6. 防止再发生和标准化

对质量改进有效的措施,要进行标准化,纳入质量文件,以防止同样的问题发生。

主要活动内容:

①为改进工作,应再次确认 5W1H,即 Why、What、Who、When、Where、How,并将其标准化,制订成工作标准。

②进行有关标准的准备及宣传。

③实施教育培训。

④建立保证严格遵守标准的质量责任制。

7. 总结

对改进效果不显著的措施及改进实施过程中出现的问题,要予以总结,为开展新一轮的质量改进活动提供依据。

主要活动内容:

①总结本次质量改进活动过程中,哪些问题得到顺利解决,哪些尚未解决。

②找出遗留问题。

③考虑为解决这些问题下一步该怎么做。

三、质量改进的策略

目前世界各国均重视质量改进的实施策略,方法各不相同。美国麻省理工学院 Robert Hayes 教授将其归纳为两种类型,一种称为“递增型”策略;另一种称为“跳跃型”策略。它们的区别在于:质量改进阶段的划分以及改进的目标效益值的确定两个方面有所不同。

递增型质量改进的特点是:改进步伐小,改进频繁。这种策略认为,最重要的是每天每月都要改进各方面的工作,即使改进的步子很微小,但可以保证无止境地改进。递增型质量改进的优点是,将质量改进列入日常的工作计划中去,保证改进工作不间断地进行。由于改进的目标不高,课题不受限制,所以具有广泛的群众基础;它的缺点是缺乏计划性,力量分散,所以不适用重大的质量改进项目。

跳跃型质量改进的特点是:两次质量改进的时间间隔较长,改进的目标值较高,而且每次改进均需投入较大的力量。这种策略认为,当客观要求需要进行质量改进时,公司或企业的领导者就要做出重要的决定,集中最佳的人力、物力和时间来从事这一工作。该策略的优点是能够迈出相当大的步子,成效较大,但不具有“经常性”的特征,难以养成在日常工作中“不断改进”的观念。

质量改进的项目是广泛的,改进的目标值的要求相差又是很悬殊的,所以很难对上述两种策略进行绝对的评价。企业要在全体人员中树立“不断改进”的思想,使质量改进具有持久的群众性,可采取递增式策略。而对于某些具有竞争性的重大质量项目,可采取跳跃式策略。

四、质量改进的支持工具和技术

在进行质量改进活动时,要以实际质量数据的分析为基础,因此需要运用一些支持工具和技术。主要分为处理数字数据的工具和处理非数字数据的工具,一般有以下一些支持性工具和技术可供选择使用(具体方法在前文已阐述)。

(1)调查表:系统地收集数据,获取对事实的明确认识;适用于非数字数据的工具和技术。

(2)分层法:将大量的有关某一特定主题的观点、意见或想法按组分类。

(3)水平对比法:把一个过程与那些公认的占领先地位的过程进行对比,以识别质量改进的机会。

(4)头脑风暴法:识别潜在的质量改进机会,提出可能的解决问题的办法。

(5)因果图:分析和表达因果关系,通过识别症状、分析原因以及寻找措施来促进问题的解决。

(6)流程图:描述现有的过程,设计新的过程。

(7)树形图:表示某一主题与其组成要求之间的关系,适用于数字数据的工具和技术。

(8)控制图:评估过程的稳定性,决定某一过程何时需要调整,确认某一过程的改进。

(9)直方图:显示数据变化的趋势,直观地传达有关过程情况的信息,决定从何处集中力量进行改进。

(10)排列图:按重要性顺序显示每一项目对总体效果的影响,分析改进的机会。

(11)散点图:显示两组数据之间的关系。

思考题:

1. 质量波动发生的原因?
2. 质量控制主要包括哪些内容?简述其工作程序。
3. 质量控制有哪些常用工具和方法?
4. 如何利用排列图找出影响质量的主要问题?
5. 直方图的制作、分析。
6. 何为工序能力、公差及工序能力指数?
7. 控制图的制作方法。

第六章　食品质量检验

第一节　质量检验基础

食品质量检验是食品质量管理的重要环节,是全面质量管理的基础。通过提高食品质量检验活动,与食品生产企业管理活动相协调,保证了从农田到餐桌的所有环节井然有序地开展。

一、食品质量检验概述

检验就是通过观察和判断,适当地结合测量、试验或估量所进行的符合性评价。

质量检验就是对产品的一个或多个质量特性进行观察、测量、试验,并将结果和规定的质量要求进行比较,以确定每项质量特性合格情况的技术性检查活动。

食品质量检验是指研究和评定食品质量及其变化的一门学科,它依据物理、化学、生物化学的一些基本理论和各种技术,按照制订的技术标准,对原料、辅助材料、成品的质量进行检测。

二、食品质量检验的基本功能

(一)鉴别功能

食品质量检验根据相关技术标准、产品配方和工艺、作业(工艺)规程或订货合同的规定,采用相应的检测方法观察、试验、测量产品的质量特性,判定产品质量是否符合规定的要求,具有鉴别功能。

(二)把关功能

质量"把关"是质量检验最重要、最基本的功能。通过严格的质量检验,剔除不合格品并予以"隔离",实现不合格的原材料不投产,不合格的产品组成部分及中间产品不转序、不放行,不合格的产品不交付,严把质量关,实现"把关"功能。

(三)预防功能

通过使用质量控制手段、过程能力的测定以及过程作业的首检与巡检使食品质量检验起到预防作用。

(四)报告功能

报告功能,即信息反馈功能。为了使相关管理部门及时掌握产品实现过程中的质量状况,评价和分析质量控制的有效性,把检验获取的数据和信息,经汇总、整理、分析后写成报告,为质量控制、质量改进、质量考核、质量监督以及管理层进行质量决策提供重要信息和依据。

报告功能主要包括原材料、辅料、半成品进货验收的质量情况和合格率;过程检验、成品检验的合格率、返修率、报废率和等级率,以及相应的废品损失金额;按产品组成部分或作业单位划分统计的合格率、返工率、报废率和等级率,以及相应的损失金额;产品不合格原因的分析;重大质量问题的调查、分析和处理意见;提高产品质量的建议。

三、食品质量检验的类型

(一)按检验体制分类

1. 自检

自检是指在产品形成过程中,操作者本人对操作过程完成的产品质量进行自我检查。通过自检,操作者可以有效地判断本过程产品质量特性与规定要求的符合程度;可以区分合格品与不合格品;了解本过程是否受控,是否需要进行作业过程调整;对能返工的不合格品自行实施返工直至合格。然而,自检一般只能做感官检查和对部分质量特性的测量,有一定的局限性。

2. 互检

在产品形成过程中,上、下相邻作业过程的操作者相互对作业过程完成的产品质量进行复核性检查。互检可以及时发现不符合操作规程的质量问题,并及时纠正和采取纠正措施,可以有效地防止自检中发生的错、漏检造成的损失。

3. 专检

专检是在产品实现过程中,专职检验人员对产品形成所需要的物料及产品形成的各过程(工序)完成的产品质量特性进行的检验。是现代化大生产劳动分工中不可替代的一部分。专检人员由生产组织专门设置的检验机构统一管理。专职检验人员熟悉产品的技术要求和质量特性、产品实现过程的作业(操作)规程、检验理论,掌握相应的检验技能,检验结果准确性、可靠性和检验的效率相对更高,检验的可靠度、权威性也更高。

自检、互检、专检“三检” 中以专检为主,自检、互检为辅;一般对采购物料、成品的检验,对产品形成过程中质量特性要求更高,检测技术复杂、操作难度较大,检测设备复杂、贵重的检验均以专检为主。产品形成过程中的一般检验可以采用自检、互检。

(二)按生产流程分类

1. 进料检验

由接收者对原材料、辅料、半成品等进行检验,进料检验包括首批检验和成批检验两种。首批检验目的是对供货单位所提供产品的质量水平进行初步了解,以便确立具体的验收标准,为今后成批产品的验收建立质量水平标准。成批检验是为了防止不符合要求的成批产品进入生产过程,从而避免打乱生产秩序和影响产品质量,对于成批大量购入的产品按重要程度分不同情况进行检验,进料检验必须在入库前及投产前进行。

2. 工序间检验

工序间检验是判断半成品能否由上一道工序转入下一道工序所进行的检验,目的是为了防止不合格品流入下道工序。工序间检验不仅要检验产品，还要检验与产品质量有关的各项因素的稳定状况(影响质量的五大要素：人、机、料、法、环)，还可以根据受检产品的质量状况对工序质量稳定状况做出分析和推断，以判定影响产品质量的因素是否处于受控状态。

工序检验特别要搞好首批检验，对生产开始时和工序要素变化后的首批产品质量进行的检验称为首批。首批检验不合格，不得继续进行成批加工。

3. 最终检验

最终检验是产品生产加工完成后所进行的检验。最终检验又叫做出厂检验，它是产品入库所进行的一次全面检查。出厂检验目的是防止不合格品入库和出厂，以保证消费者的安全健康，避免给企业的声誉带来不应有的损失和影响。

(三)按检验目的分类

1. 生产检验

由企业的质检部门按生产工艺和技术标准对原材料、半成品进行的检验。目的是使生产单位能及时发现生产中人、机、料、法、环等诸因素对产品质量的影响，以防止不合格品出厂或流入下道工序。

2. 验收检验

是买方或使用单位(用户)为了保证买到满意的产品，按照国家(国际)现行的技术标准或合同规定而进行地检验。

3. 监督检验

是由独立检测机构按质量监督管理部门制订的计划，从食品企业抽取产品，或从市场抽取商品进行检测，目的是为了对产品实施宏观监控。

4. 仲裁检验

当供需双方对产品质量发生争议时，争议双方自愿达成仲裁协议，申请仲裁机构仲裁，由仲裁机构指定的法定检测机构进行的检测。

(四)按检验地点分类

1. 固定场所检验

固定场所检验是在产品形成过程的作业场所、场地、工地设立的固定检验站(点)进行的检验活动。检验站可以设立在作业班组、工段的机群、设备较为集中之处和工地，以便于检验；也可设置在产品流水线、自动线作业过程(工序)之间或其生产终端作业班组、工段、工地。完成的中间产品、成品集中送到检验站按规定进行检验。固定检验站适用于检验仪器设备不便移动或使用较频繁的情况。固定检验站相对工作环境较好，也有利于检验工具或仪器设备的使用和管理。

2. 巡回检验

巡回检验是在作业过程中，检验人员到产品形成的作业场地、作业(操作)人员和机群处进行流动性检验。这种检验的工作范围有局限性，一般适用于检验工具比较简便，精度要求不很高的检验，适用于产品重量大，不适宜搬运的产品。

巡回检验的优点是：

(1)容易及时发现过程(工序)出现的质量问题，使作业(操作) 人员及时调整过程参数和纠正不合格，从而可预防出现成批废品。

(2)可以节省中间产品(零件)搬运和取送的工作，防止磕碰、划伤缺陷的产生。

(3)节省作业者在检验站排队等候检验的时间。

(五)按质量特性分类

1. 计量检验

计量检验就是要测量和记录质量特性的数值，并根据数值与标准对比，判断其是否合格。这种检验在工业生产中是大量而广泛存在的。计量检验的商品，应是生产企业自检合格的商品，或流通领域销售的在保质期内的商品。

2. 计数检验

计数检验是对抽样组中的每一个单位产品通过测定检测项目，确定其为合格品或不合格品，从而推断整批产品的不合格品率。计数检验的计数值质量数据不能连续取值，如不合格数、缺陷数等。

(六)按检验方法分类

1. 感官检验

感官检验是依靠人的感觉器官来对产品的质量进行评价和判断。如对食品的形状、颜色、气味、口感等，通常是依靠人的视觉、听觉、味觉、触觉和嗅觉等进行检查，并判断产品是否符合质量标准。

2. 理化检验

理化检验是借助物理、化学的方法，使用某种测量工具或仪器设备，如利用糖度计、质构仪、分光光度计等所进行的检测。

3. 微生物检测

通过检测细菌菌落总数和大肠菌群来判断食品被微生物污染的程度，从而间接判断有无传播肠道传染病的危险；并通过对常见致病菌的检测，控制病原微生物的扩散传播，保障人体健康。

(七)按检验数量分类

1. 全数检验

产品形成全过程中，对全部单一成品、中间产品的质量特性进行逐个检验称为全数检验。检验后，根据检验结果对单一产品做出合格与否的判定。全数检验又称为百分之百检验。全数检验源于工业化初期，是小规模作坊式生产中习惯采用的检验方法。这种方法尽管原始，但是可以有效地区分合格品和不合格品，防止不合格品转入下一过程(工序)或交付使用。现代工业化生产中，对生产批量很大、质量特性很重要的作业过程，都采用自动测量装置进行主动测量和监控进行全数检验，以保证最终产品的质量。

全数检验的主要优点是能提供产品完整的检验数据和较为充分、可靠的质量信息；缺点是检验的工作量相对较大，检验的周期长，需要配置的资源数量较多（人力、物力、财力），检验涉及的费用也较高，增加质量成本。

2. 抽样检验

抽样检验是按照规定的抽样方案，随机地从一批或一个过程中抽取少量个体（构成一个样本）进行的检验。其目的在于判定一批产品或一道工序是否符合要求。

抽样检验的主要优点是：相对全数检验大大节约检验工作量和检验费用，缩短检验周期，减少检验人员，特别在破坏性检验时，只能采用抽样检验的方式。主要缺点是有一定的风险。尽管由于“数理统计”理论的应用，使现代的统计抽样方法，比旧式的抽样方法（百分比抽样等）大大地提高了科学性和可靠性，但只要是抽样检验，就会有错判的概率，要得到百分之百的可靠性是不可能的。

（八）按检验次数分类

1. 一次抽样检验

根据一个检验批中一个样组的检验结果来判定该批是接受还是拒绝，一次抽样检验方案由 N、n、Ac、Re 4 个数来决定，其中 N 是批量，n 是抽出的样本量，Ac（或 c）是合格判定数，Re 是不合格判定数，（Ac、Re）为判定数组，一般 $Ac+1=Re$。

2. 二次抽样检验

首先从检验批 N 中抽取大小为 n_1 的第 1 样组，若其中的不合格品个数 d_1 小于或等于合格判定数 Ac_1，则可判定此批产品合格而予以接收；如果 d_1 大于或等于不合格判定数 Re_1（Ac_1+1），则判定此批产品不合格而拒收；若 $Ac_1<d_1<Re_1$，则继续抽取一个大小为 n_2 的第 2 样组，测得其中所含的不合格数 d_2，如果 $d_1+d_2\leqslant Ac_2$，则接收该批产品；否则，则拒收这批产品。

3. 多次抽样检验

是允许通过 3 次以上的抽样，最终对一批产品做出合格与否的判断。

（九）按检验有无破坏性划分

1. 破坏性检验

破坏性检验是指将被检样品破坏（如在样品本体上取样）后才能进行检验，或者在检验过程中，被检样品必然会损坏和消耗。进行破坏性检验后，无法实现对该样品进行重复检验，而且一般都丧失了原有的使用价值。大多数食品化学或微生物检测都属于破坏性检验。

2. 非破坏性检验

非破坏性检验是指检验后被检样品不会受到损坏，或者稍有损耗对产品质量不发生实质性影响，不影响产品的使用。非破坏性检验可实现对同一样品的重复检验。产品大量的性能检验、过程检验都是非破坏性检验。

四、食品质量检验的程序

(一)检验的准备

进行食品质量检验之前,要熟悉相关标准要求,选择检验方法,制定检验规范。首先要熟悉检验标准和技术文件规定的质量特性和具体内容,确定测量的项目和量值。因此,有时需要将质量特性转化为可直接测量的物理量;有时则要采取间接测量方法,经换算后才能得到检验需要的量值;有时则需要有标准实物样品(样板)作为比较测量的依据。要确定检验方法,选择精密度、准确度适合检验要求的计量器具和测试、试验及理化分析用的仪器设备。确定测量、试验的条件,确定检验实物的数量,对批量产品还需要确定批的抽样方案。将确定的检验方法和方案用技术文件形式做出书面规定,制定规范化的检验规程(细则)、检验指导书,或绘成图表形式的检验流程卡、工序检验卡等。在检验的准备阶段,必要时要对检验人员进行相关知识和技能的培训和考核,确认能否适应检验工作的需要。

(二)检验

按已确定的检验方法和方案,对产品质量特性进行定量或定性的观察、测量、试验,得到需要的量值和结果。测量和试验前后,检验人员要确认检验仪器设备和被检物品试样状态正常,保证测量和试验数据的正确、有效。

(三)记录

对测量的条件、测量得到的量值和观察得到的技术状态用规范化的格式和要求予以记载或描述,作为客观的质量证据保存下来。质量检验记录是证实产品质量的证据,因此数据要客观、真实,字迹要清晰、整齐,不能随意涂改,需要更改的要按规定程序和要求办理。质量检验记录不仅要记录检验数据,还要记录检验日期、班次,由检验人员签名,便于质量追溯,明确质量责任。

(四)比较和判断

由专职人员将检验的结果与规定要求进行对照比较,确定每一项质量特性是否符合规定要求,从而判定被检验的产品是否合格。

(五)确认和处置

检验有关人员对检验的记录和判定的结果进行签字确认。对产品(单件或批)是否可以“接收”、“放行”做出处置。对合格品准予放行,并及时转入下一作业过程(工序)或准予入库、交付。对不合格品,按其程度分别做出返修、返工、让步接收或报废处置。对批量产品,根据产品批质量情况和检验判定结果分别做出接收、拒收、复检处置。

五、食品质量检验的标准

食品质量检验就是依据一系列不同的标准,对食品质量进行检测、分析和评价。国内外不同机构、不同部门颁布的标准很多,食品企业可根据自己的产品种类、特性、销售区域选择执行。我国食品企业常参照的标准类型有国际标准、国家标准、行业标准、地方标准和企业标准5级。

食品质量标准是规定食品质量特性应达到的技术要求，是食品生产、检验和评定质量水平的技术依据，其主要内容包括食品安全标准、食品产品标准及其他标准。

（一）食品安全标准

我国的食品安全标准是依据《中华人民共和国食品安全法》等法规，由国务院卫生行政部门制定并予以颁布的。食品安全标准主要包括感官指标、理化指标和微生物指标三部分，并规定了各种指标的检验方法。

1. 感官指标

感官指标主要对食品的色泽、气味或滋味、组织状态等感官性状做了明确的规定。如GB/T 23493—2009《中式香肠》中规定产品色泽应具有红色、枣红色、脂肪呈乳白色，外表有光泽；具有中式香肠（腊肠）固有的风味；滋味鲜美，咸甜适中；外形完整，均匀，表面干爽呈现收缩后的自然皱纹。

2. 理化指标

理化指标是保证食品安全性的重要指标，对食品中可能对人体造成危害的金属离子（如锡、铅、铜、汞等）、可能存在的农药残留、有害物质（如黄曲霉素数量）及放射性物质等做了明确的量化规定。如GB/T 23493—2009《中式香肠》中规定氯化物（以NaCl）含量≤8 g/100 g，当然不同的食品标准根据食品的特点有不同的理化指标要求，如固形物含量、Nacl含量、蛋白质含量、总糖含量等。

3. 微生物指标

微生物指标主要包括菌落总数、大肠菌群和致病菌三部分，对有些食品还规定了霉菌指标。如GB 19644—2010《食品安全国家标准　乳粉》中规定菌落总数、大肠菌群、致病菌（金黄色葡萄球菌、沙门菌）等。

（二）食品产品标准

食品产品标准有国家标准、行业标准、地方标准及企业标准。各级标准的内容、格式等都遵循GB/T 1.1—2009的统一规定，对食品产品在范围、引用标准、相关定义、技术要求、检验方法、检验规则、标志包装、运输和贮存等方面做出明确规定。

食品产品标准的核心部分是技术要求，它包括对原辅材料、感官指标、理化指标、微生物指标等方面的要求，是决定产品质量和使用性能的主要指标，是进行质量检验的主要依据。

检验方法与检验规则是食品产品标准中两项不同内容。食品卫生检验方法已作为国家标准颁布实施，应在充分理解的情况下应用。检验规则包括检验分类、抽样方法和判定规则等，只有科学、合理才能正常评价检验结果。

（三）其他标准

食品工业基础及相关标准、食品包装材料及容器标准、食品添加剂标准、食品检验方法标准等。食品检验方法标准主要规定检测方法的操作过程、使用的仪器及化学试剂等。

第二节 食品质量检验的主要方法

一、感官检验

食品感官评价是用于唤起、测量、分析和解释通过视觉、嗅觉、味觉、触觉和听觉等感受食品及其材料的特性所引起的反应的一种科学方法。

感官检测是食品检测的重要方法之一，它快速、灵敏、简便、易行。感官检测不仅对食品感官性状宏观上出现的异常能直接观察出来，特别是通过人的感官器官，如嗅觉、味觉等能给出应有的鉴别。例如，食品中混有杂质、异物，发生霉变、沉淀等不良变化时，人们能够直接地鉴别出来，而不需要再进行其他的检验分析。特别是当食品的感官性状只发生微小变化，甚至这种变化轻微到有些仪器都难以准确发现时，通过人的感觉器官，如嗅觉器官、味觉器官等都能给予应有的鉴别。可见，食品的感官质量鉴别有着理化和微生物检验方法所不能替代的优越性。在判断食品的质量时，感官指标往往具有否决性，即如果某一产品的感官指标不合格，则不必进行其他的理化分析与卫生检验，直接判该产品为不合格品。在此种意义上，感官指标享有一定的优先权。

由于食品的感官性状变化程度很难具体衡量，同时由于鉴别者客观条件不同及主观态度各异，尤其在对食品感官性状的鉴别判断有争议时，往往难以下结论。因此，在需要借助感官鉴别方法来裁定食品的优劣时，如评比名优食品等，通常邀请对食品性状熟悉、感觉器官正常、无不良嗜好、有鉴别经验的人员进行，以减少个人的主观性和片面性。而对食品品质的评价，在感官检测不能做出判断时，则需结合理化检测和微生物检测的结论做出判断。

（一）感官检验的方法

食品感官检验的方法很多。在选择适宜的检验方法之前，首先要明确检验的目的、要求等。根据检验的目的、要求及统计方法的不同，常用的感官检验方法可以分为三类：差别检验法、类别检验法、描述检验法。

1. 差别检验

差别检验的目的是要求评价员对两个或两个以上的样品，做出是否存在感官差别的结论。差别检验的结果，是以做出不同结论的评价员的数量及检验次数为基础，进行概率统计分析。常用方法有：两点检验法、三点检验法、“A－非 A”检验法、五中取二检验法、选择检验法等。

2. 类别检验

类别检验中，要求评价员对两个以上的样品进行评价，判定出哪个样品好，哪个样品差，以及它们之间的差异大小和差异方向，通过实验可得出样品间差异的排序和大小，或者样品应归属的类别或等级，选择何种方法解释数据，取决于实验的目的及样品数量。常用方法有：分类检验法、排序检验法、评分检验法、评估检验法。

3. 描述检验

描述检验是评价员对产品的所有品质特性进行定性、定量的分析及描述评价。它要求评价产品的所有感官特性，因此要求评价员除具备人体感知食品品质特性和次序的能力外，还要具备用适当和准确的词语描述食品品质特性及其在食品中的实质含义的能力，以及总体印象、总体特性强度和总体差异分析的能力。通常是可依定性或定量而分为简单描述性检验法和定量描述性检验法。

（二）感官检验的要求

1. 实验室要求

感官检验应在专门的实验室进行，以提供评价员一个不受干扰的工作环境。感官检验实验室与样品制备室分开，避免评价员见到样品的准备过程。实验室应无异味，保持一定温度和湿度，限制音响，空间大小适宜，控制光的强度和色调。为避免评价员之间相互干扰，可分隔成隔档。良好的工作环境，可减少无关变量的影响，提高检测的效率和准确性。

2. 评价员要求

（1）评价员的基本要求。

身体健康，感觉器官无缺陷；无不良嗜好、偏食和变态反应；对色、香、味、形有较强的分辨力和较高的灵敏度；有必要的食品知识和经验；对感觉内容有准确的表达能力。

（2）评价员的选择与培训。

评价员分为初级评价员、优选评价员和专家。具有一般感官分析能力的评价员为初级评价员；有较高感官分析能力的评价员为优选评价员；对某种产品具有丰富经验、能独立进行该项产品感官分析的优选评价员为专家。

选择评价员应着重候选人的感觉能力和判断能力。对具备条件者，还需进行必要的培训以：①提高和稳定感官评价人员的感官灵敏度；②降低感官评价人员之间及感官评价结果之间的偏差；③降低外界因素对评价结果的影响。

（3）评价员的数量。

评价员的数量视检测要求的准确性、检测方法和评价员水平等因素而定。一般地，要求评价的准确性高、评价方法功效优，若评价员水平低，需要的评价员数量就较多。GB 10220—2012《感官分析方法总论》对不同检测方法评价员的最少数量作了规定。

3. 样品制备

感官检验宜在饭后 2 ~ 3 h 内进行，避免过饱或饥饿状态。要求评价员在检验前 0.5 h 内不得吸烟，不得吃刺激性强的食物。同时在样品准备时应注意以下几点：

（1）样品数量。

每种样品应该有足够的数量，保证有三次以上的品尝次数，以提高结果的可靠性。

（2）样品温度。

在食品感官鉴评实验中，样品的温度是一个值得考虑的因素，只有以恒定和适当的温度提供样品才能获得稳定的结果。

(3)器皿。

食品感官评定实验所用器皿应符合实验要求,同一实验内所用器皿最好外形、颜色和大小相同。器皿本身应无气味或异味。通常采用玻璃或陶瓷器皿比较适宜,但清洗麻烦。也有采用一次性塑料或纸塑杯、盘作为感官评价实验用器皿。

(4)编号。

所有呈送给评价员的样品都应适当编号,以免给评价员任何相关信息。样品编号工作应由试验组织者或样品制备工作人员进行,试验前不能告知评价员编号的含义或给予任何暗示。可以用数字、拉丁字母或字母和数字结合的方式对样品进行编号。用数字编号时,最好采用从随机数表上选择三位数的随机数字。用字母编号时,则应该避免按字母顺序编号或选择喜好感较强的字母(最常用字母、相邻字母、字母表中开头语结尾的字母等)进行编号。同次实验中所用编号位数应相同。同一个样品应编几个不同号码,保证每个评价员所拿到的样品编号不重复。

(5)样品的摆放顺序。

呈送给评价员的样品的摆放顺序也会对感官评定实验(尤其是评分法和顺位法)结果产生影响。这种影响涉及两个方面:一是在比较两个与客观顺序无关的刺激时,常常会过高地评价最初的刺激弱化第二次刺激,造成所谓的第一类误差或第二类误差;二是在评价员较难判断样品间差别时,往往会多次选择在特点位置上的样品。另外,还应为评价人员准备一杯温水,用于漱口,以便除去口中样品的余味,然后再接着品尝下一个样品。

二、理化检验

食品理化检验是依据物理、化学、生物化学等一些基本原理,运用各种科学技术,按照制定的技术标准,对食品的原料、辅料、半成品及成品的质量进行检测,从而研究和评定食品品质及其变化,并保障食品安全的一门科学。

(一)理化检验的方法

食品理化检测方法主要有物理分析法、化学分析法、仪器分析法。

1. 物理分析法

食品的物理分析法是食品理化检测中的重要组成部分。它是利用食品的某些物理特性,应用如比重法、折光法、旋光法等方法,来评定食品品质及其变化的一门科学。食品物理分析法具有操作简单,方便快捷,适用于生产现场等特点。

2. 化学分析法

化学分析法是以物质的化学反应为基础的分析方法。有时为了保证仪器分析方法的准确度和精密度,往往用化学分析方法的测定结果进行对照。

3. 仪器分析法

仪器分析法是目前发展较快的分析技术,它是以物质的物理、化学性质为基础的分析方法。它具有分析速度快、一次可测定多种组分、减少人为误差、自动化程度高等特点。目前已有多种专用的自动测定仪。如对蛋白质、脂肪、糖、纤维、水分等的测定有专用的红外自动测定仪;用于牛奶中脂肪、蛋白质、乳糖等多组分测定的全自动牛奶分析仪和氨基酸自动分析仪;用于金属元素测定的原子吸收分光光度计;用于多种维生素测定的高效液相色谱仪等。

(二)理化检验的基本程序

食品种类繁多,成分复杂,来源不一,进行理化检验的目的、项目、要求也不尽相同,尽管如此,不论什么食品,只要进行理化检验,都必须按照一个共同的程序进行。食品理化检验的基本程序包括:样品的采集、保存、制备、预处理、检测、数据处理、报告。

1. 样品的采集和保存

(1)样品的采集。

食品理化检验的首项工作就是从大量的分析对象中抽取一部分分析材料供分析化验用,这些分析材料即样品。这项工作称为样品的采集,又叫采样。样品可分为检样、原始样和平均样。检样指从分析对象的各个部分采集的少量物质;原始样是把许多份检样综合在一起;平均样指原始样经处理后,再采取其中一部分供分析检验用的样品称为平均样。

采样时进行食品卫生质量鉴定以及营养成分分析,是进行食品卫生与营养指导、监督、管理和科学研究的重要依据和手段,是食品理化检验的最基础工作,是食品检验分析中重要环节的第一步。

一般采样时应遵循两个原则:第一,所采用的样品对总体应该具有充分的代表性。能反映全部被检查食品的组成、质量和卫生状况;第二,采样过程中要确保原有的理化性状。防止成分的损失、或样品污染。

(2)样品的保存。

采样后应尽快进行检验,尽量减少保存时间,以防止其中水分或挥发性物质的散失以及其他待测成分的变化。样品的任何变化都能对检验结果的正确性产生影响。由于食品本身的成分易变不稳定,容易发生自然变化,尤其是动物性食品营养丰富,富含水分,易受微生物的侵袭和环境影响,致使有关成分发生变化,造成检验失误。另外,采样操作经历了切割粉碎和混匀等过程,加快了食品样品的变化速度。因此,必须防止食品样品的任何变化,高度重视检验样品的保存。

2. 样品的制备和预处理

(1)样品的制备。

样品制备的目的就是保证样品十分均匀,分析时取任何部分都具有代表性,样品的制备必须考虑到在不破坏待测成分的条件下进行。必须先去除不可食部分。为了得到具有代表性的均匀样品,必须根据水分含量、物理性质和不破坏待测组分等要求采集试样。采集的试样还需经过粉碎、过筛、磨均、溶于溶液等步骤,进行样品准备。

用于食品分析的样品量通常不足几十克。可在现场进行样品的缩分。缩分干燥的颗粒状及粉末状样品,最好使用圆锥四分法(图 6-1)。圆锥四分法是把样品充分混合后堆砌成圆锥体，再把圆锥体压成扁平的圆形，中心划两条垂直交叉的直线，分成对称的四等份；弃去对角的两个四分之一圆，再混合，反复用四分法缩分，直到留下合适的数量作为“检验样品”。

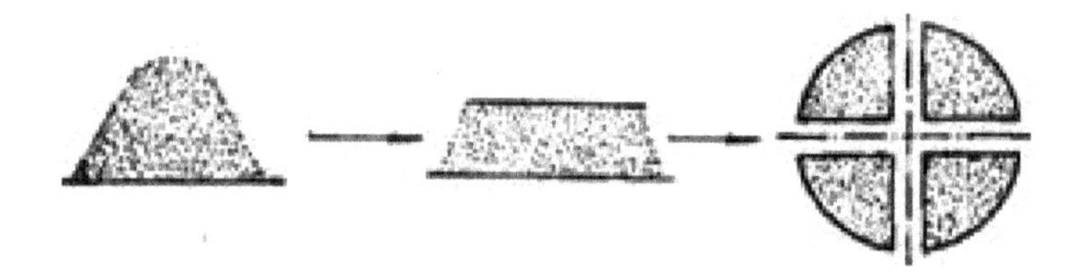

图6－1　圆锥四分法

（2）样品处理。

食品的组成是复杂的，在分析过程中各成分之间常常产生干扰；或者被测物质含量甚微，难以检出，因此在测定前需进行样品处理，以消除干扰成分或进行分离、浓缩。样品处理过程中，既要排出干扰因素，又不能损失被测物质，而且使被测物质达到浓缩，以满足分析化验的要求，保证测定获得理想的结果，因此，样品处理在食品理化检验工作中占有重要的地位。

3. 检验测定

食品理化检验的目的就是根据测定的分析数据对被检食品的品质和质量做出正确客观的判断和评定，为此，检验测定的过程中，必须实现全面质量控制程序。

（1）理化检验方法的选择。

食品理化检验方法的选择是质量控制程序的关键之一，选择的原则是：精密度高、重复性好、判断准确、结果可靠。在此前提下根据具体情况选用仪器灵敏、试剂低廉、操作简便、省时省力的分析方法，应以GB 5009—2016食品安全国家标准为仲裁法。

（2）食品检测仪器的选择及校正。

食品理化检验工作中分析仪器的规格与校正对质量控制也是十分重要的，必须慎重选择，认真校正、照章操作。因为食品中有些成分含量甚微，如黄曲霉毒素。因此，检测仪器的灵敏度必须达到同步档次，否则将难以保证检测质量。购置、使用有关检测仪器时切勿主观盲目。

（3）试剂、标准品、器具和水质标准的选择。

食品理化检验所需的试剂和标准品以优级纯或分析纯为主，必须保证纯度和质量。所需的量器（滴定管、容量瓶等）必须校准，容器和其他器具也必须洁净并符合质量要求。检验用水在没有注明其他要求时，是指其纯度能够满足分析要求的蒸馏水或去离子水。

4. 数据处理

通过测定工作获得一系列有关分析数据以后，需按以下原则记录、运算和处理。

（1）记录。

食品理化检验中直接或间接测定的量均用有效数字表示，在测定值中只保留最后一位可疑数字,记录数据反映了检验测定量的可靠程度。有效数的位数与方法中测量仪器精度最低的有效数位数相同,并决定报告的测定值的有效数的位数。

(2)运算。

食品理化检验中的数据计算均按有效数字计算法则进行。除有特殊规定外,一般可疑数字为最后一位有 ±1 个单位的误差。一般测定值的有效数的位数应能满足卫生标准的要求,甚至高于卫生标准,报告结果应比卫生标准多一位有效数。复杂运算时,其中间过程可多保留一位,最后结果按有效数字的运算法则留取应有的位数。

(3)计算及标准曲线的绘制。

食品理化检验中多次测定的数据均应按统计学方法计算其算术平均值、标准偏差、相对标准差、变异系数。同时用直线回归方程式计算结果并绘制标准曲线。

(4)回收率。

食品理化检验工作中常采用回收率试验以消除测定方法中的系统误差。回收试验中,某一稳定样品中加入不同水平已知量的标准物质(将标准物质的量作为真值)称为加标样品。同时测定加标样品和样品,可按下列公式计算出加入标准物质的回收率。

$$P = \frac{X_1 - X_0}{m} \times 100\%$$

式中,P 为加入的标准物质的回收率;m 为加入标准物质的量;X_1 为加标样品的测定值;X_0 为样品的测定值。

(5)检验结果的表示方法。

检验结果的表示方法应与食品卫生标准的表示方法一致。如毫克百分含量(mg/100 g):即每 100 g 或 100 mL 样品中所含被测物质的毫克数。

5. 检验报告

食品理化检验的最后一项工作是写出检验报告,写检验报告时应该做到:实事求是、真实无误;按照国家标准进行公正仲裁;认真负责签字盖章。

三、微生物检验

食品微生物检测就是应用微生物学的理论与方法,研究外界环境和食品中微生物的种类、数量、性质、活动规律、对人和动物健康的影响及其检测方法与指标的一门学科。食品微生物检测是食品检测、食品加工以及公共卫生方面的从业人员必须熟悉和掌握的专业知识之一。

食品的微生物危害与食品生产所用的原辅料、生产环境、加工过程、贮藏和销售条件以及从业人员的卫生状况等密切关系,如果卫生状况好,食品的微生物污染就较轻,其危害可以降低到最低程度;如果卫生状况不好,食品的微生物污染就严重,其危害就较大。因此,为了保证食品质量和安全,食品微生物检测的范围包括:生产环境的检测,包括车间用水、空气、地面、墙壁等;原辅料的检测,包括食用动物、谷物、添加剂等一切原辅材料;食品加工过程、贮藏、销售诸环节的检测,包括食品从业人员的卫生状况检测、加工工具等;食品的检测,重要的是对出厂食品、可疑食品及食物中毒食品的检测。

(一)微生物检验指标

食品微生物检测指标是根据食品卫生要求、从微生物学的角度对不同的食品所提出的具体指标要求。我国卫生部颁布的食品微生物学检验指标主要有菌落总数、大肠菌群、致病菌、真菌及其毒素以及其他指标。

1. 菌落总数

菌落总数是指食品检样经过处理,在一定条件下培养后所得1g或1mL检样中所含细菌菌落的总数。它可以反映食品的新鲜度、被细菌污染的程度、食品生产的一般卫生状况以及食品是否腐败变质等。因此,它是判断食品卫生质量的重要依据之一。

2. 大肠菌群数

大肠菌群包括大肠杆菌和产气杆菌的一些中间类型的细菌。这些细菌是人和温血动物肠道内的常居菌,随大便排出体外。如果食品中大肠菌群数越多,说明食品受粪便污染的程度越大。故以大肠菌群作为粪便污染食品的卫生指标来评价食品的卫生质量,具有广泛的意义。

3. 致病菌数

能够引起人们发病的细菌。对不同食品和不同场合,应选择不同的参考菌群进行检测。例如,海产品以副溶血性弧菌作为参考菌群;蛋与蛋制品以沙门菌、金黄色葡萄球菌、变形杆菌等作为参考菌群;米、面类食品以蜡样芽孢杆菌、变形杆菌、霉菌等作为参考菌群;罐头食品以耐热性芽孢菌作为参考菌群等。

4. 真菌及其毒素

霉菌和酵母菌虽然是食品加工中的常用菌,但在某些情况下,霉菌和酵母菌可使一些食品失去原有的色、香、味,造成食品腐败变质。因此,我国制订了一些食品中霉菌和酵母菌的限量标准,并以单位食品中霉菌和酵母菌数来判定食品被污染的程度。

还有少数霉菌污染食品不仅可造成食品腐败变质,还可产生毒素,引起人类和动物的急性或慢性中毒,尤其是20世纪60年代发现强致癌的黄曲霉毒素以来,世界各国对真菌毒素的污染问题日益关注和重视。先后制订了各种真菌毒素的限量标准,以保护消费者的身体健康及农业、畜牧业的健康发展。我国也制定了一些食品的真菌毒素限量标准,如黄曲霉毒素等。

5. 其他指标

(二)微生物检验的基本程序

1. 样品采集

在食品的检验中,样品的采集是极为重要的一个步骤。根据检验目的、食品特点、批量、检验方法、微生物的危害程度等确定采样方案。应采用随机原则进行采样,确保所采集的样品具有代表性。采样过程遵循无菌操作程序,防止一切可能的外来污染。样品在保存和运输的过程中,应采取必要的措施防止样品中原有微生物的数量变化,保持样品的原有状态。

2. 样品送检

采样后,应将样品在接近原有贮存温度条件下尽快送往实验室检验。运输时应保持样品完整。如不能及时运送,应在接近原有贮存温度条件下贮存。

3. 样品预处理

实验室接到送检样品后应认真核对登记,确保样品的相关信息完整并符合检验要求。实验室应按要求尽快检验。若不能及时检验,应采取必要的措施保持样品的原有状态,防止样品中目标微生物因客观条件的干扰而发生变化。冷冻食品应在45℃以下不超过15min,或2~5℃不超过18 h解冻后进行检验检验测定。

4. 送样检测

微生物的检测标准包括国际标准、国外发达国家标准、国家标准、行业标准、地方标准和企业标准,具体采用什么标准检测,要根据企业、顾客、国家法规的要求来选择。食品微生物检验方法标准中对同一检验项目有两个及两个以上定性检验方法时,应以常规培养方法为基准方法。食品微生物检验方法标准中对同一检验项目有两个及两个以上定量检验方法时,应以平板计数法为基准方法。

按照标准操作规程进行检验操作,边工作边做原始记录;检测结束,连同结果一起交同条线技术人员复核。复核过程中发现错误,复核人应通知检测更正,然后重新复核。检测人和复核人在原始记录上签名,并编写"检测报告底稿"。所有检测项目完成后,检测人员将原始记录、样品卡、报告书底稿交科主任全面校核。

5. 检验报告

样品检测后及时出具报告。经审核后的报告底稿、样品卡、原始记录,上交打印正式报告两份。将报告正本交审核人及批准人签名,并在报告书上盖上"检验专用章"CMA章和中心公章后对外发文。收文科室或收文人要在检测申请书上收件人一栏内签字,以示收到该报告的正式文本。在报告正式文本发出前,任何有关检测的数据、结果、原始记录都不得外传,否则作为违反保密制度论处。检验结果报告后,被检样品方能处理。检出致病菌的样品要经过无害化处理。检验结果报告后,剩余样品或同批样品不进行微生物项目的复检。

四、抽样检验

抽样检验是按数理统计的方法,从一批待检产品中随机抽取一定数量的样本,并对样本进行全数检验,再根据样本的检验结果来判定整批产品的质量状况并做出接收或拒收的结论。因此,抽样检验就是用统计的方法规定样本量与接受准则的一个具体方案。抽样检验具有以下的特点。

优点:检验量少,检验费用低;所需检验人员较少,管理不复杂,有利于集中精力,抓好关键质量;适用于破坏性检验;由于是逐批判定,对供货方提供的产品可能是成批拒收,这样能够起到刺激供货方加强质量管理的作用。

缺点:经抽样检验合格的产品批中,容易混杂一定数量的不合格品;抽样检验存在着一定的错判风险,但风险的大小可以根据需要加以控制;抽样检验前要设计抽样检验方案,增加了计划工作和文件编制工作量;抽样检验所提供的质量情报比全数检验少。

(一)常用的抽样检验方案

抽样检验方案很多。按产品特性值分,有计数抽样检验方案和计量抽样检验方案;按抽取样本的次数分,有1次抽样、2次抽样、多次抽样以及序贯抽样。一般对食品成批产品抽样检验时,常常采用计数检验方法。只对那些质量不易过关,需做破坏性检验(如品评),以及检验费用极大的检验项目,由于希望尽量减少检验量,才采用计量检验法。无论是哪类抽样检验,最终目的都是要推断产品检验批的质量,而这种质量一般是以产品不合格品率来表示的。

1. 抽样方案的方法

如一次抽样方案(N,n,Ac,Re),二次抽样方案$(N,n_1,n_2,Ac_1,Ac_2,Re_1,Re_2)$,通式为$(N,n_1,n_2,\cdots,n_i,Ac_1,Ac_2,\cdots,Ac_i,Re_1,Re_2,\cdots,Re_i)$,其中$N$为某批产品数量,$n$为抽样量,$Ac_i$为第$i$次抽样的合格判定数,$Re_i$为第$i$次的不合格判定数。

2. 基本原理

若选择的抽样方案为$(N,n_1,n_2,\cdots,n_i,Ac_1,Ac_2,\cdots,Ac_i,Re_1,Re_2,\cdots,Re_i)$,其操作程序如图6-2。

第一次抽样检验时:样本量为n_1,检验出的不合格品数为d_1,若有$d_1 \leqslant Ac_1$,则判定该批产品合格;若有$d_1 \geqslant Re_1$,则判定该批产品不合格;若有$Ac_1 < d_1 < Re_1$,则不能判定该批产品合格或不合格,须要进行第二次抽样检验。

第二次抽样检验时:样本量为n_2,检验出的不合格品数为d_2,若有$d_1 + d_2 \leqslant Ac_2$,则判定该批产品合格;若有$d_1 + d_2 \geqslant Re_2$,则判定该批产品不合格;若有$Ac_2 < d_1 + d_2 < Re_2$,则不能判定该批产品合格或不合格,须要进行第三次抽样检验。

第三次抽样检验时:样本量为n_3,检验出的不合格品数为d_3,若有$d_1 + d_2 + d_3 \leqslant Ac_3$,则判定该批产品合格;若有$d_1 + d_2 + d_3 \geqslant Re_3$,则判定该批产品不合格;若有$Ac_3 < d_1 + d_2 + d_3 < Re_3$,则不能判定该批产品合格或不合格,须要进行第四次抽样检验。

依次类推,直到第i次抽样检验时,只存在$d_1 + d_2 + d_3 + \cdots + d_i \leqslant Ac_i$或$d_1 + d_2 + d_3 + \cdots + d_i \geqslant Re_i$两种情况,即能判定该批产品为合格与否,而不存在$Ac_i < d_1 + d_2 + d_3 + \cdots + d_i < Re_i$情况时,抽样检验完成。对于抽样检验方案为$(N,n_1,n_2,\cdots,n_i,Ac_1,Ac_2,\cdots,Ac_i,Re_1,Re_2,\cdots,Re_i)$的抽样检验,有$Re_{(i-1)} > Ac_{(i-1)} + 1$,且有$Re_i = Ac_i + 1$。

(二)抽样检验方案的特性曲线

对于具有不同的不合格率P的检验批,在抽验中,都可以求出相应的接受概率$L(P)$。如果以P为横坐标,以$L(P)$为纵坐标,根据$L(P)$和P的函数关系,可以作出1条曲线,这条曲线就是这一抽样检验方案的操作特性曲线，简称 OC 曲线（如图 6－3）。OC 曲线表示了一个抽样方案对一个产品的批质量的辨别能力。

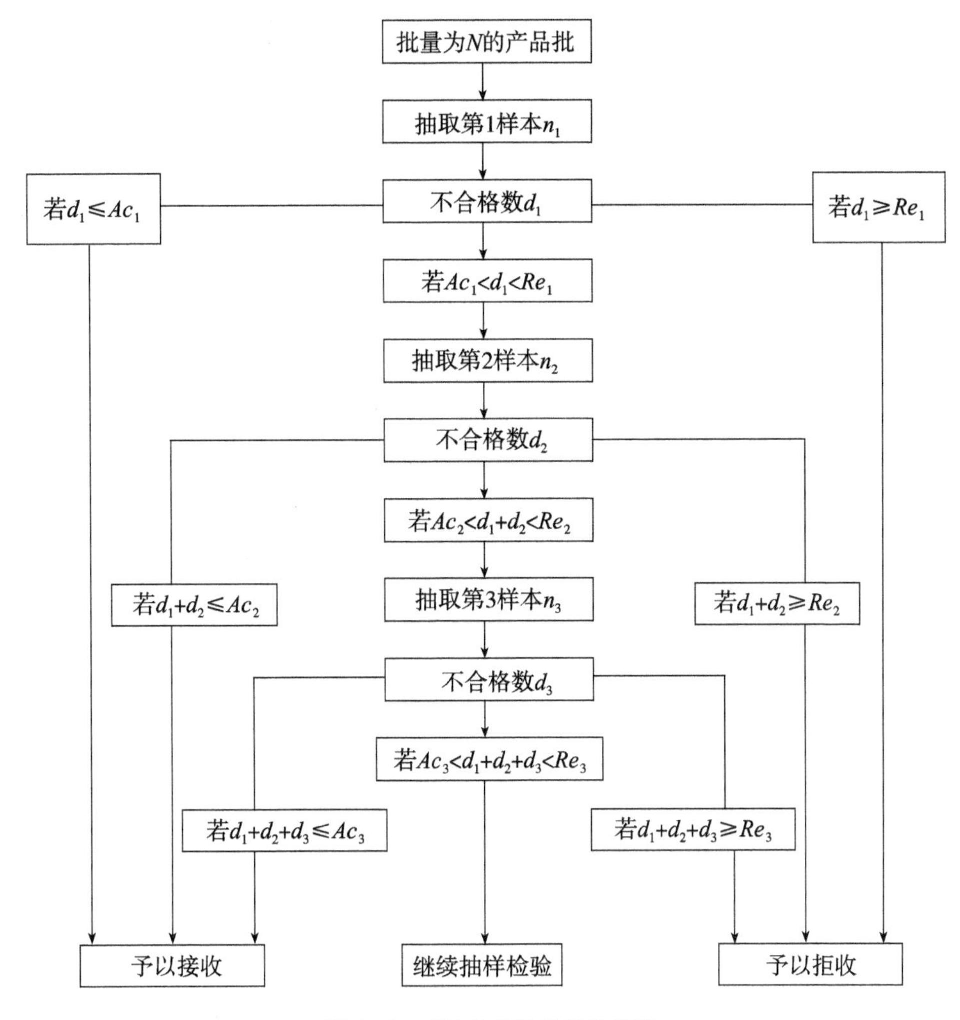

图 6－2　多次抽样检验操作程序

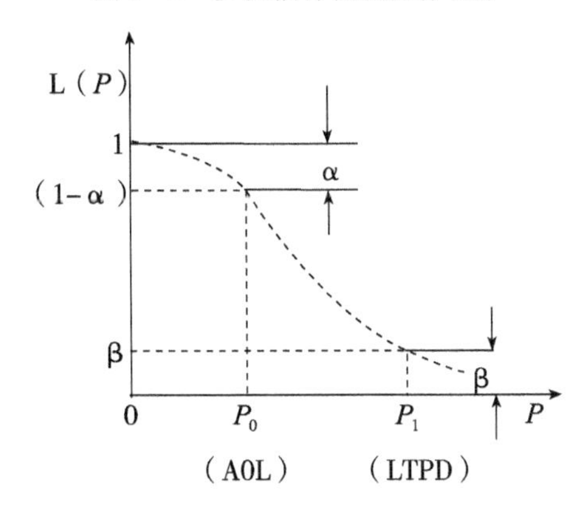

图 6－3　理想的 OC 曲线

当批的不合格品率 P 不超过规定的数值 P_0 时,这批产品是合格的。当 $P>P_0$ 时,该批产品是不合格的。因此,一个理想的抽检方案应当满足:当 $P\leqslant P_0$ 时,接收概率等于1;当 $P>P_0$ 时,接收概率等于0。事实上,这种OC曲线在实际中是不存在的,因为即使采用全检,也难免出现错检和漏检。在实际中得到的OC曲线的形状是介于理想OC曲线与线性OC曲线之间的,在设计抽样方案时,应力求使OC曲线的形状接近其理想形状。

事实上,一个实际好的OC曲线形状应具有以下特点:当这批产质量量较好时,如 $P\leqslant P_0$ 时,应以高概率判定它合格;当这批产质量量较差时,且已超过某个规定的界限,如 $P\geqslant P_1$ 时,应以高概率判定它不合格;当产质量量在 P_0 和 P_1 之间时,接收概率应减小。

在实际操作中,一般在供货合同中规定两个指标 P_0 与 $P_1(P_0<P_1)$:

P_0:合格批不合格品率的接收上限,当 $P\leqslant P_0$ 时,产品批以尽可能高的概率接收;

P_1:不合格批的批不合格品率的拒绝下限,当 $P\geqslant P_1$,产品批以尽可能高的概率拒收。

在抽样检验中,虽然是 $P\leqslant P_0$ 的合格批,但在抽样检验中只能要求以高概率接受,而实际上不可能百分之百接受,还有可能被判为不合格批被拒收。同样,尽管是 $P\geqslant P_1$ 的不合格批,也不可能百分之百被拒收,还有可能被判为合格而予以接收。所以,在实际抽样检验中存在两种错误,第一种是将合格批判为不合格批而拒收的错误。这种错误对生产者不利,通常把第一种错误的概率称为生产者风险概率(α)。第二种错误是将不合格批判为合格而接收的错误,这种错误对消费者不利,通常把第二种错误的概率称为消费者风险概率(β)。α 与 β 是客观存在的,不可避免的,但可采取措施加以控制。

对于特定的抽样检验方案(N,n,Ac),其参数 N、n、Ac 的变化对OC曲线有直接影响,具体表现为:

(1)当 $n\approx N$,且 Ac 适当,则OC曲线接近于理想曲线,这在实际抽样检验中无意义。

(2)Ac 一定时,n 增大,OC曲线会左移。此时,α 增大,β 减小,曲线斜率增大,形成拐点,它表示方案的鉴别能力提高。

(3)n 一定时,Ac 增大,OC曲线会右移,标志着方案趋向质量放宽。

(4)OC曲线的曲率越大,表明它对质量变化的反应越敏感,所代表的抽样检验方案越严,对批质量水平的鉴别能力越强。

(5)在特定的抽验方案中,N 对OC曲线的影响非常小。对于稳定的生产工序,可将检验批的 N 加大,以便在同样风险率的情况下,相对减少检验量,降低检验成本。

五、计数统计检验

(一)计数标准型1次抽样检验方案

当检验批量 N 确定时,同时减小两种错判概率的唯一办法是增加抽检的样本量 n,但这会使检验成本增加,一般是不可行的。通常生产与消费者都要承担一定的风险,风险大小需要双方协商决定,常采取的办法是:对于高质量产品(P 较小),使用方应以高概率接收,这可以保护厂方利益;对于低质量产品(P 较大),使用方应以低概率接收,这可以保护使用方利益。

所谓高质量的产品是指不合格品率 P 小于双方商定的为合格质量水平(AQL)P_0时的产品。对计件产品来讲,当不合格品率 $P \leqslant P_0$时,认为是高质量的产品,这时接收概率 L(P)要大,例如可要求 $L(P) \geqslant 1-\alpha$,其中 α 也要双方商定,一般取 0.01、0.05、0.1。

所谓低质量的产品是指不合格率大于极限质量水平 P_1($P_1 > P_0$)时的产品。对计件产品来讲,当不合格品率 $P \geqslant P_1$时,认为是低质量的产品,这时接收概率 L(P)要小,例如可要求 $L(P) \leqslant \beta$,其中 β 也要双方商定,一般取 0.05、0.10、0.20。

综上即要求

$$\begin{cases} L(P) \geqslant 1-\alpha, P \leqslant P_0 \\ L(P) \leqslant \beta, \quad P \geqslant P_0 \end{cases}$$

由于 L(P)是 P 的减函数,故只要在 $P=P_0$与 $P=P_1$两点上达到要求即可:$L(P_0)=1-\alpha$,$L(P_1) \leqslant \beta$。

由上可知,在制定计数标准型 1 次抽样检验方案时,需要事先给定 4 个值:生产方风险 α、使用方风险 β、双方可以接受的合格质量水平 P_0与极限质量水平 P_1,按接受概率的要求,从下面 2 个式子中解出(n,Ac)

$$\begin{cases} L(P_0)=1-\alpha \\ L(P_1)=\beta \end{cases}$$

$\alpha=0.05$、$\beta=0.10$ 情况下的计数标准型 1 次抽样方案,在实际使用中我们只要查表就可以得到所要的抽样检验方案。使用该表的关键在于熟悉 4 个参数 P_0、P_1、α 和 β 的意义。

(二)计数调整型抽样方案

国家标准 GB 2828—2012 中给出了逐批检查计数抽样程序及抽样表(适用于连续批的检查),它是一个调整型计数抽样系统,由一组严格度不同的 AQL 抽样检验方案和转移规则组成,适用于计数的连续批的检验。其基本原则是当产品质量发生变化时,可以采用严格度不同的抽样检验方案。在产品质量正常或者生产稳定情况下,采用正常抽样检验方案进行检验;当产品质量变差或者生产不稳定时,采用加严抽样检验方案,以减少使用方的风险;当产品质量比要求的质量好且生产稳定时,采用放宽抽样检验方案,以减少生产方的风险。同时规定了正常方案与加严方案、正常方案与放宽方案互转的条件。

1. AQL 抽样检验方案

AQL 抽样检验方案是指只满足合格质量水平要求的抽样检验方案,即主要考虑厂方利益的要求。这里的合格质量水平是指生产方与使用方共同认为满意的最大的过程平均不合格品率 P_0(或是每 100 个单位产品的平均不合格数),记为 AQL。当产品批的质量高于 AQL 时(即 $P \leqslant$ AQL),应以高概率接受,它控制第 1 种错误的概率,在方案中一般规定 $\alpha < 0.05$。这种抽样检验方案的一个明显的优点是生产方与使用方可以明确当产品达到什么水平时接受概率高。为了控制第 2 种错误概率,需要通过调整抽样检验方案的严格程度来解决,当产品质量变差时,采用加严的方案。

2. 调整型抽样检验方案

(1)3 个抽样方案。

对于一个确定的质量要求,调整型抽样检验方案由 3 个 AQL 抽样检验方案组成,并用一组转换规则把它们有机地联系起来。3 个抽样检验方案是:正常抽样方案、加严抽样方案和放宽抽样方案。

①正常抽样方案,这是在产品质量正常的情况下采用的检验方案。

②加严抽样方案,这是在产品质量变差或生产不稳定时采用的抽样方案,以减少第 2 种错误的概率,保护使用方的利益。

③放宽抽样方案,这是在产品质量比所要求的质量稳定性好时采用的抽样方案,它可以降低第 1 种错误的概率。

(2)方案转换规则。

在使用调整型抽样检验系统时,还需要一套转换规则,在 GB 2828—2012 中具体规定如下(以下的"批"均指初次提交检验的批)。

①从正常到加严,连续 5 批货中有 2 批不合格。

②从加严到正常,连续 5 批合格。

③从正常到放宽,在使用分数接收数的一次抽样方案的情况下,修正转移得分的规则如下:

a. 当给定接收数为 1/3 或 1/2 时,如果接收批,则给转移得分增加 2 分;否则,将转移得分重新设定为 0。

b. 当给定接收数为 0 时,如果在样本中未发现不合格品,则给转移得分增加 2 分;否则,将转移得分重新设定为 0。

④从放宽到正常,当正在执行放宽检验时,如果初次检验出现下列任一情况,应恢复正常检验。

a. 一个批不接受;

b. 生产不稳定、生产过程中断后恢复生产;

c. 有恢复正常检验的其他正当理由。

⑤从加严到暂停,如果在初次加严检验的一系列连续批中不接受批的累计数达到 5 批,应暂时停止检验。直到供方为改进所提供产品或服务的质量已采取行动,且负责部门认为此行动有可能有效时,才能恢复本部分的检验程序。恢复检验应按正常到加严那样,从加严检验开始。

3. 检验水平

检验水平是用来决定批量与样本大小之间的关系的,它由样本大小字码表(表 6 - 1)规定。对确定的批量来讲,检验水平实际上也反映了检验的严格程度,在方案中把检验水平分为 7 级,其中特殊检验水平有 4 级:S - 1、S - 2、S - 3、S - 4,一般检验水平有 3 级:I、II、III。在这 7 个检验水平中,检验量通常会逐渐增大。检验量的大小用字母 A、B、C 等表示,按字母表的次序，排在前面的字母对应的检验量小，排在后面的大，因此字母A对应的检验量最小，其次是字母B，余类推，字母R对应的检验量最大。特殊检验水平适用于破坏性检验及费时、费力等耗费性大的检验，从经济上考虑往往不得不抽取很少的单位产品进行检验，而冒较大的错误风险。一般检验水平是常用的检验水平，它允许抽取较多的单位产品进行检验，适用于非破坏性的检验。除非特定规定，通常采用一般检验水平II。

表6-1　样本大小字码表

批量	特殊检验水平				一般检验水平		
	S-1	S-2	S-3	S-4	Ⅰ	Ⅱ	Ⅲ
2~8	A	A	A	A	A	A	B
9~15	A	A	A	A	A	B	C
16~25	A	A	B	B	B	C	D
26~50	A	B	B	C	C	D	E
51~90	B	B	C	C	C	E	F
91~150	B	B	C	D	D	F	G
151~280	B	C	D	E	E	G	H
281~500	B	C	D	E	F	H	J
501~1 200	C	C	E	F	G	J	K
1 201~3 200	C	D	E	G	H	K	L
3 201~10 000	C	E	F	G	J	L	M
10 001~35 000	C	D	F	H	K	M	N
35 001~150 000	D	E	G	J	L	N	P
150 001~500 000	D	E	G	J	M	P	Q
500 001及以上	D	E	H	K	N	Q	R

4. 制定计数调整型1次抽样方案的程序

（1）确定参数，一般要事先确定的参数是：合格质量水平AQL、检验水平、批量N。

（2）根据批量与检验水平查样本大小字码表。

（3）根据样本大小字码及AQL值，从GB 2828—2012的正常1次抽样方案表、加严检验1次抽样方案表和放宽检验1次抽样方案表中查出相应的3个检验方案。调整方案如前所述。

六、计量统计检验

对于计量型质量特性值，可以用多种方法衡量一批产品的质量，其中最常见的是用批中所有单位产品的特性值的平均值μ表示批质量的情况。根据用户对产品质量的要求，有的要求μ越大越好，即质量特性有规格下限；有的要求μ越小越好，即质量特性有规格上限;也有的规定了质量特性的双侧格限。

假定质量指标 x 服从正态分布 $N(\mu,\sigma^2)$,由于 μ 通常是未知的,因而需要从该批产品中抽取 n 个产品测定其特性值,然后用样本的均值 $\bar{x}$ 进行估计。

(一)有规格下限的标准型1次抽样检验方案

1. 抽样方案操作特性曲线

对有规格下限的抽样检验方案(n,k_L)来讲,当 $\bar{x}\geqslant k_L$时接收该批产品,否则就拒收该批产品,其接受概率是μ 的函数,可以用 $L(\mu)$来表示,即

$$L(\mu)=P(\bar{x}\geqslant k_L)$$

根据正态分布的性质,$\bar{x}$ 服从 $N(\mu,\sigma^2/n)$,当 σ 已知时有

$$L(\mu)=P(\bar{x}\geqslant k_L)=1-\varphi\left[\frac{kL-\mu}{\sigma/\sqrt{n}}\right]$$

随着μ 的增大,$L(\mu)$也增大(图6-4)。

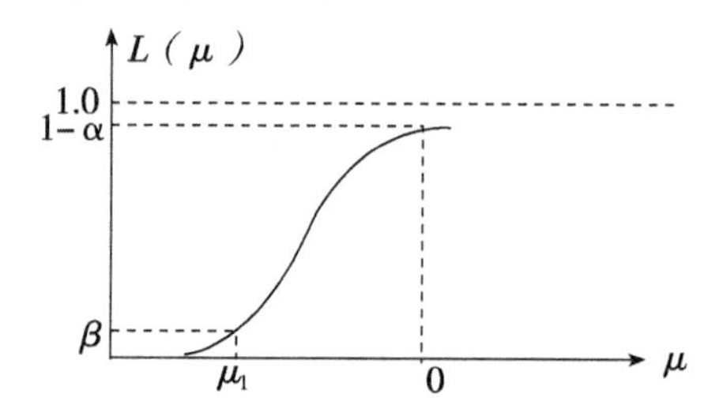

图6-4 有规格下限的计量1次抽样检验方案的OC曲线

2. 抽样方案的确定

制定计量标准型1次抽样检验方案,要求同时控制两种错判的概率。所以,制定方案(n,k_L),首先需要生产与使用双方协商2个质量指标的均值μ_0与μ_1,且$\mu_0>\mu_1$。从保护生产方利益的角度讲,提出1个质量指标均值μ_0,当批质量指标均值大于或等于μ_0时,要求以大于或等于$1-\alpha$ 的高概率接收;从保护使用方利益讲,提出1个批质量指标均值μ_1,当批质量指标均值小于或等于μ_1时,要求以小于或等于β 的低概率接收(图6-4),即

$$L(\mu)\geqslant 1-\alpha,\mu\geqslant\mu_0$$

$$L(\mu)\leqslant\beta,\mu\leqslant\mu_1$$

制定1个计量标准型1次抽样检验方案,必须首先确定4个值:生产方风险 α、使用方风险β、双方可以接受的合格批质量指标均值μ_0和极限批质量指标均值μ_1。按接收概率 $L(\mu)$是μ 的增函数的特点,从下面两个式子中解出(n,k_L)

$$L(\mu_0)=1-\alpha$$

$$L(\mu_1)=\beta$$

在 σ 已知时,

$$n=\left(\frac{(\mu_\alpha+\mu_\beta)\sigma}{\mu_0-\mu_1}\right)^2$$

$$k_L = \frac{\mu_0\mu_\alpha + \mu_0\mu_\beta}{\mu_\alpha + \mu_\beta}$$

（二）有规格上限的标准型1次抽样检验方案

1. 抽样方案操作特性曲线

对于有规格上限的抽样检验方案(n,k_U)来讲，当$\bar{x} \leqslant k_U$时接收该批产品，否则就拒收。其接收概率也是μ的函数，同样用$L(\mu)$来表示，即

$$L(\mu) = P(\bar{x} \leqslant k_U)$$

根据正态分布的性质，$\bar{x}$服从$N(\mu,\sigma^2/n)$，当σ已知时

$$L(\mu) = P(\bar{x} \leqslant k_U) = \varphi\left[\frac{kU - \mu}{\sigma/\sqrt{n}}\right]$$

随着μ的增大，$L(\mu)$减小（图6－5）。

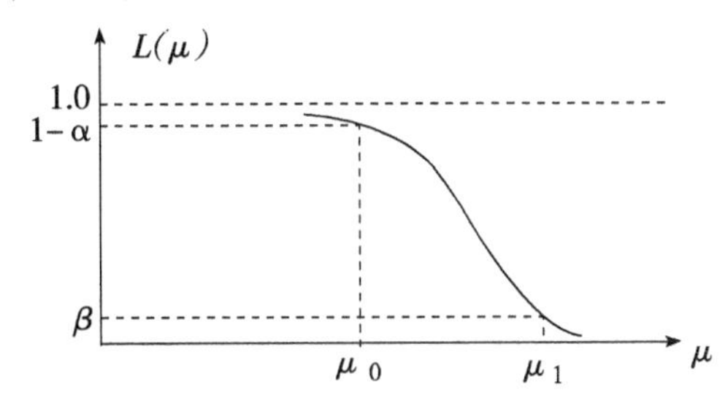

图6－5 有规格上限的计量1次抽样检验方案的OC曲线

2. 抽样检验方案的确定

同有规格下限的情况一样，要同时控制两种错误的概率，在制定抽样检验方案(n,k_U)时，首先要确定2个质量指标的均值μ_0与μ_1，且$\mu_0 < \mu_1$。从生产方利益看，提出1个批质量指标均值μ_0，当批质量指标均值小于或等于μ_0时，要求以大于或等于$1-\alpha$的高概率接收；从使用方利益看，提出1个批质量指标均值μ_1，当批质量指标均值大于或等于μ_1时，要求以小于或等于β的概率接收，即

$$L(\mu) \geqslant 1-\alpha, \mu \leqslant \mu_0$$

$$L(\mu) \leqslant \beta, \mu \geqslant \mu_1$$

在σ已知时，

$$n = \left(\frac{(\mu_\alpha + \mu_\beta)\sigma}{\mu_0 - \mu_1}\right)^2$$

$$k_L = \frac{\mu_1\mu_\alpha + \mu_0\mu_\beta}{\mu_\alpha + \mu_\beta}$$

（三）有规格双侧限的标准型1次抽样检验方案

1. 抽样方案操作特性曲线

对于有规格双侧限的抽样检验方案(n,k_L,k_U)来讲，当$\bar{x} \leqslant k_L$或$\bar{x} \geqslant k_U$时拒收该批产品，否则就接收该批产品。接收概率仍然是μ的函数，也用$L(\mu)$来表示，同样根据正态分

布的性质，$\bar{x}$ 服从 $N(\mu,\sigma^2/n)$，当 σ 已知时有

$$L(\mu)=P(k_L \leqslant \bar{x} \leqslant k_U)=\varphi\left[\frac{kU-\mu}{\sigma/\sqrt{n}}\right]-\varphi\left[\frac{kL-\mu}{\sigma/\sqrt{n}}\right]$$

如果 $\mu_0=(k_U+k_L)/2, k=(k_U-k_L)/2$；则 $k_U=\mu_0+k, k_L=\mu_0-k$，从而 $\bar{x} \leqslant k_U$ 就等价于 $\bar{x}-\mu_0 \leqslant -k$，$\bar{x} \geqslant k_U$ 就等价于 $\bar{x}-\mu_0 \leqslant -k$，所以判断规则即为 $|\bar{x}-\mu_0| \leqslant k$ 时接收，否则拒收。因此把抽样方案记为(n,k)。此时 $L(\mu)$ 是

$$L(\mu)=\varphi\left[\frac{\mu_0+k-\mu}{\sigma/\sqrt{n}}\right]-\varphi\left[\frac{\mu_0-k-\mu}{\sigma/\sqrt{n}}\right]$$

当 $\mu=\mu_0$、μ_0+d、μ_0-d 时，$L(\mu)$ 的值分别为

$$L(\mu_0)=2\varphi\left[\frac{k}{\sigma/\sqrt{n}}\right]-1$$

$$L(\mu_0+d)=\varphi\left[\frac{k-d}{\sigma/\sqrt{n}}\right]-\varphi\left[\frac{-k-d}{\sigma/\sqrt{n}}\right]=\varphi\left[\frac{k-d}{\sigma/\sqrt{n}}\right]+\varphi\left[\frac{k+d}{\sigma/\sqrt{n}}\right]-1$$

$$L(\mu_0-d)=\varphi\left[\frac{\mathrm{k}+\mathrm{d}}{\sigma/\sqrt{n}}\right]-\varphi\left[\frac{-k+d}{\sigma/\sqrt{n}}\right]=\varphi\left[\frac{k+d}{\sigma/\sqrt{n}}\right]+\varphi\left[\frac{k-d}{\sigma/\sqrt{n}}\right]-1$$

其中 $d>0$。由此可见，$L(\mu)$ 在 $\mu=\mu_0$ 时达到最大，且关于 $\mu=\mu_0$ 对称（图 6－6）。

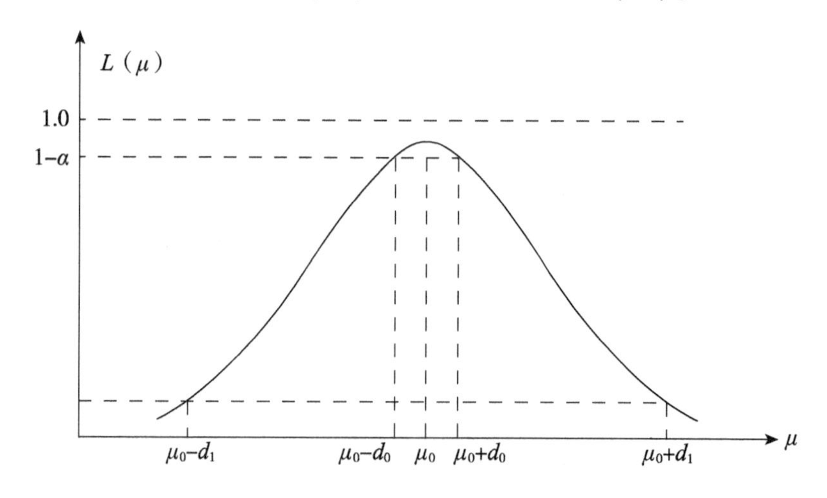

图 6－6　有规格双侧限的计量 1 次抽样检验方案的 OC 曲线

2. 抽样检验方案的确定

因为抽样方案的 OC 曲线关于 μ_0 对称，且在 μ_0 处达到最大。所以，制定抽样的方案，可以由双方协商确定 d_0 与 d_1，当 $\mu_0-d_0<\mu<\mu_0+d_0$ 时，以高概率（大于 $1-\alpha$）接收，当 $\mu<\mu_0-d_1$ 或 $\mu>\mu_0+d_1$ 时以低概率（小于 β）接收。

第三节　检验工作的质量管理

一、检验人员的职责

检验的具体组织形式可以不同,但检验部门所承担的职责基本相同,主要包括以下几个方面:

(1)严格按照检验规程进行产品检验,做好检验记录。对已检产品的质量负责,对产品的漏检和误检负责,对检验记录的正确性负责。

(2)检验员对责任产品应逐个认真检验,不得疏忽遗漏,检验员对漏检的废、次品负责。

(3)检验以巡检为主,以预防为主,检验员对批量废品的发生承担责任。

(4)发生次品、废品,及时隔离并上报处理。

(5)经检验的产品,应有明确标识与数字。

(6)经检验的产品数据,应及时汇总列表,配合统计员做好当日统计,月终做好月度统计。

(7)正确使用和维护保养所用的计量器具、仪表和检测设备。

(8)做好产品检验或试验状态标识和不合格品标识。

(9)认真完成所承担的检验任务。

二、评价检验误差的方法

1. 重复检验

由检验人员对自己检验过的产品再检验 1 ~ 2 次。查明合格品与不合格品中的误检数。

2. 复合检验

由技术水平较高的检验人员或技术人员复核检验已检验过的合格品与不合格品。

3. 提高检验条件

为了解检验是否正确,在检验人员检验一批产品后,可以用精度或准确度更高的检测手段进行重检。

4. 建立标准品

用标准品进行比较检验,以便发现被检验过的产品所存在的缺陷或误差。

三、检验人员的工作质量考核

检验人员工作质量的直接标志就是错检、漏检的程度,即检验差错的程度。检验工作量可直接由被检验产品的数量进行考核。数据记录及时性和完整性也可由记录质量和记录时间进行考核。检验正确性是专职检验员工作质量的主要内容。图6－7反映出产品检验过程图。

如考核专职检验员检验准确性时,可用下式计算检验正确率:

$$检验正确率 = \frac{n-(b+k)}{n} \times 100\%$$

其中,k 为复核出的被检验人员剔除的合格品数,即错检数;b 为复核出的检验人员未查出的不合品数,即漏检数;n 为被检产品数。

如用检验工作差错率来反映专职检验员的工作质量时,则可用:

$$误检率 = \frac{b+k}{n} \times 100\%$$

其中,k 为复核出的被检验人员剔除的合格品数,即错检数;b 为复核出的检验人员未查出的不合品数,即漏检数;n 为被检产品数。

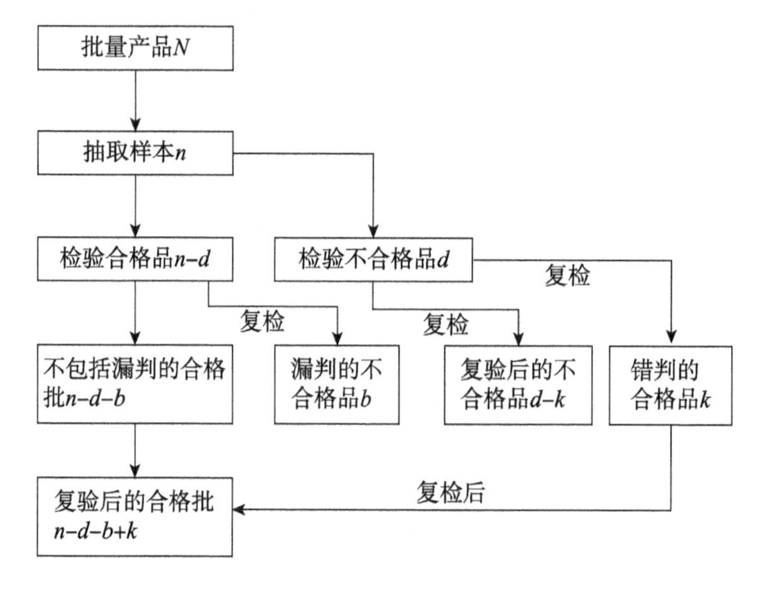

图 6-7　产品检验过程图

例如,检验某食品公司面包 2 000 个,检验出 80 个不合格品。经过复查,又从 80 个不合格品中复检出 15 个合格品,又在 1 920 个合格品中复检出 30 个不合格品。试计算检验正确性。由上式可得,检验正确率为 97.75%,差错率为 2.25%。

考核专职检验员工作质量必须与经济责任制挂钩,制定专职检验员工作质量的考核制度和标准,认真考核,实行奖惩,才能达到通过专职检验员的工作质量来保证企业的工序质量和产品质量的目的。

思考题

1. 什么是食品质量检验?其基本职能是什么?
2. 质量检验有哪些类型?
3. 食品质量检验的主要方法包括哪些?
4. 如何考核检验人员的工作质量?

第七章　质量管理体系

近年来,随着世界各国经济的飞速发展,国际贸易往来越来越频繁,国际市场竞争日趋激烈,质量认证得到了世界各国的重视和采用,以提高产品的质量、增强贸易活动中买方和卖方之间的相互信任、消除贸易壁垒、解决贸易争端。国际标准化组织(International Organization for Standardization,ISO)质量管理和质量保证技术委员会(ISO/TC 176)于1987年发布了ISO9000族国际标准,在此基础上不断进行修订和完善,以适应世界经济发展的需要。

第一节　质量管理体系　术语

术语(terminology):是在特定学科领域用来表示概念的称谓的集合。是通过语音或文字来表达或限定科学概念的约定性语言符号,是思想和认识交流的工具。使用术语的目的不是统一思想,而是统一表达,形成规范化的目的。

ISO9000:2015《质量管理体系　基础和术语》中列出了13类,共138条术语。

一、有关人员的术语

(1)最高管理者(top management):在最高层指挥和控制组织的一个人或一组人。

(2)质量管理体系咨询师(quality management system consultant):对组织的质量管理体系实现给予帮助、提供建议或信息的人员。

(3)参与(involvement):参加活动、事项或介入某个情境。

(4)积极参与 (engagement):参与活动并为之做出贡献,以实现共同的目标。

(5)技术状态管理机构(configuration authority;configuration control board):被赋予技术状态决策职责和权限的一个人或一组人。

(6)调解人(dispute resolver):调解过程提供方指定的帮助相关各方解决争议的人。

二、有关组织的术语

(1)组织(organization):为实现目标,由职责、权限和相互关系构成自身功能的一个人或一组人。例如:公司、集团、企事业单位、研究机构、代理商、协会等或上述组织的部分或组合。

(2)组织环境(context of the organization):对组织建立和实现目标的方法有影响的内部和外部因素的组合。

(3)相关方(interested party;stakeholder):可影响决策或活动、受决策或活动所影响或自认为受决策或活动影响的个人或组织。例如:顾客、所有者、组织内的人员、供方、银行、工会、合作伙伴等。

(4)顾客(customer):能够或实际接受为其提供的,或按其要求提供的产品或服务的个人或组织。例如:消费者、委托人、最终使用者、零售商、内部过程的产品或服务的接收人、受益者和采购方。

(5)供方(provider; supplier):提供产品或服务的组织。例如:产品或服务的制造商、批发商、零售商或商贩。

(6)外部供方(external provider; external supplier):组织以外的供方。例如:产品或服务的制造商、批发商、零售商或商贩。

(7)调解过程提供方(DRP - provider; dispute resolution process provider):提供和实施外部争议解决过程的个人或组织。

(8)协会(association):由成员组织或个人组成的组织。

(9)计量职能(metrological function):负责确定并实施测量管理体系的行政和技术职能。

三、有关活动的术语

(1)改进(improvement):提高绩效的活动。

(2)持续改进(continual improvement):提高绩效的循环活动。

(3)管理(management):指挥和控制组织的协调的活动。

(4)质量管理(quality management):关于质量的管理。可包括制定质量方针和质量目标,以及通过质量策划、质量控制、质量保证和质量改进实现这些质量目标的过程。

(5)质量策划(quality planning):质量管理的一部分,致力于制定质量目标并规定必要的运行过程和相关资源以实现质量目标。

(6)质量保证(quality assurance):质量管理的一部分,致力于提供质量要求会得到满足的信任。

(7)质量控制(quality control):质量管理的一部分,致力于满足质量要求。

(8)质量改进(quality improvement):质量管理的一部分,致力于增强满足质量要求的能力。

(9)技术状态管理(configuration management):指挥和控制技术状态的协调活动。

(10)更改控制(change control):在输出的产品技术状态信息被正式批准后,对该输出的控制活动。

(11)活动(activity):在项目中识别出的最小的工作项。

(12)项目管理(project management):对项目各方面的策划、组织、监视、控制和报告,并激励所有参与者实现项目目标。

(13)技术状态项(configuration object):满足最终使用功能的某个技术状态内的客体。

四、有关过程的术语

(1)过程(process):利用输入实现预期结果的相互关联或相互作用的一组活动。

(2)项目(project):由一组有起止日期的、相互协调的受控活动组成的独特过程,该过程要达到符合包括时间、成本和资源的约束条件在内的规定要求的目标。

(3)质量管理体系实现(quality management system realization):建立、形成文件、实施、保持和持续改进质量管理体系的过程。

(4)能力获得(competence acquisition):获得能力的过程。

(5)程序(procedure):为进行某项活动或过程所规定的途径。

(6)外包(outsource):安排外部组织承担组织的部分职能或过程。

(7)合同(contract):有约束力的协议。

(8)设计和开发(design and development):将对客体的要求转换为对其更详细的要求的一组过程。

五、有关体系的术语

(1)体系(system):系统,相互关联或相互作用的一组要素。

(2)基础设施(infrastructure):组织运行所必需的设施、设备和服务的系统。

(3)管理体系(management system):组织建立方针和目标以及实现这些目标的过程的相互关联或相互作用的一组要素。

(4)质量管理体系(quality management system):管理体系中关于质量的部分。

(5)工作环境(work environment):工作时所处的一组条件。条件包括物理的、社会的、心理的和环境的因素。

(6)计量确认(metrological confirmation):为确保测量设备符合预期使用要求所需要的一组操作。

(7)测量管理体系(measurement management system):实现计量确认和测量过程控制所必需的相互关联或相互作用的一组要素。

(8)方针(policy):由最高管理者正式发布的组织的宗旨和方向。

(9)质量方针(quality policy):关于质量的方针。

(10)愿景(vision):由最高管理者发布的对组织的未来展望。

(11)使命(mission):由最高管理者发布的组织存在的目的。

(12)战略(strategy):实现长期或总目标的计划。

六、有关要求的术语

(1)客体(object; entity; item):可感知或可想象到的任何事物。

(2)质量(quality):客体的一组固有特性满足要求的程度。

(3)等级(grade):对功能用途相同的客体按不同的要求所做的分类或分级。

(4)要求(requirement):明示的、通常隐含的或必须履行的需求或期望。

(5)质量要求(quality requirement):关于质量的要求。

(6)法律要求(statutory requirement):立法机构规定的强制性要求。

(7)法规要求(regulatory requirement):立法机构授权的部门规定的强制性要求。

(8)产品技术状态信息(product configuration information):对产品设计、实现、验证、运行和支持的要求或其他信息。

(9)不合格(nonconformity):不符合,未满足要求。

(10)缺陷(defect):与预期或规定用途有关的不合格。

(11)合格(conformity):符合,满足要求。

(12)能力(capability):客体实现满足的输出的本领。

(13)可追溯性(traceability):追溯客体的历史、应用情况或所处位置的能力。

(14)可信性(dependability):在需要时完成规定功能的能力。

(15)创新(innovation):实现或重新分配价值的、新的或变化的客体。

七、有关结果的术语

(1)目标(objective):要实现的结果。

(2)质量目标(quality objective):关于质量的目标。

(3)成功(success):目标的实现。

(4)持续成功(sustained success):在一段时间内自始至终的成功。

(5)输出(output):过程的结果。

(6)产品(product):在组织和顾客之间未发生任何交易的情况下,组织能够产生的输出。

(7)服务(service):至少有一项活动必需在组织和顾客之间进行的组织的输出。

(8)绩效(performance):可测量的结果。

(9)风险(risk):不确定性的影响。

(10)效率(efficiency):得到的结果与所使用的资源之间的关系。

(11)有效性(effectiveness):完成策划的活动并得到策划结果的程度。

八、有关数据、信息和文件的术语

(1)数据(data):关于客体的事实。

(2)信息(information):有意义的数据。

(3)客观证据(objective evidence):支持事物存在或其真实性的数据。

(4)信息系统(information system):组织内部使用的沟通渠道的网络。

(5)文件(document):信息及其载体。

(6)成文信息(documented information):组织需要控制和保持的信息及其载体。

(7)规范(specification):阐明要求的文件。

(8)质量手册(quality manual):组织的质量管理体系的规范。

(9)质量计划(quality plan):对特定的客体,规定由谁及何时应用程序和相关资源的规范。

(10)记录(record):阐明所取得的结果或提供所完成活动的证据的文件。

(11)项目管理计划(project management plan):规定满足项目目标所必需的事项的文件。

(12)验证(verification):通过提供客观证据对规定要求已得到满足的认定。

(13)确认(validation):通过提供客观证据对特定的预期用途或应用要求已得到满足的认定。

(14)技术状态记实(configuration status accounting):对产品技术状态信息建议更改的状况和已批准更改的实施状况所做的正式记录和报告。

(15)特定情况(specific case):质量计划的对象。

九、有关顾客的术语

(1)反馈(feedback):对产品、服务或投诉处理过程的意见、评价和诉求。

(2)顾客满意(customer satisfaction):顾客对其期望已被满足程度的感受。

(3)投诉(complaint):就产品、服务或投诉处理过程,表达对组织的不满,无论是否明示或隐含的期望得到回复或解决。

(4)顾客服务(customer service):在产品或服务的整个寿命周期内,组织与顾客之间的互动。

(5)顾客满意行为规范(customer satisfaction code of conduct):组织为提高顾客满意,就自身行为向顾客做出的承诺及相关规定。

(6)争议(dispute):提交给争议解决过程提供方的对某一投诉的不同意见。

十、有关特性的术语

(1)特性(characteristic):可区分的特性。

(2)质量特性(quality characteristic):与要求有关的,客体的固有特性。

(3)人为因素(human factor):对所考虑的客体有影响的人的特性。

(4)能力(competence):应用知识和技能实现预期结果的本领。

(5)计量特性(metrological characteristic):能影响测量结果的特性。

(6)技术状态(configuration):在产品技术状态信息中规定的产品或服务的相互关联的功能特性和物理特性。

(7)技术状态基线(configuration baseline):由在某一时间点确立的,作为产品或服务整个寿命周期内活动参考基准的产品或服务的特性构成的、经批准的产品技术状态信息。

十一、有关确定的术语

(1)确定(determination):查明一个或多个特性及特性值的活动。

(2)评审(review):对客体实现所规定目标的适宜性、充分性或有效性的确定。

(3)监视(monitoring):确定体系、过程、产品、服务或活动的状态。

(4)测量(measurement):确定数值的过程。

(5)测量过程(measurement process):确定量值的一组操作。

(6)测量设备(measurement equipment):为实现测量过程所必需的测量仪器、软件、测量标准、标准物质或辅助设备或它们的组合。

(7)检验(inspection):对符合规定要求的确定。

(8)试验(test):按照要求对特定的预期用途或应用的确定。

(9)进展评价(progress evaluation):针对实现项目目标所做的进展情况的评定。

十二、有关措施的术语

(1)预防措施(preventive action):为消除潜在不合格或其他潜在不期望情况的原因所采取的措施。

(2)纠正措施(corrective action):为消除不合格的原因并防止再发生所采取的措施。

(3)纠正(correction):为消除已发现的不合格所采取的措施。

(4)降级(degrade):为使不合格产品或服务符合不同于原有的要求而对其等级的变更。

(5)让步(concession):对使用或放行不符合规定要求的产品或服务的许可。

(6)偏离许可(deviation permit):产品或服务实现前,对偏离原规定要求的许可。

(7)放行(release):对进入一个过程的下一阶段或下一过程的许可。

(8)返工(rework):为使不合格产品或服务符合要求而对其采取的措施。

(9)返修(repair):为使不合格产品或服务满足预期用途而对其采取的措施。

(10)报废(scrap):为避免不合格产品或服务原有的预期使用而对其采取的措施。

十三、有关审核的术语

(1)审核(audit):为获得客观证据并对其进行客观的评价,以确定满足审核准则的程度所进行的系统的、独立的并形成文件的过程。

(2)结合审核(combined audit):在一个受审核方,对两个或两个以上管理体系一起实施的审核。

(3)联合审核(joint audit):在一个受审核方,由两个或两个以上审核组织同时实施的审核。

(4)审核方案(audit programme):针对特定时间段所策划,并具有特定目的的一组(一次或多次)审核安排。

(5)审核范围(audit scope):审核的内容和界限。

(6)审核计划(audit plan):对审核活动和安排的描述。

(7)审核准则(audit criteria):用于与客观证据进行比较的一组方针、程序或要求。

(8)审核证据(audit evidence):与审核准则有关的并且能够证实的记录、事实陈述或其他信息。

(9)审核发现(audit findings):将收集到的审核证据对照审核准则进行评价的结果。

(10)审核结论(audit conclusion):考虑了审核目标和所有审核发现后得出的审核结果。

(11)审核委托方(audit client):要求审核的组织或个人。

(12)受审核方(auditee):被审核的组织。

(13)向导(guide):由受审核方指定的协助审核组的人员。

(14)审核组(audit team):实施审核的一名或多名人员,需要时,由技术专家提供支持。

(15)审核员(auditor):实施审核的人员。

(16)技术专家(technical expert):向审核组提供特定知识或专业技术的人员。特定知识或专业技术是指与受审核的组织、过程或活动以及语言或文化有关的知识或技术。在审核组中,技术专家不作为审核员。

(17)观察员(observer):随同审核组但不作为审核员的人员。

第二节 ISO9000 族质量管理体系标准

一、质量管理的发展历程

质量管理(quality management)是“关于质量的管理”。可包括制定质量方针和质量目标,以及通过质量策划、质量控制、质量保证和质量改进实现这些质量目标的过程。

质量管理学是哲学、行为科学、系统工程、控制论、数学、计算机技术等自然科学和社会科学相互渗透而形成的一门交叉学科。它是研究和提示质量形成和实现过程的客观规律的科学。质量管理学的研究范围包括微观质量管理与宏观质量管理。微观质量管理着重从企业、服务机构的角度,研究组织如何保证和提高产品质量、服务质量;宏观质量管理则着重从国民经济和全社会的角度,研究政府和社会如何对工厂、企业、服务机构的产品质量、服务质量进行有效的统筹管理和监督控制。

现代质量管理大致经历了四个阶段:

1. 质量检验管理阶段

这一阶段是现代质量管理的初级阶段,从 20 世纪初持续至 30 年代末。其主要特点是以“事后检验”为主。在此之前工厂的产品检验都是通过工人的自检来进行的,也就是“操作者的质量管理”;后又历经“工长和领班的质量管理”。到 20 世纪初美国泰勒(F. W. Taylor)

提出科学理论，用计划、标准化和统一管理三项原则来管理生产，要求按照职能的不同进行合理的分工，首次将质量检验作为一种管理职能从生产过程中分离出来，建立了终端专职质量检验制度。这对保证产品质量起了积极的重要作用。但此阶段的质量检验仍然是“马后炮”，有一定的局限性和滞后性，无法控制产品的质量。

2. 统计质量管理阶段

统计质量管理是应用数理统计学的工具处理工业产品质量问题的理论和方法。它产生于20世纪20年代，完善于20世纪40年代至50年代末。此时期代表人物是在贝尔电话实验室工作的休哈特和道奇，他们在1925年分别提出的休哈特控制图和计数抽样检验方案，对统计质量管理的发展奠定了基础。此阶段主要特点是从单纯依靠质量检验事后把关，发展到工序控制，突出了“预防为主，防检结合”的管理方式，这是质量管理科学开始走向成熟的一个标志。统计方法的应用减少了不合格品的产生，同时降低了生产成本；但现代化大规模生产十分复杂，影响产品的质量因素众多，只关注生产过程和产品质量控制，单纯依靠统计方法不可能解决一切质量管理问题。

3. 全面质量管理阶段(TQM)

全面质量管理(Total Quality Management，TQM)就是一个组织以质量为中心，以全员参与为基础，目的在于通过让顾客满意和本组织所有成员及社会受益而达到长期成功的管理途径。这一阶段是从20世纪60年代开始直到现在。第二次世界大战后美国独霸的优势逐渐减退，国际贸易越来越频繁，竞争日趋激烈，“提高产品质量”成为重中之重，从而加速了全面质量管理的诞生。提出全面质量管理的代表人物是美国的费根堡姆与朱兰等。全面质量管理的特点是“四全、一科学”，即“全过程、全企业、全指标、全员；以数理统计方法为中心的一套科学管理方法”。

4. 质量管理体系标准化阶段

质量体系标准化阶段产生于20世纪70年代末，从欧洲逐渐兴起，是目前很多国家各种组织保证产品质量的重要手段。历经“质量管理与质量保证标准”，发展到“质量管理体系标准”，其最终目的是为了提高产品质量，增强国际贸易，促进全球的繁荣与发展。

二、ISO9000族标准的由来和发展

1. 国际标准化组织简介

国际标准化组织(ISO)是一个由国家标准化机构组成的世界范围的非政府性的联合会，成员全体大会是其最高权力机构，每3年召开一次，理事会是其常务领导机构，下设政策制定委员会、理事会常务委员会、技术监督局、特别顾问咨询组以及其他若干专门委员会。其成员由来自世界上100多个国家组成。ISO前身是国际标准化协会(ISA)，成立于1926年，1942年因为第二次世界大战而解体；1946年10月14日，中、美、英、法、苏等25国在英国伦敦开会，决定成立新的标准化机构——ISO，1947年2月23日正式成立，总部设于瑞士首都日内瓦，主要工作是制定各类国际标准。代表中国参加ISO的国家机构为国家质量监督总局中国

国家认证认可监督管理委员会(CCAA)。

2. ISO9000 族标准的由来

二战期间,世界军事工业迅猛发展。一些国家的政府在采购军品时,不但对产品特性做出要求,且对供应方提出了质量保证的要求。1959 年以来,美国先后发布了《质量大纲要求》《承包商质量大纲评定》《承包商检验系统评定》等有关质量保证方面的标准。上世纪 70 年代初,美国标准化协会(ANSI)和美国机械工程协会(ASME)又分别发布了一系列有关原子能发电和压力容器生产方面的质量保证标准。其成功经验在世界范围内产生了很大影响:英国、法国和加拿大等在 70 年代末先后制订和发布了用于民品生产的质量管理和质量保证标准。

随着世界经济的发展、贸易的相互渗透,为了不断提高自己的产品质量、增加国际市场竞争力,各个国家先后发布了一些关于质量管理体系及审核的标准。但由于各国实施的标准不一,给国际贸易带来了障碍,并引发贸易争端。因此统一的、通用的国际标准成为世界各国发展经济、促进贸易往来的迫切需要。在经历了从军用到民用,从行业标准到国家标准的过程之后,1986 年,ISO 发布了第一个质量管理体系标准:ISO8402《质量管理和质量保证术语》,此后经过几次完善和修改,发展成为现在国际通用的 ISO9000 族标准。

ISO9000 族是指“由 ISO/TC176 技术委员会(质量管理和质量保证技术委员会)制定的所有国际标准”。它适用于所有企业、公司,甚至高校、政府部门的管理工作都在应用且取得很好的效果。对 ISO 已正式颁布的 ISO9000 族国际标准,我国已全部将其等同转化为我国的国家标准。其他还处在标准草案阶段的国际标准,我国也正在跟踪研究,一旦正式颁布,我国将及时将其等同转化为国家标准。

3. ISO9000 族标准的发展

(1)1987 版 ISO9000 系列标准。

1987 年 3 月,ISO 发布了 ISO9000:1987(质量管理和质量保证标准——选择和使用指南)、ISO9001:1987(质量体系——设计/开发、生产、安装和服务质量保证模式)、ISO9002:1987(质量体系——生产和安装质量保证模式)、ISO9003:1987(质量体系——终检验和试验的质量保证模式)、ISO9004:1987(质量管理和质量体系要素——指南)共 5 个国际标准。连同 ISO8402:1986 一起统称为“ISO9000 系列标准”。

(2)1994 版 ISO9000 族标准。

为了使 ISO9000 系列标准的适用范围更加广泛,满足世界各国各个行业发展的需要,ISO 对 1987 版 ISO9000 系列标准进行了重大修改,形成了 1994 版 ISO9000 族标准,包括:ISO8402:1994、ISO9000—1:1994、ISO9001:1994、ISO9002:1994、ISO9003:1994 和 ISO9004—1:1994。此后几年时间里达到了 27 个标准。

(3)2000 版 ISO9000 族标准。

将上述 27 个标准重新安排后,2000 年 12 月 15 日,ISO/TC176 正式发布了新版本的 ISO9000 族标准,统称为 2000 版 ISO9000 族标准。该标准的修订充分吸取了 1987 版和

1994 版标准以及现有其他管理体系标准的使用经验,因此,它将使质量管理体系更加满足组织开展各项商业活动的需要。主要包括 4 个核心标准、其他标准、技术报告和小册子。我国等同采用 2000 版 ISO9000 族标准的相应国家标准为 GB/T 19000—2000 已于 2000 年 12 月 28 日发布,2001 年 6 月 1 日起实施,1994 版的系列标准于三年后正式作废。

(4)现行的 ISO9000 族标准。

目前最新的 ISO9000 族核心标准是在 2000 版 ISO9000 族标准的基础上局部逐渐完善起来的:历经 ISO9000:2000、ISO9000:2005,最新版本是 ISO9000:2015;历经 ISO9001:2000、ISO9001:2008,最新版本是 ISO9001:2015;以 ISO9004:2009 取代了 ISO9004:2000;历经 ISO19011:2000、ISO19011:2002,最新版本是 ISO19011:2011。

三、ISO9000 族标准的分类、特点及原则

1. ISO9000 族标准的分类(表 7-1)

根据 ISO 指南 72:2001《管理体系标准的论证和制定规则》,将管理体系标准分为第三类。

表 7-1　ISO9000 族标准的分类

标准分类	具体标准	备注
A 类管理体系要求标准	ISO9001《质量管理体系要求》 ISO/TS16949《质量管理体系汽车生产件及相关维修零件组织应用的特别要求》	
B 类管理体系指导标准	ISO9004《追求组织的持续成功管理方法》 ISO10006《质量管理项目管理质量指南》 ISO10012《测量管理体系测量过程和测量设备的要求》 ISO10014《质量管理实现财务和经济效益的指南》 ISO Handbook(已被转化为 GB/Z 1906X—2009)	
C 类管理体系相关标准	ISO9000《质量管理体系基础和术语》 ISO10001《顾客满意度——组织行为准则指南》 ISO10002《顾客满意度——投诉处理指南》 ISO10003《顾客满意度——外部争议解决指南》 ISO10004《顾客满意度——监视和测量指南》 ISO10005《质量计划指南》 ISO10006《质量管理项目管理质量指南》 ISO10007《技术状态管理指南》 ISO10008《顾客满意——企业对消费者的电子商务交易指南》 ISO10012《测量管理体系测量过程和测量设备的要求》 ISO/TR10013《质量管理体系文件指南》 ISO10014《质量管理实现财务和经济效益的指南》 ISO10015《培训指南》 ISO10017《统计技术指南》 ISO10018《人员参与和能力指南》 ISO10019《质量管理体系咨询师的选择指南》 ISO19011《管理体系审核指南》	

其中 ISO9000:2015《质量管理体系基础和术语》、ISO9001:2015《质量管理体系要求》、ISO9004:2009《追求组织的持续成功管理方法》、ISO19011:2011《管理体系审核指南》为核心标准。

2. ISO9000 族标准的特点

(1)适用对象更加广泛、通用性强、实用性强,可以应用于各种组织、各个行业的管理和运作。

(2)通俗易懂,易于翻译、理解、掌握,便于使用者学习。

(3)结构简化,适应提高标准自身效率的要求,使标准的数量少却很精辟。

(4)采用"过程的方法"模式结构,尤其注重过程间的相互作用和相互联系,相关性好、逻辑性强、可操作性强。

(5)减少了对文件的要求,使标准操作起来更加灵活。

(6)规定了质量管理的 7 项基本原则。

(7)符合企业现实及其发展的客观需要。

(8)顺应国际市场的发展趋势,满足其日益竞争激烈的要求。

(9)以顾客为中心,考虑了所有相关方利益的需求。

(10)对顾客的满意与否进行监控,并作为质量管理体系业绩改进的重要手段。

(11)强调领导的重要作用。

(12)与 ISO14000、ISO22000 有较强的兼容性。

(13)突出对质量业绩的持续改进,强调使用"PDCA"模式的重要性。

(14)此标准是吸收了目前国际上比较先进的质量管理理论而构筑的,所以具有科学性。

3. 2015 版 ISO9000 族标准的基本原则

2008 版 ISO9000 标准中的质量管理有 8 项基本原则:以顾客为关注焦点、突出最高管理者的作用、全员参与、过程方法、系统的管理方法、持续改进、基于事实的决策方法、与供方的关系。2015 版 ISO9000《质量管理体系基础和术语》将 8 项基本原则精简为 7 项,它是全球质量管理工作成功经验的科学总结和高度概括,是建立、实施、保持和改进组织质量管理体系必须遵循的原则。

(1)以顾客为关注焦点。"质量管理的首要关注点是满足顾客要求并且努力超越顾客期望。"

这是质量管理的核心和灵魂。首先要明确顾客当前的和未来的需要,根据顾客的要求和期望做出改进,以取得顾客的信任,并能根据市场的变化做出快速反应,从而稳定地占有市场。并兼顾其他相关方的利益,使组织得到全面、持续的发展。

(2)领导作用。"各级领导建立统一的宗旨及方向,并创造全员积极参与实现组织的质量目标的条件。"

领导应在考虑各相关方,包括组织和所有者、员工、顾客、合作伙伴、行业、社会等的需求后确立组织统一的宗旨和方向,使组织能整合其战略、方针、过程和资源,创造一个能使全体员工充分参与的良好环境,实现其质量目标。

(3)全员积极参与。"整个组织内各级胜任、经授权并积极参与的人员,是提高组织创造和提供价值能力的必要条件。"

现代企业管理的核心是对人的管理,组织发展需要每一个成员长期的协作努力。各层级的所有人都参与且得到尊重、认可、得到授权并不断提高个人能力,才能更加高效地管理组织。

(4)过程方法。"将活动作为相互关联、功能连贯的过程组成的体系来理解和管理时,可更加有效和高效地得到一致的、可预知的结果。"

质量管理体系是通过一系列相互关联的过程来实施的,它们之间既有联系,又相互制约。了解体系是如何产生结果的,组织才能对相关体系进行完善并优化其绩效。

(5)改进。"成功的组织持续关注改进。"

任何事物都是不断变化发展的,每一个事物都会经历一个由不完善到完善、直至更新的过程。市场也是变化的,顾客的要求是不断提升的,如果组织不能随之改进,就会失去顾客的信任、丧失市场。改进对于组织保持现有的绩效水平是必需的,也是对其内部和外部条件发生变化时做出的反应,并创造出新的机会。

(6)循证决策。"基于数据和信息的分析和评价的决策,更有可能产生期望的结果。"

"没有调查就没有发言权",也即在做任何决定之前都要有很充足的理论事实依据作为支撑。决策是一个复杂的过程,并且总是会遇到一些不确定因素,通过鉴别搜集到的数据和信息的准确性和可靠性并理解其因果关系,预测潜在的非预期后果,然后再做出决策并采取行动,组织才不会走弯路。

(7)关系管理。"为了持续成功,组织需要管理与有关相关方(如供方)的关系。"

组织的活动不是孤立的,从最初的原材料到加工环节,最后形成最终产品的全过程的所有活动不可能由一个组织全部完成,往往是由多个组织分工协作共同实现的,这些组织被视为"相关方",直接影响组织的绩效,只有尽可能有效地发挥相关方在组织绩效方面的作用,才更有可能实现持续成功,最终实现"双赢"的目的。所以处理好组织与供方及其他合作伙伴之间的关系非常重要。

四、ISO9000 族核心标准简介

ISO9000 族标准经过多次的修订与完善,其核心标准一共有以下四项。

1. ISO9000:2015《质量管理体系　基础和术语》

该标准为质量管理体系提供了基本概念、原则和术语,也给出了质量管理体系标准建立的基础,目的是帮助使用者理解质量管理的基本概念、原则和术语,以便能够有效和高效地实施质量管理体系,并实现质量管理体系其他标准的价值。

2. ISO9001:2015《质量管理体系　要求》

该标准引言中介绍了标准的总则、质量管理原则、过程方法以及与其他管理体系标准的关系,正文部分共分为十个章节,包括范围、规范性引用文件、术语和定义、组织环境、领导作用、策划、支持、运行、绩效评价、持续改进。可用于组织证实其有能力稳定地提供顾客满意且符合法律法规要求的产品,也可用于外部评价组织具备提供满足顾客要求、法律法规要求的产品的能力,是国际通用的质量管理门槛,是质量管理体系认证和注册的依据。国际认可论坛(IAF)于2015年1月正式发布《ISO9001:2015版转换实施指南》,明确了新版标准转换期限为“在ISO9001:2015版正式发布日后3年内转换完毕”,也即到2018年9月,所有的ISO9001:2008证书都将失效并作废,在此期间两者可并存。

3. ISO9004:2009《追求组织的持续成功　质量管理方法》

该标准提供了组织通过运用质量管理方法实现持续成功的指南,适用于所有组织。标准还强调了通过改进过程的有效性和效率,提高组织的整体绩效。它是一个指导性标准,不用于认证,不具有强制性。

4. ISO9011:2011《质量管理和(或)环境管理体系审核指南》

在遵循“不同管理体系可以有共同管理和审核要求”的原则之前提下,该标准兼容了质量管理体系和环境管理体系两个方面的特点,给出了与审核有关的17个术语和定义,提供了质量管理体系和环境管理体系审核的基本原则、审核方案的管理、审核活动的实施以及审核员的能力和评价等方面的指南。

第三节　ISO9001:2015《质量管理体系　要求》主要内容

一、范围

该标准为有下列需求的组织规定了质量管理体系要求:

(1)需要证实其具有稳定地提供满足顾客要求和适用法律法规要求的产品和服务的能力。

(2)通过体系的有效应用,包括体系持续改进的过程,以及保证符合顾客和适用的法律法规要求,旨在增强顾客满意。在该标准中,术语“产品”或“服务”仅适用于预期提供给顾客或顾客所要求的商品和服务;法律法规要求可称作为法定要求。

二、规范性引用文件

凡是注日期的引用文件,仅注日期的版本适用于该文件。凡是不注日期的引用文件,其最新版本(包括所有的修订单)适用于该文件。

三、术语和定义

该标准采用 ISO9000:2015 中所确立的术语和定义。

四、组织环境

1. 理解组织及其环境

组织应确定与其宗旨和战略方向相关并影响其实现质量管理体系预期结果的能力的各种外部和内部因素。

组织应对这些外部和内部因素的相关信息进行监视和评审。

注1:这些因素可能包括需要考虑的正面和负面要素或条件。

注2:考虑来自于国际、国内、地区或当地的各种法律法规、技术、竞争、市场、文化、社会和经济环境的因素,有助于理解外部环境。

注3:考虑与组织的价值观、文化、知识和绩效等有关的因素,有助于理解内部环境。

2. 理解相关方的需求和期望

由于相关方对组织稳定提供符合顾客要求及适用法律法规要求的产品和服务的能力具有影响或潜在影响,因此,组织应确定:

①与质量管理体系有关的相关方;

②与质量管理体系有关的相关方的要求。

组织应监视和评审这些相关方的信息及其相关要求。

3. 确定质量管理体系的范围

组织应确定质量管理体系的边界和适用性,以确定其范围。

在确定范围时,组织应考虑:

①4.1 中提及的各种外部和内部因素;

②4.2 中提及的相关方的要求;

③组织的产品和服务。

如果本标准的全部要求适用于组织确定的质量管理体系范围,组织应实施本标准的全部要求。

组织的质量管理体系范围应作为成文信息,可获得并得到保持。该范围应描述所覆盖的产品和服务类型,如果组织确定本标准的某些要求不适用于其质量管理体系范围,应说明理由。

只有当所确定的不适用的要求不影响组织确保其产品和服务合格的能力或责任,对增强顾客满意也不会产生影响时,方可声称符合本标准的要求。

4. 质量管理体系及其过程

(1)组织应按照本标准的要求,建立、实施、保持和持续改进质量管理体系,包括所需过程及其相互作用。

组织应确定质量管理体系所需的过程及其在整个组织中的应用,且应:

①确定这些过程所需的输入和期望的输出;

②确定这些过程的顺序和相互作用;

③确定和应用所需的准则和方法(包括监视、测量和相关绩效指标),以确保这些过程的有效运行和控制;

④确定这些过程所需的资源并确保其可获得;

⑤分配这些过程的职责和权限;

⑥按照6.1的要求应对风险和机遇;

⑦评价这些过程,实施所需的变更,以确保实现这些过程的预期结果;

⑧改进过程和质量管理体系。

(2)在必要的范围和程度上,组织应:

①保持成文信息以支持过程运行;

②保留成文信息以确信其过程按策划进行。

5. 理解要点

组织不是单独存在的,组织要在环境中存在并完成相关活动。组织环境包括内部和外部因素,亦会产生正面或负面的影响,复杂多变,因此组织应定期对其进行监控和评审。组织不仅要关注顾客需求,还照顾到质量管理体系利益相关方的要求。

五、领导作用

1. 领导作用与承诺

(1)总则。

最高管理者应通过以下方面,证实其对质量管理体系的领导作用和承诺:

①对质量管理体系的有效性负责;

②确保制定质量管理体系的质量方针和质量目标,并与组织环境相适应,与战略方向相一致;

③确保质量管理体系要求融入组织的业务过程;

④促进使用过程方法和基于风险的思维;

⑤确保质量管理体系所需的资源是可获得的;

⑥沟通有效的质量管理和符合质量管理体系要求的重要性;

⑦确保质量管理体系实现其预期结果;

⑧促使人员积极参与,指导和支持他们为质量管理体系的有效性作出贡献;

⑨推动改进;

⑩支持其他相关管理者在其职责范围内发挥领导作用。

注:本标准使用的“业务”一词可广义地理解为涉及组织存在目的的核心活动,无论是公有、私有、营利或非营利组织。

(2)以顾客为关注焦点。

最高管理者应通过确保以下方面,证实其以顾客为关注焦点的领导作用和承诺:

①确定、理解并持续地满足顾客要求以及适用的法律法规要求;

②确定和应对风险和机遇,这些风险和机遇可能影响产品和服务合格以及增强顾客满意的能力;

③始终致力于增强顾客满意。

2. 方针

(1)制定质量方针。

最高管理者应制定、实施和保持质量方针,质量方针应:

①适应组织的宗旨和环境并支持其战略方向;

②为建立质量目标提供框架;

③包括满足适用要求的承诺;

④包括持续改进质量管理体系的承诺。

(2)沟通质量方针。

质量方针应:

①可获取并保持成文信息;

②在组织内得到沟通、理解和应用;

③适宜时,可为有关相关方所获取。

3. 组织的岗位、职责和权限

最高管理者应确保组织相关岗位的职责、权限得到分配、沟通和理解。

最高管理者应分配职责和权限,以:

①确保质量管理体系符合本标准的要求;

②确保各过程获得其预期输出;

③报告质量管理体系的绩效以及改进机会(见10.1),特别是向最高管理者报告;

④确保在整个组织推动以顾客为关注焦点;

⑤确保在策划和实施质量管理体系变更时保持其完整性。

4. 理解要点

此部分内容强调了最高管理者的责任,在整个质量管理过程中应发挥领导作用。在认真贯彻“以顾客为关注焦点”的总要求基础上,最高管理者还应在风险思维基础上建立质量方针、质量目标,保证各种资源的合理配置,人尽其才、物尽其用;要重视过程方法以及沟通的重要性,对质量管理体系的有效性负责。

六、策划

1. 应对风险和机遇的措施

(1)在策划质量管理体系时,组织应考虑到4.1所提及的因素和4.2所提及的要求,并

确定需要应对的风险和机遇,以:

①确保质量管理体系能够实现其预期结果;

②增强有利影响;

③预防或减少不利影响;

④实现改进。

(2)组织应策划:

①应对这些风险和机遇的措施;

②如何:

a. 在质量管理体系过程中整合并实施这些措施(见 4.4);

b. 评价这些措施的有效性。

应对措施应与风险和机遇对产品和服务符合性的潜在影响相适应。

注 1:应对风险可选择规避风险,为寻求机遇承担风险,消除风险源,改变风险的可能性或后果,分担风险,或通过信息充分的决策而保留风险。

注 2:机遇可能导致采用新实践、推出新产品、开辟新市场、赢得新顾客、建立合作伙伴关系、利用新技术和其他可行之处,以应对组织或其顾客的需求。

2. 质量目标及其实现的策划

(1)组织应针对相关职能、层次和质量管理体系所需的过程建立质量目标。

质量目标应:

①与质量方针保持一致;

②可测量;

③考虑适用的要求;

④与产品和服务合格以及增强顾客满意相关;

⑤予以监视;

⑥予以沟通;

⑦适时更新。

组织应保持有关质量目标的成文信息。

(2)策划如何实现质量目标时,组织应确定:

①要做什么;

②需要什么资源;

③由谁负责;

④何时完成;

⑤如何评价结果。

3. 变更的策划

当组织确定需要对质量管理体系进行变更时,变更应按所策划的方式实施(见 4.4)。

组织应考虑:

①变更目的及其潜在后果；

②质量管理体系的完整性；

③资源的可获得性；

④职责和权限的分配或再分配。

4. 理解要点

当今世界，经济发展迅速，国际间的交流与合作日趋频繁，2015 版 ISO9001 标准中增加了风险管理方面的要求。组织在识别利益相关方需求时，也要加强风险和机遇的识别，目的是提升正面效应，创造新机遇并控制和降低负面效应。

七、支持

1. 资源

(1)总则。

组织应确定并提供所需的资源，以建立、实施、保持和持续改进质量管理体系。

组织应考虑：

①现有内部资源的能力和局限；

②需要从外部供方获得的资源。

(2)人员。

组织应确定并配备所需的人员，以有效实施质量管理体系，并运行和控制其过程。

(3)基础设施。

组织应确定、提供并维护所需的基础设施，以运行过程，并获得合格产品和服务。

注：基础设施可包括：

①建筑物和相关设施；

②设备，包括硬件和软件；

③运输资源；

④信息和通讯技术。

(4)过程运行环境。

组织应确定、提供并维护所需的环境，以运行过程，并获得合格产品和服务。

注：适宜的过程运行环境可能是人为因素与物理因素的结合，例如：

①社会因素(如非歧视、安定、非对抗)；

②心理因素(如减压、预防过度疲劳、稳定情绪)；

③物理因素(如温度、热量、湿度、照明、空气流通、卫生、噪声)。

由于所提供的产品和服务不同，这些因素可能存在显著差异。

(5)监视和测量资源。

①总则。

当利用监视或测量来验证产品和服务符合要求时，组织应确定并提供所需的资源，以确保结果有效和可靠。

组织应确保所提供的资源:

a. 适合所开展的监视和测量活动的特定类型;

b. 得到维护,以确保持续适合其用途。

组织应保留适当的成文信息,作为监视和测量资源适合其用途的证据。

②测量溯源。

当要求测量溯源时,或组织认为测量溯源是信任测量结果有效的基础时,测量设备应:

a. 对照能溯源到国际或国家标准的测量标准,按照规定的时间间隔或在使用前进行校准和(或)检定,当不存在上述标准时,应保留作为校准或验证依据的成文信息;

b. 予以识别,以确定其状态;

c. 予以保护,防止由于调整、损坏或衰减所导致的校准状态和随后的测量结果的失效。

当发现测量设备不符合预期用途时,组织应确定以往测量结果的有效性是否受到不利影响,必要时应采取适当的措施。

(6)组织的知识。

组织应确定必要的知识,以运行过程,并获得合格产品和服务。

这些知识应予以保持,并能在所需的范围内得到。

为应对不断变化的需求和发展趋势,组织应审视现有的知识,确定如何获取或接触更多必要的知识和知识更新。

注 1:组织的知识是组织特有的知识,通常从其经验中获得,是为实现组织目标所使用和共享的信息。

注 2:组织的知识可基于:

①内部来源(如知识产权、从经验获得的知识、从失败和成功项目吸取的经验和教训、获取和分享未成文的知识和经验,以及过程、产品和服务的改进结果);

②外部来源(如标准、学术交流、专业会议、从顾客或外部供方收集的知识)。

2. 能力

组织应:

①确定在其控制下工作的人员所需具备的能力,这些人员从事的工作影响质量管理体系绩效和有效性;

②基于适当的教育、培训或经验,确保这些人员是胜任的;

③适用时,采取措施以获得所需的能力,并评价措施的有效性;

④保留适当的成文信息,作为人员能力的证据。

注:适当措施可包括对在职人员进行培训、辅导或重新分配工作,或者聘用、外包胜任的人员。

3. 意识

组织应确保在其控制下工作的人员知晓:

①质量方针；

②相关的质量目标；

③他们对质量管理体系有效性的贡献，包括改进绩效的益处；

④不符合质量管理体系要求的后果。

4. 沟通

组织应确定与质量管理体系相关的内部和外部沟通，包括：

①沟通什么；

②何时沟通；

③与谁沟通；

④如何沟通；

⑤谁来沟通。

5. 成文信息

(1)总则。

组织的质量管理体系应包括：

①本标准要求的成文信息；

②组织所确定的、为确保质量管理体系有效性所需的成文信息。

注：对于不同组织，质量管理体系成文信息的多少与详略程度可以不同，取决于：

——组织的规模，以及活动、过程、产品和服务的类型；

——过程及其相互作用的复杂程度；

——人员的能力。

(2)创建和更新。

在创建和更新成文信息时，组织应确保适当的：

①标识和说明(如标题、日期、作者、索引编号)；

②形式(如语言、软件版本、图表)和载体(如纸质的、电子的)；

③评审和批准，以保持适宜性和充分性。

(3)成文信息的控制。

①应控制质量管理体系和本标准所要求的成文信息，以确保：

a. 在需要的场合和时机，均可获得并适用；

b. 予以妥善保护(如防止泄密、不当使用或缺失)。

②为控制成文信息，适用时，组织应进行下列活动：

a. 分发、访问、检索和使用；

b. 存储和防护，包括保持可读性；

c. 更改控制(如版本控制)；

d. 保留和处置。

对于组织确定的策划和运行质量管理体系所必需的来自外部的成文信息，组织应进行适当识别,并予以控制。

对所保留的、作为符合性证据的成文信息应予以保护,防止非预期的更改。

注:对成文信息的“访问”可能意味着仅允许查阅,或者意味着允许查阅并授权修改。

6. 理解要点

资源是组织实施质量管理活动的保障。包括人力资源(强调全员参与)、基础设施、过程运行环境、监视和测量资源、知识的积累、能力的培养、意识的提升、内外部沟通、文件化的信息等。只有精确配制内部资源并合理借用外部资源,才能满足社会发展需要,组织才能不断成长、壮大。

八、运行

1. 运行的策划和控制

为满足产品和服务提供的要求,并实施第6章所确定的措施,组织应通过以下措施对所需的过程(见4.4)进行策划、实施和控制:

①确定产品和服务的要求;

②建立下列内容的准则:

a. 过程;

b. 产品和服务的接收。

③确定所需的资源以使产品和服务符合要求;

④按照准则实施过程控制;

⑤在必要的范围和程度上,确定并保持、保留成文信息,以:

a. 确信过程已经按策划进行;

b. 证实产品和服务符合要求。

策划的输出应适合于组织的运行。

组织应控制策划的变更,评审非预期变更的后果,必要时,采取措施减轻不利影响。

组织应确保外包过程受控(见8.4)。

2. 产品和服务的要求

(1)顾客沟通。

与顾客沟通的内容应包括:

①提供有关产品和服务的信息;

②处理问询、合同或订单,包括更改;

③获取有关产品和服务的顾客反馈,包括顾客投诉;

④处置或控制顾客财产;

⑤关系重大时,制定应急措施的特定要求。

(2)产品和服务要求的确定。

在确定向顾客提供的产品和服务的要求时,组织应确保:

①产品和服务的要求得到规定,包括:

a. 适用的法律法规要求;

b. 组织认为的必要要求。

②提供的产品和服务能够满足所声明的要求。

(3)产品和服务要求的评审。

①组织应确保有能力向顾客提供满足要求的产品和服务。在承诺向顾客提供产品和服务之前,组织应对如下各项要求进行评审:

a. 顾客规定的要求,包括对交付及交付后活动的要求;

b. 顾客虽然没有明示,但规定的用途或已知的预期用途所必需的要求;

c. 组织规定的要求;

d. 适用于产品和服务的法律法规要求;

e. 与以前表述不一致的合同或订单要求。

组织应确保与以前规定不一致的合同或订单要求已得到解决。

若顾客没有提供成文的要求,组织在接受顾客要求前应对顾客要求进行确认。

注:在某些情况下,如网上销售,对每一个订单进行正式的评审可能是不实际的,作为替代方法,可评审有关的产品信息,如产品目录。

②适用时,组织应保留与下列方面有关的成文信息:

a. 评审结果;

b. 产品和服务的新要求。

(4)产品和服务要求的更改。

若产品和服务要求发生更改,组织应确保相关的成文信息得到修改,并确保相关人员知道已更改的要求。

3. 产品和服务的设计和开发

(1)总则。

组织应建立、实施和保持适当的设计和开发过程,以确保后续的产品和服务的提供。

(2)设计和开发策划。

在确定设计和开发的各个阶段和控制时,组织应考虑:

①设计和开发活动的性质、持续时间和复杂程度;

②所需的过程阶段,包括适用的设计和开发评审;

③所需的设计和开发验证、确认活动;

④设计和开发过程涉及的职责和权限;

⑤产品和服务的设计和开发所需的内部、外部资源:

⑥设计和开发过程参与人员之间接口的控制需求;

⑦顾客及使用者参与设计和开发过程的需求;

⑧对后续产品和服务提供的要求;

⑨顾客和其他有关相关方期望的对设计和开发过程的控制水平；

⑩证实已经满足设计和开发要求所需的成文信息。

(3)设计和开发输入。

组织应针对所设计和开发的具体类型的产品和服务，确定必需的要求。组织应考虑：

①功能和性能要求；

②来源于以前类似设计和开发活动的信息；

③法律法规要求；

④组织承诺实施的标准或行业规范；

⑤由产品和服务性质所导致的潜在的失效后果。

针对设计和开发的目的，输入应是充分和适宜的，且应完整、清楚。

相互矛盾的设计和开发输入应得到解决。

组织应保留有关设计和开发输入的成文信息。

(4)设计和开发控制。

组织应对设计和开发过程进行控制，以确保：

①规定拟获得的结果；

②实施评审活动，以评价设计和开发的结果满足要求的能力；

③实施验证活动，以确保设计和开发输出满足输入的要求；

④实施确认活动，以确保形成的产品和服务能够满足规定的使用要求或预期用途；

⑤针对评审、验证和确认过程中确定的问题采取必要措施；

⑥保留这些活动的成文信息。

注：设计和开发的评审、验证和确认具有不同目的。根据组织的产品和服务的具体情况，可单独或以任意组合的方式进行。

(5)设计和开发输出。

组织应确保设计和开发输出：

①满足输入的要求；

②满足后续产品和服务提供过程的需要；

③包括或引用监视和测量的要求，适当时，包括接收准则；

④规定产品和服务特性，这些特性对于预期目的、安全和正常提供是必需的。

组织应保留有关设计和开发输出的成文信息。

(6)设计和开发更改。

组织应对产品和服务设计和开发期间以及后续所做的更改进行适当的识别、评审和控制，以确保这些更改对满足要求不会产生不利影响。

组织应保留下列方面的成文信息：

①设计和开发更改；

②评审的结果；

③更改的授权；

④为防止不利影响而采取的措施。

4. 外部提供的过程、产品和服务的控制

(1)总则。

组织应确保外部提供的过程、产品和服务符合要求。

在下列情况下，组织应确定对外部提供的过程、产品和服务实施的控制：

①外部供方的产品和服务将构成组织自身的产品和服务的一部分；

②外部供方代表组织直接将产品和服务提供给顾客；

③组织决定由外部供方提供过程或部分过程。

组织应基于外部供方按照要求提供过程、产品和服务的能力，确定并实施外部供方的评价、选择、绩效监视以及再评价的准则。对于这些活动和由评价引发的任何必要的措施，组织应保留成文信息。

(2)控制类型和程度。

组织应确保外部提供的过程、产品和服务不会对组织稳定地向顾客交付合格产品和服务的能力产生不利影响。

组织应：

①确保外部提供的过程保持在其质量管理体系的控制之中；

②规定对外部供方的控制及其输出结果的控制；

③考虑：

a. 外部提供的过程、产品和服务对组织稳定地满足顾客要求和适用的法律法规要求的能力的潜在影响；

b. 由外部供方实施控制的有效性；

④确定必要的验证或其他活动，以确保外部提供的过程、产品和服务满足要求。

(3)提供给外部供方的信息。

组织应确保在与外部供方沟通之前所确定的要求是充分和适宜的。

组织应与外部供方沟通以下要求：

①需提供的过程、产品和服务；

②对下列内容的批准：

a. 产品和服务；

b. 方法、过程和设备；

c. 产品和服务的放行；

③能力，包括所要求的人员资格；

④外部供方与组织的互动；

⑤组织使用的对外部供方绩效的控制和监视；

⑥组织或其顾客拟在外部供方现场实施的验证或确认活动。

5. 生产和服务提供

(1)生产和服务提供的控制。

组织应在受控条件下进行生产和服务提供。

适用时,受控条件应包括:

①可获得成文信息,以规定以下内容:

a. 拟生产的产品、提供的服务或进行的活动的特性;

b. 拟获得的结果。

②可获得和使用适宜的监视和测量资源;

③在适当阶段实施监视和测量活动,以验证是否符合过程或输出的控制准则以及产品和服务的接收准则;

④为过程的运行使用适宜的基础设施,并保持适宜的环境;

⑤配备胜任的人员,包括所要求的资格;

⑥若输出结果不能由后续的监视或测量加以验证,应对生产和服务提供过程实现策划结果的能力进行确认,并定期再确认;

⑦采取措施防止人为错误;

⑧实施放行、交付和交付后的活动。

(2)标识和可追溯性。

需要时,组织应采用适当的方法识别输出,以确保产品和服务合格。

组织应在生产和服务提供的整个过程中按照监视和测量要求识别输出状态。

当有可追溯要求时,组织应控制输出的唯一性标识,并应保留所需的成文信息以实现可追溯。

(3)顾客或外部供方的财产。

组织应爱护在组织控制下或组织使用的顾客或外部供方的财产。

对组织使用的或构成产品和服务一部分的顾客和外部供方财产,组织应予以识别、验证、保护和防护。

若顾客或外部供方的财产发生丢失、损坏或发现不适用情况,组织应向顾客或外部供方报告,并保留所发生情况的成文信息。

注:顾客或外部供方的财产可能包括材料、零部件、工具和设备以及场所、知识产权和个人资料。

(4)防护。

组织应在生产和服务提供期间对输出进行必要的防护,以确保符合要求。

注:防护可包括标识、处置、污染控制、包装、储存、传输或运输以及保护。

(5)交付后活动。

组织应满足与产品和服务相关的交付后活动的要求。

在确定所要求的交付后活动的覆盖范围和程度时,组织应考虑:

①法律法规要求；

②与产品和服务相关的潜在不良的后果；

③产品和服务的性质、使用和预期寿命；

④顾客要求；

⑤顾客反馈。

注：交付后活动可包括保证条款所规定的措施、合同义务（如维护服务等）、附加服务（如回收或最终处置等）。

（6）更改控制。

组织应对生产或服务提供的更改进行必要的评审和控制，以确保持续地符合要求。

组织应保留成文信息，包括有关更改评审的结果、授权进行更改的人员以及根据评审所采取的必要措施。

6. 产品和服务的放行

组织应在适当阶段实施策划的安排，以验证产品和服务的要求已得到满足。

除非得到有关授权人员的批准，适用时得到顾客的批准，否则在策划的安排已圆满完成之前，不应向顾客放行产品和交付服务。

组织应保留有关产品和服务放行的成文信息。成文信息应包括：

①符合接收准则的证据；

②可追溯到授权放行人员的信息。

7. 不合格输出的控制

（1）组织应确保对不符合要求的输出进行识别和控制，以防止非预期的使用或交付。

组织应根据不合格的性质及其对产品和服务符合性的影响采取适当措施。这也适用于在产品交付之后，以及在服务提供期间或之后发现的不合格产品和服务。

组织应通过下列一种或几种途径处置不合格输出：

①纠正；

②隔离、限制、退货或暂停对产品和服务的提供；

③告知顾客；

④获得让步接收的授权。

对不合格输出进行纠正之后应验证其是否符合要求。

（2）组织应保留下列成文信息：

①描述不合格；

②描述所采取的措施；

③描述获得的让步；

④识别处置不合格的授权。

8. 理解要点

组织应对产品和服务运行的过程进行有效地策划和开发，既要与总的质量目标一致，又要满足法律法规和顾客的要求。组织应加强与顾客之间的沟通，了解其诉求并处理好“顾客抱怨”，同时增加关于应急措施的特点要求。在产品实现过程中随时关注不合格品并及时采取相应措施处理，更加强调了可追溯系统建立的重要性，为更优质的“售后服务”保驾护航。

九、绩效评价

1. 监视、测量、分析和评价

(1)总则。

组织应确定：

①需要监视和测量什么；

②需要用什么方法进行监视、测量、分析和评价，以确保结果有效；

③何时实施监视和测量；

④何时对监视和测量的结果进行分析和评价。

组织应评价质量管理体系的绩效和有效性。

组织应保留适当的成文信息，以作为结果的证据。

(2)顾客满意。

组织应监视顾客对其需求和期望已得到满足的程度的感受。组织应确定获取、监视和评审该信息的方法。

注：监视顾客感受的例子可包括顾客调查、顾客对交付产品或服务的反馈、顾客座谈、市场占有率分析、顾客赞扬、担保索赔和经销商报告。

(3)分析与评价。

组织应分析和评价通过监视和测量获得的适当的数据和信息。

应利用分析结果评价：

①产品和服务的符合性；

②顾客满意程度；

③质量管理体系的绩效和有效性；

④策划是否得到有效实施；

⑤应对风险和机遇所采取措施的有效性；

⑥外部供方的绩效；

⑦质量管理体系改进的需求。

注：数据分析方法可包括统计技术。

2. 内部审核

(1)组织应按照策划的时间间隔进行内部审核，以提供有关质量管理体系的下列信息：

①是否符合：

a. 组织自身的质量管理体系要求；

b. 本标准的要求；

②是否得到有效的实施和保持。

(2)组织应：

①依据有关过程的重要性、对组织产生影响的变化和以往的审核结果，策划、制定、实施和保持审核方案，审核方案包括频次、方法、职责、策划要求和报告；

②规定每次审核的审核准则和范围；

③选择审核员并实施审核，以确保审核过程客观公正；

④确保将审核结果报告给相关管理者；

⑤及时采取适当的纠正和纠正措施；

⑥保留成文信息，作为实施审核方案以及审核结果的证据。

注：相关指南参见 GB/T 19011。

3. 管理评审

(1)总则。

最高管理者应按照策划的时间间隔对组织的质量管理体系进行评审，以确保其持续的适宜性、充分性和有效性，并与组织的战略方向保持一致。

(2)管理评审输入。

策划和实施管理评审时应考虑下列内容：

①以往管理评审所采取措施的情况；

②与质量管理体系相关的内外部因素的变化；

③下列有关质量管理体系绩效和有效性的信息，包括其趋势：

a. 顾客满意和有关相关方的反馈；

b. 质量目标的实现程度；

c. 过程绩效以及产品和服务的合格情况；

d. 不合格及纠正措施；

e. 监视和测量结果；

f. 审核结果；

g. 外部供方的绩效。

④资源的充分性；

⑤应对风险和机遇所采取措施的有效性(见 6.1)；

⑥改进的机会。

(3)管理评审输出。

管理评审的输出应包括与下列事项相关的决定和措施：

①改进的机会；

②质量管理体系所需的变更；

③资源需求。

组织应保留成文信息，作为管理评审结果的证据。

4. 理解要点：

组织应通过顾客满意程度反馈、分析和评价、内部审核、管理评审等监视和测量活动对管理体系的绩效和有效性进行评价，对不妥之处进行合理的调整。

十、持续改进

1. 总则

组织应确定和选择改进机会，并采取必要措施，以满足顾客要求和增强顾客满意。

这应包括：

①改进产品和服务，以满足要求并应对未来的需求和期望；

②纠正、预防或减少不利影响；

③改进质量管理体系的绩效和有效性。

注：改进的例子可包括纠正、纠正措施、持续改进、突破性变革、创新和重组。

2. 不合格和纠正措施

(1)当出现不合格时，包括来自投诉的不合格，组织应：

①对不合格做出应对，并在适用时：

a. 采取措施以控制和纠正不合格；

b. 处置后果。

②通过下列活动，评价是否需要采取措施，以消除产生不合格的原因，避免其再次发生或者在其他场合发生：

a. 评审和分析不合格；

b. 确定不合格的原因；

c. 确定是否存在或可能发生类似的不合格。

③实施所需的措施；

④评审所采取的纠正措施的有效性；

⑤需要时，更新策划期间确定的风险和机遇；

⑥需要时，变更质量管理体系。

纠正措施应与不合格所产生的影响相适应。

(2)组织应保留成文信息，作为下列事项的证据：

①不合格的性质以及随后所采取的措施；

②纠正措施的结果。

3. 持续改进

组织应持续改进质量管理体系的适宜性、充分性和有效性。

组织应考虑分析和评价的结果以及管理评审的输出，以确定是否存在需求或机遇，这些需求或机遇应作为持续改进的一部分加以应对。

4. 理解要点

随着时代的进步，顾客的要求在不断提升，组织要持续满足顾客要求并争取超越顾客期望，就必须保证纠正措施顺利实施，要有所创新并力求更上一个台阶，做到持续有效地、整体地改进。

习题：

1. 解释下列术语：

组织、组织环境、相关方、顾客、外包、质量、服务、不合格、风险、形成文件的信息、审核、纠正措施、预防措施。

2. 阐述质量管理的发展历程。

3. 2015 版的 ISO9000 族标准的七项基本原则是什么？

第八章 GMP与HACCP

第一节 食品GMP的概况

GMP是良好生产规范(Good Manufacturing Practice)的缩写,它是一种具有专业特性的品质保证(QA)的制造管理体系。食品良好生产规范是为保障食品安全和质量而制定的贯穿食品生产过程的一系列措施、方法和技术要求。GMP要求食品生产企业应具备良好的生产设备、合理的生产过程、完善的质量管理和严格的监测系统,确保终产品的质量符合标准。

GMP来源于药品产品生产。第二次世界大战以后,人们在经历了数次较大的药物灾难之后,逐步认识到以成品抽样分析检验结果为依据的质量控制方法有一定缺陷,不能保证生产的药品都做到安全并符合质量要求。美国于1962年修改了《联邦食品、药品、化妆品法》,将药品质量管理和质量保证的概念制定成法定的要求。美国食品药品管理局(FDA)根据修改法的规定,由美国坦普尔大学6名教授编写制定了世界上第一部药品的GMP,并于1963年通过美国国会第一次颁布成法令。1969年第22届世界卫生大会,WHO建议各成员国的药品生产采用GMP制度,以确保药品质量。同年,美国FDA又将GMP引用到食品的生产法规中,制定了《通用食品制造、加工包装及贮存的良好工艺规范》。从20世纪70年代开始,FDA又陆续制定了低酸性罐头食品等几类食品的GMP,其中CGMP和低酸性罐头GMP已作为法规公布。

一、GMP的类型

(1)国际通用的规则,如美国CAC颁布的《食品卫生通则》。

(2)由国家政府机构颁布的GMP,如美国FDA公布的低酸性罐头食品GMP、我国国家质量监督检验检疫总局颁布的《出口食品生产企业卫生要求》。

(3)行业组织制定的GMP,这类GMP可作为同类食品企业共同参照、自愿遵守的管理规范。

(4)食品企业自定的GMP,作为企业内部管理的规范。

从GMP的法律效率来看,又可分为强制性GMP和指导性(或推荐性)GMP。强制性GMP是食品生产企业必须遵守的法律规定,由有关政府部门颁布并监督实施。我国国家质量监督检验检疫总局颁布的《出口食品生产企业卫生要求》属强制性GMP。指导性(或推荐性)GMP由国家政府部门、行业组织或协会等制定并推荐给食品企业参照执行。

二、国内外的食品GMP及其实施情况

（一）我国食品企业的GMP

我国食品企业质量管理规范的制定工作起步于20世纪80年代中期，从1988年起，先后颁布了罐头厂、白酒厂、啤酒厂、乳品厂、肉类加工厂等20个食品企业卫生规范，其中1个通用GMP，19个专用GMP，并作为强制性标准予以发布，以下简称卫生规范。现今，随着食品工业的不断进步也在不断改进企业相关的生产规范，在此情况下国家颁布了相应的食品企业卫生规范，包括：

（1）乳制品企业良好生产规范（GB 12693—2010）。

（2）饮料生产卫生规范（GB 12695—2016）。

（3）熟肉制品企业生产卫生规范（GB 19303—2003）。

（4）包装饮用水生产卫生规范（GB 19304—2018）。

这些卫生规范制定的目的主要是针对当时我国大多数食品企业卫生条件和卫生管理比较落后的状况，重点规定厂房、设备、设施的卫生要求和企业的自身卫生管理等内容，借以促进我国食品企业卫生状况的改善。这些规范制定的指导思想与GMP的原则类似，即将保证食品卫生质量的重点放在成品出厂前的整个生产过程的各个环节上，而不仅仅着眼于终产品上，针对食品生产全过程提出相应技术要求和质量控制措施，以确保终产品卫生质量合格。

自上述规范发布以来，我国食品企业的整体生产条件和管理水平已经有了较大幅度的提高，食品工业得到了长足发展。鉴于制定我国食品企业GMP的时机已经成熟，1998年卫生部发布了《保健食品良好生产规范》（GB 17405—1998）和《食品安全国家标准膨化食品良好生产规范》（GB 17404—2016），这是我国首批颁布的GMP标准，标志着我国食品企业管理的深入发展。

上述两部GMP与以往的卫生规范相比较，最突出的特点是增加了品质管理的内容，同时对企业人员的素质及资格也提出了具体要求。在工厂硬件方面，不仅要求具备完善的卫生设施，还要求其他加工设备保持良好的生产条件和状态，以确保产品品质。在对生产过程的要求中，对重点环节制定了具体的量化质量控制指标。除强调控制污染措施外，还提出保证其营养和功效成分在加工过程中不损失、不破坏、不转化，确保其在终产品中的质量和含量达到要求。此外还规定了生产和管理记录的处理、成品售后意见处理、成品回收、建立产品档案等新的管理内容。

随着人们对环境保护意识的增加，国家环保局颁布的《有机（天然）食品生产和加工技术规范》主要针对有机农业生产的环境、有机（天然）农产品生产技术、加工技术、贮藏技术、运输技术、销售技术、检测技术和有机农业转变等方面做相应的规范。同时，我国农业部于1999年颁布了《水产品加工质量管理规范》（SC/T 3009—1999）。除以上对不同食品企业生产加工做出相应规范以外，还下发了各类食品的卫生管理办法。此类管理办法涉及

乳与乳制品、食用菌、糕点类、食糖、食用植物油、汽酒、蛋与蛋制品等22类食品的卫生管理办法,还包括食品包装用原纸、食品用塑料制品及原材料、陶瓷食具、食品用橡胶制品、铝制食具容器、搪瓷食具容器和食品容器内壁涂料等7种包装材料的卫生管理办法。相对于食品产业来说,我国卫生部于2010年针对于餐饮服务业颁布了《餐饮服务食品安全监督管理办法》,在该办法中关于餐饮服务基本要求、食品安全事故处理、监督管理和法律责任等方面做了相关说明。

(二)国外食品生产的GMP及实施情况

美国FDA于1969年制定了《通用食品良好生产工艺通则》(CGMP),为所有食品企业共同遵守的法规,之后,又陆续制定了单类食品企业的GMP。如熏制鱼及熏味鱼炸虾GMP(1970年)、低酸性罐头GMP(1973年)、巧克力、可可制品类、糕点类及瓶装饮料GMP(1975年)、烘焙食品、盐渍或酸渍食品、发酵食品及酸化食品GMP(1976年)等。目前美国强制性执行的GMP仅有CGMP和低酸性罐头GMP两部。

日本受美国药品和食品GMP实施的影响,厚生省、农林水产省、日本食品卫生协会等先后分别制定了各类食品产品的《食品制造流通准则》《卫生规范》《卫生管理要领》等。农林水产省所制定的《食品制造流通准则》,有食用植物油、罐头食品、豆腐、腌制蔬菜、加工海带、杀菌袋装食品、碳酸饮料、紫鱼、饼干、番茄加工、汉堡及牛肉饼、即食菜肴、水产制品、味精、生面条、面包、酱油、冷食、通心粉、麦茶等20多种。厚生省所制定的《卫生规范》,有鸡肉加工规范、盒饭及即食菜肴卫生规范、酱油腌菜卫生规范、生鲜西点卫生规范、中央厨房及零售连锁店卫生规范、生面食品类卫生规范等。

加拿大实施GMP有3种情况:①GMP作为食品企业必须遵守的基本要求被政府机构写进了法律条文,如加拿大农业部制定的《肉类食品监督条例》中的有关厂房建筑的规定属于强制性GMP。②部门出版发行的GMP准则,鼓励食品生产企业自愿遵守。③政府部门可以采用一些国际组织制定的GMP准则,食品生产企业被推荐采用。加拿大卫生部(HPB)按照《食品和药物法》制定了《食品良好制造法规》(GMRF),相当于GMP的内容,其描述了加拿大食品加工企业最低健康与安全标准。农业部建立了《食品安全促进计划》(FSEP),旨在确保所有加工的农产品以及这些产品的加工条件是安全卫生的。

其他一些国家采取指导的方式推动GMP在本国的实施。如英国推广GFMP(Good Food Manufacturing Practice),新加坡由民间组织——新加坡标准协会(SISIR)推广GMP制度。

国际食品法典委员会(CAC)制定了《食品卫生通则》(CAC/PCPl—1981)及30多种食品卫生实施法规,基本内容包括:①适用范围;②定义;③原料要求;④工厂设备及操作;⑤成品规格。CAC将这些关于食品企业的生产规范推荐给各会员国政府,供各国制定相应食品法规时参考,同时也将这些规范作为国际食品贸易的准则,用于消除各国食品产品进口的非关税壁垒,促进国际间食品流通。

三、食品企业推行GMP的意义

GMP是一种行之有效的科学而严密的生产质量管理制度,可消除不规范的食品生产和质量管理活动,其重要意义如下。

1. 从源头上保证食品质量

GMP对从原料进场到成品出厂及成品的储运、销售等整个生产销售链的各个环节,均提出了具体控制措施、技术要求和相应的监测方法及程序,实施GMP管理制度是确保每件终产品合格的有效途径。

2. 有利于食品产品进入国际市场

GMP的原则已被世界上许多国家,特别是发达国家认可并采纳。GMP是衡量一个企业质量管理优劣的重要依据。在食品企业实施GMP,将会提高食品产品在国际贸易中的竞争力。

3. 促进食品企业质量管理的科学化和规范化

我国的食品企业GMP以标准形式公布,具有强制性和普遍实用性,贯彻实施GMP可使广大企业,特别是技术力量较差的企业依据GMP的规定,建立和完善自身质量管理系统,规范生产行为,有助于提升食品加工行业整体质量管理水平。

4. 提高行政部门对食品企业进行监督检查的水平

对食品企业进行GMP监督检查,可使食品卫生监督工作更具科学性和针对性,提高对食品企业的监督检查水平。

5. 带动落后,优胜劣汰,促进食品企业的公平竞争

企业实施GMP,势必会大大提高产品的质量,从而带来良好的市场信誉和经济效率,同时也能起到样板作用,调动落后企业实施GMP的积极性。通过加强GMP的监督检查,还可淘汰一些不具备生产条件的企业,起到扶优汰劣的作用。

第二节　食品企业的GMP通则

GMP是对食品生产过程的各个环节、各个方面实行全面质量控制的具体技术要求和为保证产品质量必须采取的监控措施。它的内容可概括为硬件和软件两部分。硬件是指对食品企业提出的厂房、设备、卫生设施等方面的技术要求,而软件是指可靠的生产工艺、规范的生产行为、完善的管理组织和严格的管理制度等规定和措施。

一、人员的要求

(一)人员配备的重要性

人员的主导作用在食品生产质量管理体系中主要体现以下两个方面。

①人是生产的第一要素,产品质量取决于管理者和全体员工的共同努力。要有好的产

品质量,就必须有好的管理。现代管理的核心就是如何用人。

②要保证产品质量首先必须保证工作质量,而工作质量取决于人员的素质及人员的技能、思想意识和责任心。大量事实说明,在各类食品污染事故中,绝大多数都是人为原因造成的。人的职业道德和专业素质的高低决定了企业的命运。

(二)人员的素质

食品企业生产和质量管理部门的负责人应具备相关学科学历,应能按规范中的要求组织生产或进行质量管理,能对食品生产和质量管理中出现的实际问题做出正确的判断和处理。

①生产制造、品质管制、卫生管理及安全管理的负责人,应雇用大专相关科系毕业或高中(职)以上毕业具备食品制造经验四年以上的人员。

②食品检验人员以雇用大专相关科系毕业为宜或经政府证照制度检定合格的食品检验技术士者,如为高中(职)或大专非相关科系毕业人员应经政府认可的专业训练(食品检验训练班)合格并持有结业证明者。

③各部门负责人员及技术助理,应于到厂后三年内参加政府单位或研究机构、企业管理训练单位等接受专业职前或在职训练并持有结业证明。

④食品卫生管理法第22条规定的食品制造工厂,应设置卫生管理人员,其资格及办理事项应符合行政院卫生署《食品制造工厂卫生管理人员设置办法》有关规定。

⑤专业工厂的各类专门技术人员,应符合经济部《食品工厂建筑及设备之设置标准》及其他相关法令的规定。

(三)教育与培训

①工厂应制订年度训练计划据以确实执行并作成纪录。年度训练计划应包括厂内及厂外训练课程,且其规划应考量有效提升员工对食品GMP的管理与执行能力。

②对从事食品制造及相关作业员工应定期举办(可在厂内)食品卫生及危害分析重点管制(HACCP)系统的有关训练。

③各部门管理人员应忠于职责、以身作则,并随时随地督导及教育所属员工确实遵照既定的作业程序或规定执行作业。

二、企业的设施与设施要求

无污染的厂房环境、合理的厂房布局、规范化的生产车间、符合标准的设备和齐全的辅助设施是一个合格食品企业必备的条件。

1. 厂房配置与空间

(1)厂房应依作业流程需要及卫生要求,有序而整齐的配置,以避免交叉污染。

(2)厂房应具有足够空间,以利于设备安置、卫生设施、物料贮存及人员作息等,以确保食品的安全与卫生。食品器具等应有清洁卫生之储放场所。

(3)制造作业场所内设备与设备间或设备与墙壁之间,应有适当的信道或工作空间,其宽度应足以容许工作人员完成工作(包括清洗和消毒),且不致因衣服或身体的接触而污染食品、食品接触面或内包装材料。

(4)检验室应有足够空间,以安置实验台、仪器设备等,并进行物理、化学、感官及(或)微生物等试验工作。微生物检验场所应与其他场所适当区隔,如未设置无菌操作箱须有效隔离,但易腐败即食性成品工厂的微生物检验室应有效隔离。如有设置病原菌操作场所应严格有效隔离。

2. 厂房区隔

(1)凡使用性质不同的场所(原料仓库、材料仓库、原料处理场等)应个别设置或加以有效区隔。

(2)凡清洁度区分不同(清洁、准清洁及一般作业区等)的场所,应加以有效隔离(如表8-1)。

表8-1　食品工厂各作业场所之清洁度区分(注1)

<table>
<tr><th>厂房设施(原则上依制程顺序排列)</th><th colspan="2">清洁度区分</th></tr>
<tr><td>• 原料仓库
• 材料仓库
• 原料处理场
• 内包装容器洗涤场(注2)
• 空瓶(罐)整列场
• 杀菌处理场(采密闭设备及管路输送)</td><td colspan="2">一般作业区</td></tr>
<tr><td>• 加工调理场
• 杀菌处理场(采开放式设备)
• 内包装材料之准备室
• 缓冲室
• 非易腐败即食性成品的内包装室</td><td>准清洁作业区</td><td rowspan="2">管制作业区</td></tr>
<tr><td>• 易腐败即食性成品的最终半成品的冷却及贮存场所
• 易腐败即食性成品的内包装室</td><td>清洁作业区</td></tr>
<tr><td>• 外包装室
• 成品仓库</td><td colspan="2">一般作业区</td></tr>
<tr><td>• 品管(检验)室
• 办公室(注3)
• 更衣及洗手消毒室
• 厕所
• 其他</td><td colspan="2">非食品处理区</td></tr>
<tr><td colspan="3">注:1. 专则另有规定者,从其规定。
2. 内包装容器洗涤场的出口处应设置于管制作业区内。
3. 办公室不得设置于管制作业区内(但生产管理与品管场所不在此限,但须有适当的管制措施)。</td></tr>
</table>

3. 厂房结构

厂房的各项建筑物应坚固耐用、易于维修、维持干净,并应为能防止食品、食品接触面及内包装材料遭受污染(有害动物的侵入、栖息、繁殖等)的结构。

4. 安全设施

(1)厂房内配电必须能防水。

(2)电源必须有接地线与漏电断电系统。

(3)高湿度作业场所的插座及电源开关应具有防水效果。

(4)不同电压的插座必须明显标示。

(5)厂房应依消防法令规定安装火警警报系统。

(6)在适当且明显的地点应设有急救器材和设备,但必须加以严格管制,以防污染食品。

5. 地面与排水

(1)地面应使用非吸收性、不透水、易清洗消毒、不藏污纳垢的材料铺设,且须平坦不滑、不得有侵蚀、裂缝及积水。

(2)制造作业场所于作业中有液体流至地面、作业环境经常潮湿或以水洗方式清洗作业的区域,其地面应有适当的排水斜度(应在 1/100 以上)及排水系统。

(3)废水应排至适当的废水处理系统或经由其他适当方式予以处理。

(4)作业场所的排水系统应有适当的过滤或废弃物排除装置。

(5)排水沟应保持顺畅,且沟内不得设置其他管路。排水沟的侧面和底面接合处应有适当的弧度(曲率半径应在 3cm 以上)。

(6)排水出口应有防止有害动物侵入的装置。

(7)屋内排水沟的流向不得由低清洁区流向高清洁区,且应有防止逆流的设计。

6. 屋顶及天花板

(1)制造、包装、贮存等场所的室内屋顶应易于清扫,以防止灰尘蓄积,避免结露、长霉或成片剥落等情形发生。管制作业区及其他食品暴露场所(原料处理场除外)的屋顶若为等易藏污纳垢的结构,应加设平滑易清扫的天花板。若为钢筋混凝土构筑者,其室内屋顶应平坦无缝隙,而梁与梁及梁与屋顶接合处宜有适当弧度。

(2)平顶式屋顶或天花板应使用白色或浅色防水材料构筑,若喷涂油漆应使用可防霉、不易剥落且易清洗的原料。

(3)蒸汽、水、电等配管不得直接设于食品暴露的上空,否则应有能防止尘埃及凝结水等掉落的装置或措施。空调风管等宜设于天花板的上方。

(4)楼梯或横越生产线的跨道设计构筑,应避免引起附近食品及食品接触面遭受污染,并应有安全设施。

7. 墙壁与门窗

(1)管制作业区的壁面应采用非吸收性、平滑、易清洗、不透水的浅色材料构筑(但密闭式发酵桶等,实际上可在室外工作的场所不在此限)。且其墙脚及柱脚(必要时墙壁与墙壁间、或墙壁与天花板间)应具有适当的弧度(曲率半径应在 3cm 以上)以利于清洗及避免藏污纳垢,干燥作业场所除外。

(2)作业中需要打开的窗户应装设易拆卸清洗且具有防护食品污染功能的不生锈纱网,但清洁作业区内在作业中不得打开窗户。管制作业区的室内窗台,台面深度如有2cm以上,其台面与水平面的夹角应达45°以上,未满2cm者应以不透水材料填补内面死角。

(3)管制作业区对外出入门户应装设能自动关闭的纱门(或空气帘),及(或)清洗消毒鞋底的设备(需保持干燥的作业场所得设置换鞋设施)。门扉应以平滑、易清洗、不透水的坚固材料制作,并经常保持关闭。

8. 照明设施

(1)厂内各处应装设适当的采光及(或)照明设施,照明设备以不安装在食品加工线上有食品暴露的直接上空为原则,否则应有防止照明设备破裂或掉落而污染食品的措施。

(2)一般作业区域的作业面应保持110 lx以上,管制作业区的作业面应保持220lx以上,检查作业台面则应保持540lx以上的光度,而所使用的光源应不致于改变食品的颜色。

9. 通风设施

(1)制造、包装及贮存等场所应保持通风良好,必要时应装设有效的换气设施,以防止室内温度过高、蒸汽凝结或异味等发生,并保持室内空气新鲜。易腐败即食性成品或低温运销成品的清洁作业区应装设空气调节设备。

(2)在有臭味及气体(包括蒸汽及有毒气体)或粉尘产生而有可能污染食品之处,应有适当的排除、收集或控制装置。

(3)管制作业区的排气口应装设防止有害动物侵入的装置,而进气口应有空气过滤设备。两者并应易于拆卸清洗或换新。

(4)厂房内在空气调节、进排气或使用风扇时,其空气流向不得由低清洁区流向高清洁区,以防止食品、食品接触面及内包装材料可能遭受污染。

10. 供水设施

(1)应能提供工厂各部所需的足量、适当压力及水质的水。必要时,应有储水设备及提供适当温度的热水。

(2)储水槽(塔、池)应以无毒,不致污染水质的材料构筑,并应有防护污染的措施。

(3)食品制造用水应符合饮用水水质标准,非使用自来水者,应设置净水或消毒设备。

(4)不与食品接触的非饮用水(如冷却水、污水或废水等)的管路系统与食品制造用水的管路系统,应以颜色明显区分,并以完全分离的管路输送,不得有逆流或相互交接现象。

(5)地下水源应与污染源(化粪池、废弃物堆置场等)保持15m以上的距离,以防污染。

11. 洗手设施

(1)应在适当且方便的地点(如在管制作业区入口处、厕所及加工调理场等),设置足够数目的洗手及干手设备。必要时应提供适当温度的温水或热水及冷水并装设可调节冷热水的水龙头。

(2)在洗手设备附近应备有液体清洁剂。必要时(如员工手部不经消毒有污染食品的危险)应设置手部消毒设备。

(3)洗手台应以不锈钢或磁材等不透水材料构筑,其设计和构造应不易藏污纳垢且易于清洗消毒。

(4)干手设备应采用烘手器或擦手纸巾。如使用纸巾者,使用后的纸巾应丢入易保持清洁的垃圾桶内(最好使用脚踏开盖式垃圾桶)。若采用烘手器,应定期清洗、消毒内部,避免污染。

(5)水龙头应采用脚踏式、肘动式或电眼式等开关方式,以防止已清洗或消毒的手部再度遭受污染。

(6)洗手设施的排水,应具有防止逆流、有害动物侵入及臭味产生的装置。

(7)应有简明易懂的洗手方法标示,且应张贴或悬挂在洗手设施邻近明显的位置。

12. 洗手消毒室

(1)管制作业区的入口处宜设置独立隔间的洗手消毒室(易腐败即食性成品工厂则必须设置)。

(2)室内除应具备规定的设施外, 并应有泡鞋池或同等功能的鞋底洁净设备,但需保持干燥的作业场所得设置换鞋设施。设置泡鞋池时若使用氯化合物消毒剂,其有效游离余氯浓度应经常保持在200 ppm以上。

13. 更衣室

(1)应设于管制作业区附近适当而方便的地点,并独立隔间,男女更衣室应分开。室内应有适当的照明,且通风应良好。易腐败即食性成品工厂的更衣室应与洗手消毒室相近。

(2)应有足够大小的空间,以便员工更衣, 并应备有可照全身的更衣镜、洁尘设备及数量足够的个人用衣物柜及鞋柜等。

另外,生产车间还应配置与生产人员数相适应的沐浴室和厕所等专用卫生设施。

三、设备与工具

1. 设计

(1)所有食品加工用机器设备的设计和构造应能防止危害食品卫生,易于清洗消毒(尽可能易于拆卸),并容易检查。应有使用时可避免润滑油、金属碎屑、污水或其他可能引起污染的物质混入食品的构造。

(2)食品接触面应平滑、无凹陷或裂缝,以减少食品碎屑、污垢及有机物的聚积,使微生物的生长减至最低程度。

(3)设计应简单,且易排水、易于保持干燥的构造。

(4)贮存、运送及制造系统(包括重力、气动、密闭及自动系统)的设计与制造,应使其能维持适当的卫生状况。

(5)在食品制造或处理区,不与食品接触的设备与用具,其构造亦应能易于保持清洁状态。所有食品加工设备、设备的设计和构造应能防止污染,易于清洗消毒,并容易检查。食品接触面应平滑、无凹陷或裂缝,以减少食品碎屑、污垢及有机物的囤积。

2. 材质

(1)所有用于食品处理区及可能接触食品的食品设备与器具，应由不会产生毒素、无臭味或异味、非吸收性、耐腐蚀且可承受重复清洗和消毒的材料制造，同时应避免使用会发生接触腐蚀的不当材料。

(2)食品接触面原则上不可使用木质材料，除非其可证明不会成为污染源者方可使用。

3. 生产设备

(1)生产设备的排列应有秩序，且有足够的空间，使生产作业顺畅进行，并避免引起交叉污染，而各个设备的产能任务须互相配合。

(2)用于测定、控制或记录的测量器或记录仪，应能适当发挥其功能且须准确，并定期校正。

(3)以机器导入食品或用于清洁食品接触面或设备的压缩空气或其他气体，应予适当处理，以防止造成间接污染。

4. 品管设备

工厂应具有足够的检验设备，供例行的品管检验及判定原料、半成品及成品的卫生品质。必要时，可委托具公信力的研究或检验机构代为检验厂内无法检测的项目。

四、品质管制

1. 品质管制标准书的制定与执行

(1)工厂应制定品质管制标准书，由品管部门主办，经生产部门认可后确实遵循，以确保生产的食品适合食用。其内容应包括本规范 10.2 至 10.6 的规定，修订时亦同。

(2)检查所用的方法如需采用经修改过的简便方法时，应定期与标准法核对。

(3)制程上重要生产设备的计量器(温度计、压力计、秤量器等)应制订年度校正计划，并依计划校正与纪录。标准计量器以及与食品安全卫生有密切关系的加热杀菌设备所装置的温度计与压力计，每年至少应委托具公信力的机构校正一次，确实执行并作成纪录。

(4)品质管制纪录应以适当的统计方法处理。

(5)工厂需备有各项相关的现行法规或标准等资料。

2. 合约管理

工厂应建立并维持合约审查及其业务协调的各项书面程序。

(1)合约审查。

在接受每一份订单时，应对要求条件加以审查，以确保要求事项已符合明文规定，并有能力满足所要求的事项。

(2)合约修订。

在履行合约或订单中，遇有修订时，应将修订后的纪录正确的传送到有关部门，并按照修订后的内容执行作业。

3. 原材料的品质管制

（1）原材料的品质管制，应建立其原材料供货商的评鉴及追踪管理制度，并详订原料及包装材料的品质规格、检验项目、验收标准、抽样计划（样品容器应予适当标识）及检验方法等，并确实实行。

（2）每批原料须经品管检查合格后，方可进厂使用。

（3）原料可能含有农药、重金属或黄曲毒素等时，应确认其含量符合相关法令的规定后方可使用。

（4）内包装材料应定期由供货商提供安全卫生的检验报告，惟有改变供货商或规格时，应重新由供货商提供检验报告。

（5）食品添加物应设专柜储放，由专人负责管理，注意领料正确及有效期限等，并以专册登录使用的种类、卫生单位合格字号、进货量及使用量等。其使用应符合卫生署食品添加剂使用范围及用量标准的规定。

（6）对于委托加工者所提供的原材料，其贮存及维护应加以管制，如有遗失、损坏、或不适用时，均应作成纪录，并通报委托加工者做适当的处理。

4. 加工中的品质管

（1）应找出加工中的重要安全、卫生管制点，并制定检验项目、检验标准、抽样及检验方法等，确实执行并作成纪录。

（2）加工中的品质管制结果，发现异常现象时，应迅速追查原因并加以矫正。

5. 成品的品质管制

（1）成品的品质管制，应详订成品的品质规格、检验项目、检验标准、抽样及检验方法。

（2）应制定成品留样保存计划，每批成品应留样保存，但易腐败即食性成品，应保存至有效期限后一至二天。必要时，应做成品的保存性试验，以检测其保存性。

（3）每批成品须经成品品质检验，不合格的成品，应加以适当处理。

（4）成品不得含有毒或有害人体健康的物质或外来杂物，并应符合现行法定产品卫生标准。

6. 检验状况

原材料、半成品、最终半成品及成品等的检验状况，应予以适当标示及处理。

五、仓储与运输管制

1. 储运作业与卫生管制

（1）储运方式及环境应避免日光直射、雨淋、激烈的温度或湿度变动与撞击等，以防止食品的成分、含量、品质及纯度受到不良影响，而能将食品品质劣化程度保持在最低限的情况下。

（2）仓库应经常予以整理、整顿，贮存物品不得直接放置地面。如需低温储运者，应有低温储运设备。

（3）仓储中的物品应定期查看，如有异状应及早处理，并应有温度（必要时应有湿度）

记录。若产品包装破坏或经长时间贮存品质可能出现较大劣化，应重新检查，确保食品未受污染及品质未劣化至不可接受的程度。

(4)仓库出货顺序，宜遵行先进先出的原则。

(5)有造成原料、半成品或成品污染可能性的物品禁止与原料、半成品或成品一起储运。

(6)进货用的容器、车辆应检查，以免造成原料或厂区的污染。

(7)每批成品应经严格检验，确实符合产品的品质卫生标准后方可出货。

2. 仓储及运输纪录

物品的仓储应有存量纪录，成品出厂应作成出货纪录，内容应包括批号、出货时间、地点、对象、数量等，以便发现问题时，可迅速回收。

六、标示

(1)标示的项目及内容应符合食品卫生管理法；该法未规定的内容，适用其他中央主管机关相关法令规章的规定。

(2)零售成品应以中文及通用符号显著标示下列事项并宜加框集中标示(包括标示顺序)：

①品名：应使用国家标准所定的名称，无国家标准名称的，可自定名称，名称应与主要原料有关。

②内容物名称及重量、容量或数量。

③食品添加剂名称。

④制造厂商名称、地址及消费者服务专线或制造工厂电话号码。

⑤有效日期，或制造日期及有效日期，或保存期间及有效日期；但标示有效日期者，其品质管制标准书须载明该产品的保存期间。经中央主管机关公告指定须标示制造日期、保存期限或保存条件者，应一并标示。本项方法应采用印刷方式，不得以卷标贴示。

⑥批号：以明码或暗码表示生产批号，据此可追溯该批产品的原始生产资料。

⑦食用说明及调理方法：视需要标示。

⑧其他经中央主管机关公告指定的标示事项。

(3)成品应标示商品条形码(Bar code)。

(4)外包装容器应标示有关批号，以利仓储管理及成品回收作业。

七、卫生管理

1. 环境卫生管理

(1)邻近道路及厂内道路、庭院，应随时保持清洁。厂区内地面应保持良好维修、无破损、不积水、不起尘埃。

(2)厂区内草木要定期修剪，不必要的器材、物品禁止堆积，以防止有害动物孳生。

(3)厂房、厂房的固定物及其他设施应保持良好的卫生状况,并作适当的维护,以保护食品免受污染。

(4)排水沟应随时保持通畅,不得有淤泥蓄积,废弃物应作妥善处理。

(5)应避免有害(毒)气体、废水、废弃物、噪音等产生,以致形成公害问题。

(6)废弃物的处理应依其特性酌予分类集存,易腐败废弃物至少应每天清除一次,清除后的容器应清洗消毒。

(7)废弃物放置场所不得有不良气味或有害(毒)气体溢出,应防有害动物的孳生及防止食品、食品接触面、水源及地面遭受污染。

2. 机器设备卫生管理

(1)用于制造、包装、储运的设备及器具,应定期清洗、消毒。

(2)用具及设备的清洗与消毒作业,应注意防止污染食品、食品接触面及内包装材料。

(3)所有食品接触面,包括用具及设备与食品接触的表面,应尽可能时常消毒,消毒后要彻底清洗,以保护食品免遭消毒剂的污染。

(4)收工后,使用过的设备和用具,皆应清洗干净,若经消毒过,在开始工作前应再予清洗(和干燥食品接触的除外)。

(5)已清洗与消毒过的可移动设备和用具,应放在能防止其食品接触面再受污染的适当场所,并保持适用状态。

(6)与食品接触的设备及用具的清洗用水,应符合饮用水水质标准。

(7)用于制造食品的机器设备或场所不得供做其他与食品制造无关的用途。

3. 人员卫生管理

(1)手部应保持清洁,工作前应用清洁剂洗净。凡与食品直接接触的工作人员不得蓄留指甲、涂指甲油及配戴饰物等。

(2)若以双手直接处理不再经加热即可食用的食品时,应穿戴清洁并经消毒的不透水手套,或将手部彻底洗净及消毒。戴手套前,双手仍应清洗干净。

(3)作业人员必须穿戴整洁的工作衣帽及发网,以防头发、头屑及外来杂物落入食品、食品接触面或内包装材料中,必要时需戴口罩。

(4)工作中不得有抽烟、嚼槟榔或口香糖、饮食及其他可能污染食品的行为。不得使汗水、唾液或涂抹于肌肤上的化妆品或药物等污染食品、食品接触面或内包装材料。

(5)员工如患有出疹、脓疮、外伤(染毒创伤)、结核病等可能造成食品污染的疾病者,不得从事与食品接触的工作。新进人员应先经卫生医疗机构健康检查合格后,方得雇用,雇用后每年至少应接受一次身体检查,其检查项目应符合《食品业者制造、调配、加工、贩卖、贮存食品或食品添加物的场所及设施卫生标准》的相关规定。

(6)应依标示所示步骤,正确的洗手或(及)消毒。

(7)个人衣物应贮存于更衣室,不得带入食品处理或设备、用具洗涤地区。

(8)工作前(包括调换工作时)、如厕后(厕所应张贴"如厕后应洗手"的警语标示),或手部受污染时,应清洗手部,必要时消毒。

(9)访客的出入应适当管理。若要进入管制作业区时,应符合现场工作人员的卫生要求。

4. 清洁及消毒用品的管理

(1)用于清洗及消毒的药剂,应证实在使用状态下安全而适用。

(2)食品工厂内,除维护卫生及试验室检验上所必须使用的有毒药剂外,其余不得存放。

(3)清洁剂、消毒剂及危险药剂应予明确标明并表示其毒性和使用方法,存放于固定场所且上锁,以免污染食品,其存放与使用应由专人负责。

(4)杀虫剂及消毒剂的使用应采取严格预防措施及限制,以防止污染食品、食品接触面或内包装材料。且应由了解其对人体可能造成危害(包括如有残留于食品时)的卫生管理负责人使用或在其监督下进行。

八、客诉处理与成品回收

(1)应建立客诉处理制度,对顾客提出的书面或口头抱怨与建议,品质管制负责人(必要时,应协调其他有关部门)应即追查原因,妥予改善,同时由公司派人向提出抱怨或建议的顾客说明原因(或道歉)与致意。

(2)应建立成品回收制度,以迅速回收出厂成品。

(3)顾客提出的书面或口头抱怨与建议及回收成品均应作成纪录,并注明产品名称、批号、数量、理由、处理日期及最终处置方式。该纪录宜定期统计检讨分送有关部门参考改进。

九、记录处理

1. 纪录

(1)卫生管理专责人员除记录定期检查结果外,应填报卫生管理日志,内容包括当日执行的清洗消毒工作及人员的卫生状况,并详细记录异常矫正及再发防止措施。

(2)品管部门对原料、加工与成品品管及客诉处理与成品回收的结果应确实记录、检讨,并详细记录异常矫正及再发防止措施。

(3)生产部门应填报制造纪录及制程管制纪录,并详细记录异常矫正及再发防止措施。

(4)工厂的各种管制纪录应以中文为原则。

(5)不可使用易于擦除的文具填写纪录,每项纪录均应由执行人员及有关督导复核人员签章,签章以采用签名方式为原则,如采用盖章方式应有适当的管理办法。纪录内容如有修改,不得将原文完全涂销以致无法辨识原文,且修改后应由修改人在修改文字附近签章。

2. 纪录核对

所有制造和品管纪录应分别由制造和品管部门审核,以确定所有作业均符合规定,如发现异常现象时,应立刻处理。

3. 纪录保存

工厂对本规范所规定有关的纪录(包括出货纪录)至少应保存至该批成品的有效期限后一个月。

第三节　食品企业的 HACCP 通则

HACCP 是 Hazard Analysis and Critical Control Points 的缩略词,中文译为危害分析与关键控制点,是一种食品安全保证体系,由危害分析(Hazard Analysis,HA)与关键控制点(Critical Control points,CCP)两部分组成。其基本内容是:为了防止食物中毒或其他食源性疾病的发生,对食品生产加工过程中能造成食品污染的各种危害或潜在危害因素进行系统和全面的分析;在此分析的基础上,确定能有效地预防,减轻或消除各种危害的关键控制点,进而在关键控制点对造成食品污染的危害或潜在危害因素进行控制,并监测控制效果,随时对控制方法进行校正和补充。HACCP 通过这种“分析—控制—监测校正”的一套连续方法,保证食品的安全卫生。所以,HACCP 方法被称为 HACCP 系统(Hazard Analysis and Critical Control Point System)。因此 HACCP 是一种预防性的食品安全控制体系,可将危害消除在食品加工过程中。HACCP 比 GMP 前进了一步,它实现了从原料到消费或从农场到餐桌对食品生产销售整个过程的危害控制,从源头上确保了食品的安全。

HACCP 概念与方法于 20 世纪 60 年代初产生于美国。当时,美国 Pillsbury 公司应美国航天管理局的要求生产一种“100% 不含有致病性微生物和病毒的宇航食品”。Pillsbury 公司在美国陆军 NATICK 实验室故障模型(Model of Failure)启示下,由对终产品的卫生质量检验转向对整个食品生产过程的卫生质量控制。他们假定食品生产过程中可能会因为某些工艺条件或操作方法发生故障或疏忽而造成食品污染的发生和发展,他们先对这些故障和疏忽进行分析,即危害分析。然后,确定能对这些故障和疏忽进行有效控制的环节,这些环节被称为关键控制点。Pillsbury 公司因此提出新的概念——HACCP,专门用于控制生产过程中可能出现危害的环节,而所控制的过程包括原材料、生产、储运直至食品消费。

一、国外 HACCP 应用概况

美国是最早应用 HACCP 原理的国家,并在食品加工制造中强制性实施 HACCP 的监督与立法工作。美国食品安全检验处于 1989 年 10 月发布《食品生产的 HACCP 原理》;于 1991 年 4 月提出《HACCP 评价程序》;1994 年 3 月公布了《冷冻食品 HACCP 通用规则》。1994 年 8 月 4 日,FDA 公布食品安全保证措施《用于食品工业的 HACCP 进展》,同时组织有关企业进行一项 HACCP 推广应用计划,以使 HACCP 的应用扩大到其他食品企业。1995 年 12 月 18 日,FDA 发布法规《安全与卫生加工、进口海产品的措施》,要求海产品的加工者执行 HACCP。此后,对不同食品生产与进口的 HACCP 法规相继出台。如 1996 年 7 月 25 日,美国农业部发布法令,要求对每种肉禽产品都要执行卫生标准操作规范(SSOP)及改善其产品安全的HACCP控制体系。2001年1月19日,FDA发布法规《安全与卫生加工、进口果蔬汁的措施》,要求果蔬汁加工者和进口者执行HACCP,该法规于2002年1月22日生效。

欧洲经济共同体(EEC)于1993年对水产品的卫生管理实行新制度,也逐步实施HACCP管理制度,主要从两方面应用HACCP。一个是93/43/EEC议会指令(council directive),指出对食品人员卫生和其他特别需注意的问题;另一个是92/5/EEC议会指令,是专门针对肉制品的HACCP原理。同时加拿大也推出一个食品安全强化计划(Food Safety Enhancement Program,FSEP),农业部要求所有农业食品中推行HACCP原理,要求每个工厂建立自己的HACCP计划,农业部门基于HACCP计划实施情况进行评估,帮助工厂按FSEP要求执行计划。

大部分的先进国家已开始推动水产品及畜产品的HACCP制度,并陆续将之法制化。联合国食品法典委员会(CAC)也推行HACCP制度为食品有关的世界性指导纲要。

日本、澳大利亚、新西兰、泰国、丹麦、智利等国家都相继发布其实施HACCP原理的法规、命令。现在,HACCP已成为世界公认的有效保证食品安全的质量保证体系。

二、我国HACCP应用概况

中华人民共和国国家出入境检验检疫局拟定进出口食品危险性等级分类管理方案和危害分析和关键控制点(HACCP)实施方案,并组织实施。食品检验监管处负责对食品生产企业的卫生和质量监督检查工作。组织实施危害分析和关键控制点管理方案。

我国从1990年起,国家进出口商品检验局科学技术委员会食品专业技术委员会开始进行食品加工业应用HACCP的研究,制定了"在出口食品生产中建立HACCP质量管理体系"的法规及一些在食品加工方面的HACCP体系的具体实施法规。卫生部食品卫生监督检验所等单位开始对乳制品、熟肉及饮料3类食品生产实施的HACCP监督管理的课题进行研究。农业部于1999年发布水产品行业标准——水产品加工质量管理规范SC/T 3009—1999,要求在水产企业执行HACCP。此后,又陆续在外贸型食品企业中推广应用。1997年台湾引进HACCP。

体系应用在盒饭的制作工厂和食品服务行业,同时全国首批139家水产品加工企业获得了FDA的认可和水产品HACCP验证证书。在2003年底,国家质检总局规定冷却肉出口企业强制实行HACCP质量管理体系,并且卫生部颁布了《食品安全行动计划》,规定在2006年所有乳制品、含乳饮料、果蔬汁饮料、罐头食品、低温肉制品、水产品加工企业、碳酸饮料、学生集中供餐企业实施HACCP管理;2007年在酱油、植物油等食品加工企业实施HACCP管理体系。由国家认监委公布的2011年的数据来看,中国通过HACCP体系认证和食品安全管理体系认证的分别占规模以上的食品企业总数的17.9%和24.97%,由此来看,我国的HACCP管理体系起步较晚,与发达国家有一定的距离,从最近几年我国频发的食品安全事件就可以看出,我国的发展之路还很漫长,企业应更注重食品质量,而不能一味的追求利润,只有增强企业的竞争力,才能赶上发达国家的脚步。

三、HACCP体系的特点

HACCP体系是预防性的食品安全控制保证体系，但是该体系并不是孤立的质量管理体系。HACCP强调的是理解加工过程，克服传统食品安全控制方法的缺陷，将精力集中到加工过程中最易发生安全危害的环节上。因此，HACCP属于一种逻辑性控制和评价系统，有利于防止危害的引入，提供一类健康和有保证的食品，提高顾客对产品的满意程度，树立消费者对食品安全的信心。

相较于其他质量管理体系，HACCP体系具有以下特点：

（1）预防性。HACCP要求组织在体系策划阶段，就对产品实现过程各环节可能存在的生物、化学或物理危害进行识别和评估，从而有针对性地对原料供应、产品加工、终产品贮存直至消费等全过程安全控制。因此，该体系改变了传统的以终产品检验控制食品安全的管理模式，由被动控制变为主动控制。

（2）灵活性。HACCP体系的灵活性体现在食品从“农场——餐桌”任何环节的控制。在此生产链条中的组织可包括：饲料生产者、初级食品生产者，以及食品生产制造者、运输和仓储经营者，零售分包商、餐饮服务与经营者（包括与其密切相关的其他组织，如设备、包装材料、清洁剂、添加剂和辅料的生产者，也包括相关服务提供者）。危害控制措施根据企业产品特点、生产条件具体问题具体分析。

（3）专业性。HACCP体系具有高度的专一性和专业性，对产品和企业的专一性，体现在对一种或一类食品的危害控制，没有统一的模式可以借鉴，由于食品生产企业的产品、管理状况、生产设备、卫生环境、员工素质等方面的不同，每个企业针对自己的特点，进行危害分析和控制。该体系的制定和实施要求HACCP小组成员须熟悉产品工艺流程和工艺技术，对企业设备、人员、卫生要求等方面全面掌握，专业娴熟，并且具备建立、实施、保持和改进体系所需的专业和管理水平。

（4）有效性。HACCP体系的有效性是以体系的预防性和针对性为基础的。美国FDA认为在食品危害控制的有效性方面，任何方法都不能与HACCP相比。其次，该体系的应用不是一成不变的，它鼓励企业积极采用新方法和新技术，不断改进工艺和设备，培训专业人员，通过食物链上沟通，收集最新食品危害信息，使体系持续保持有效性。

（5）强制性。被世界各国的官方所接受，并被用来强制执行。同时，也被联合国粮农组织和世界卫生组织联合食品法典委员会（CAC）认同。

四、实施HACCP的意义

国内外成功经验表明，HACCP方法对于保证食品安全卫生，保障消费者的身体健康有着非常重要的作用。HACCP是可广泛应用于简单和复杂操作的一种强有力的体系。它被用来保证食品链的所有阶段的食品安全。所以在我国的食品生产加工企业广泛推广应用HACCP，其意义是：

(1)能有效的保证食品的卫生安全,防止食源性疾病的发生,从而保障国民身体健康,促进经济与社会发展。

(2)提高我国出口食品的质量水平,满足国际食品贸易中一贯重视生产过程质量控制的基本要求,有利于我国食品出口创汇。

(3)更新食品生产企业的质量控制意识,提高食品企业的质量控制技术水平。

(4)HACCP 体系为食品生产企业和政府监督机构提供了一种最理想的食品安全监测和控制方法,使食品质量管理与监督体系更完善、管理过程更科学。应用 HACCP 体系可以弥补传统的靠对终产品进行抽样检测的质量控制与监督方法的不足。

(5)HACCP 体系是保证生产安全食品最有效、最经济的方法,因为其目标直接指向生产过程中的有关食品卫生和安全问题的关键部分,因此,能降低质量管理成本,减少终产品的不合格率,提高产品质量,延长产品货架寿命,大大减少由于食品腐败及食品安全风险而造成的经济损失。

第四节 HACCP 的基本原则与应用

一、HACCP 系统常用术语

(1)危害分析(hazard analysis)指收集和评估有关的危害以及导致这些危害存在的资料,以确定哪些危害对食品安全有重要影响,因而需要在 HACCP 计划中予以解决的过程。

(2)预防措施(preventive measure)指用于控制已确定危害的物理、化学或其他方法。

(3)必备程序(prerequisite program)指为实施 HACCP 体系提供基础的操作规范,包括良好生产规范(GMP)和卫生标准操作程序(SSOP)等。

(4)HACCP 体系(HACCP system)指通过实施 HACCP 计划而获得的结果。

(5)流程图(flow diagram)指对某个具体食品加工或生产过程的所有步骤进行的连续性描述。

(6)危害(hazard)指对健康有潜在不利影响的生物、化学或物理性因素或条件。

(7)显著危害(significant hazard)指有可能发生并且可能对消费者导致不可接受的危害,有发生的可能性和严重性。

(8)HACCP 计划(HACCP plan)指依据 HACCP 原则制定的一套文件,用于确保在食品生产、加工、销售等食物链各阶段与食品安全有重要关系的危害得到控制。

(9)步骤(step)指从产品初加工到最终消费的食物链中(包括原料在内)的一个点、一个程序、一个操作或一个阶段。

(10)控制(动词)(control,动词)指为保证和保持 HACCP 计划中所建立的控制标准而采取所有必要的措施。

(11)控制(名词)(control,名词)指执行了正确的操作程序并符合控制标准的状况。

(12)控制点(Control Point,CP)指能控制生物、化学或物理因素的任何点、步骤或过程。

(13)关键控制点(Critical Control Point,CCP)指食品生产中的某一点、步骤或过程。通过对其实施控制,能预防或消除食品危害,或能将危害减少到可接受水平。

(14)关键控制点判定树(CCP decision tree)指通过一系列问题来判断一个控制点是否是关键控制点的组图。

(15)控制措施(control measure)指能够预防或消除一个食品安全危害,或将其降低到可接受水平的任何措施和行动。

(16)关键限值(critical limit)指区分可接受和不可接受水平的标准值。

(17)操作限值(operating limit)指比关键限值更严格的,由操作者用来减少偏离风险的标准。

(18)偏离(deviation)指未能符合关键限值的要求。

(19)纠偏措施(corrective action)指当 CCP 与控制标准不符合时(即 CCP 发生偏离时)所采取的任何措施。

(20)监控(monitor)指进行一系列有计划的观察或测量,以评估 CCP 是否处于控制之中。并准确记录结果,以备将来验证之用。

(21)连续监控(continuous monitoring)指对工艺参数(如温度、pH 等)进行连续测量和记录。

(22)确认(validation)指证实 HACCP 计划中各要素是有效的。

(23)验证(verification)指为了确定 HACCP 计划是否正确实施所采用的除监测以外的其他方法、程序、试验和评价。

(24)危害评估(risk assessment)指对人体因接触食源性危害而产生的已知或潜在危险性进行科学评估。该过程包括:危害识别、危害特性的研究与描述、摄入量评估和危险性特征的描述。

二、HACCP 的基本原则

HACCP 原理经过实际应用与修改,已被联合国食品法规委员会(CAC)确认,由 7 个基本原则组成:

(一)危害分析

1. 危害因素

危害是指食品中可能影响人体健康的生物性、化学性和物理性因素。

(1)生物性污染包括致病性微生物及其毒素、寄生虫、有毒动植物。

(2)化学性污染包括杀虫剂、洗涤剂、抗生素、重金属、滥用添加剂、激素等。

(3)物理性污染包括金属碎片、玻璃碴、石头、木屑、放射性物质等。

2. 危害分析

危害分析是指分析原料的生产、加工工艺步骤以及销售和消费的每个环节可能出现的多种危害,评估危害的严重性和危险性以判定危害的性质、程度和对人体健康的潜在影响,以确定哪些危害对于食品安全是重要的。

确定与食品生产各阶段有关的潜在危害性,它包括对食品原料的生产、原料成分、食品加工制造过程、产品储运、食品消费等各环节进行分析,确定食品生产、销售、消费等各阶段可能发生的危害及危害程度,并针对这些危害采取相应的预防措施,对其加以控制。实际操作中可利用危害分析表,分析并确定潜在危害。

(二)确定关键控制点

关键控制点是指一个操作环节,通过在该步骤实施预防或控制措施,能将一个或几个危害预防、消除或减少至可接受的水平。

关键控制点(CCP)又可分为 CCPl 和 CCP2 两种。CCPl 是可以消除或预防危害的措施,如高温消毒。CCP2 是能最大限度地减少危害或延迟危害的发生的措施,但不能完全消除危害,例如,冷藏易腐败的食品。虽然对每个显著危害必须加以控制,但每个引入或产生显著危害的点、步骤、工序未必都是 CCP。CCP 的确定可以借助于 CCP 判断树表明。

(三)确定关键限值,保证 CCP 受控制

关键限值(CL)是指所有与 CCP 有关的预防措施都必须满足的标准,如温度、时间、水分含量、水分活度、pH 值等,是确保食品安全的界限。用 CCP 控制食品安全,必须有可操作的参数作为判断的基准,以确保每个 CCP 可限制在安全范围内。每个 CCP 都必须有一个或多个 CL,必须采取相应的纠偏措施才能确保食品的安全。

(四)建立监控程序

监控是指一系列有计划的观察和措施,用于评估 CCP 是否处于控制之下,并且为在将来的验证程序中应用而做好精确记录。连续监控对许多种化学和物理方法都是可能的;当无法在连续的基础上对极限进行监控时,间隔进行的监控次数必须频繁,从而使生产商能确定用于控制危害的步骤、工序、程序是否处于控制之下。

(五)确立纠偏措施

纠偏措施是指当 CCP 与控制标准不符,发生偏离时所采取的任何措施。当监控显示出现偏离关键限值时,要采取纠偏措施。尽管 HACCP 体系是设想用于防止计划中的工序发生偏差,但要完全避免这种情况的发生几乎是不可能做到的。因而,必须有一个纠偏计划来确保对在产生偏差过程中所生产的食品进行适当的处置,确定和改正产生偏差的原因,以确保 CCP 再次受控,并保留所采取的纠偏纪录。纠偏措施应在制定 HACCP 计划时预先确定,其功能包括:①确定如何处理失控状态下生产的食品;②纠正或消除导致失控的原因;③保留纠偏措施的执行记录。

(六)确立有效的记录保持程序

准确的记录保持是一个成功的 HACCP 计划的重要部分。记录提供关键限值得到满足或当超过关键限值时采取的适宜的纠偏行动。同样地,也提供一个监控手段,这样可以调整加工防止失去控制。HACCP 体系需要保持四方面的记录:①HACCP 计划和用于制定计

划的支持文件；②关键控制点监控的记录；③纠偏行动的记录；④验证活动的记录。

（七）建立验证程序，以验证 HACCP 系统的正确运行

建立验证程序也就是建立验证 HACCP 体系是否正确运行的程序。虽然经过了危害分析，实施了 CCP 的监控、纠偏措施并保持有效的记录，但是并不等于 HACCP 体系的建立和运行能确保食品的安全性，关键在于：①验证各个 CCP 是否都按照 HACCP 计划严格执行的；②验证整个 HACCP 计划的全面性和有效性；③验证 HACCP 体系是否处于正常、有效的运行状态。这三项内容构成了 HACCP 的验证程序。

以上的七个原则中。危害分析清楚表明食品危害及危险的评价，是应用其他原则最为关键的开端，因此是使用 HACCP 进行食品质量控制的基础原则；确定关键限值是 HACCP 中最重要的部分，是 HACCP 体系中具有可操作性的环节。

三、HACCP 的应用

（一）控制食品原料的安全性

植物源性食品原料种植过程中的危害分为化学危害、生物危害和物理危害。化学危害来自于种植过程的化学投入品和基地环境。在化学投入品中以农药和肥料的使用较为严重。目前发达国家通常用以下方式进行：为种植者提供可以使用的农药清单，提供其所需要的农药，并派专人指导使用和监督使用情况。水源不符合灌溉要求、土壤受污染、剧毒农药经空气飘入种植基地以及基地周边发生核泄漏等涉及作物种植环境的因素均会带来化学危害。生物危害主要有以下几方面：种子的霉变；成熟期采收时的员工个人卫生管理以及采收工具可能给产品带来的污染；运输工具的卫生控制。物理危害主要来自于食品原料采收时所使用的容器具、存放场所的安全卫生管理以及运输工具的卫生控制。

动物性原料主要对饲料和兽药中的激素、生长调节剂及抗生素进行控制，当然，对寄生虫、有害微生物的控制也非常重要。通过对饲料的监督、改变生长环境并对生物体定期检查来确保动物性原料的安全性。总之，不同的原料有不同的控制体系，根据具体情况来确定 HACCP 关键控制点就可得到安全的食品生产原料。

（二）在食品加工过程中的应用

目前 HACCP 系统已应用于罐头食品、冷冻、水产、饮料及乳制品、焙烤食品、发酵食品、油炸食品、食品添加剂的生产中。国家认证认可监督管理委员会，在《出口食品生产企业注册登记管理规定》中要求出口罐头类、水产品类（活品、冰鲜、晾晒、腌制品除外）、肉及肉制品、速冻蔬菜、果蔬汁、含肉或水产品的速冻方便食品 6 类食品的生产企业在注册时必须实施 HACCP 体系管理。至 2009 年 12 月止，全国有 8 076 家食品企业获得 HACCP 体系认证或食品安全管理体系认证证书。

（三）在食品与原料流通过程中的应用

质量管理的最终目的是为了向消费者提供安全、高质量的食品，应用 HACCP 能使工厂的合格产品在流通中减少损失，延长货架期，保证高质量的产品到达消费者手中。冷冻食

品、冷饮食品、水产品等产品在流通过程中的安全与质量控制是保证产品安全性的关键。HACCP 体系的应用将实现“消极、被动、事后和弥补”改为“积极、主动、事前和预防”。

(四)餐饮业中的应用

我国对餐饮业生产经营的卫生管理,已经建立了一套比较有效的管理方法,但仍然不能避免食物中毒事件的频繁发生。其关键问题在于传统的管理模式已经不能适应新形势发展的需要。餐饮业菜肴众多,食物的原辅料及其处理过程复杂,且往往是不具备食品工厂的品质实验室来评估产品安全性,加工控制往往凭食物外观与气味来判断其品质与安全性,这样的方法并不一定可靠。因此控制餐饮业食品的安全危害,餐饮业比一般食品工厂更需充分地应用原理。因此应立足餐饮行业特点,努力建立、完善并推行行之有效的质量管理系统,为餐饮业全面实施体系管理提供依据和借鉴。

(五)重大活动期间的应用

重大活动由于时间比较集中,就餐人数多,涉及面广,政治影响大,一旦发生食物中毒,后果不堪设想,对保证食品安全,杜绝发生食物中毒的要求非常高,责任非常大。将 HACCP 体系引入重大活动食品卫生监督工作中,便于在食品卫生监督中抓住关键控制点,进行重点监督,可最大限度地降低发生食物中毒的风险程度。同时可促使接待单位把精力和技术力量放在最需要控制的危害因素和关键控制点上,减少工作量,降低管理成本,使用有限的资金获得最大的经济效益和社会效益。

第五节　HACCP 组织、实施与改进

HACCP 是一种预防性的食品安全质量控制体系,也是最经济、最有效的食品安全质量控制方法。HACCP 研究产品和它的所有组分以及生产中各步骤,并探讨在整个体系中将可能出现什么问题,确定关键控制点,使管理部门能将力量集中于那些对产品安全起关键作用的步骤上。

一、建立与实施 HACCP 计划的基本程序

以美国 FDA 水产品 HACCP 模式为例说明建立与实施 HACCP 计划的基本程序。

1. 制定 HACCP 计划的必备程序和预先步骤

(1)必备程序为 GMP 和 SSOP。

(2)预先步骤包括组建 HACCP 小组、描述食品和销售、确定预期用途和消费人群、建立流程图、验证流程图。

(3)管理层的承诺　FDA 认为没有这些必备程序和预先步骤可能会导致 HACCP 计划的设计、实施和管理失效。

2. 进行危害性分析

具体工作包括:建立危害工作单、确定潜在危害、分析潜在危害是否是显著危害、判断

是否是显著危害的依据、显著危害的预防措施、确定是否是关键控制点。

3. 制定 HACCP 计划表

具体过程包括：填写 HACCP 计划表、建立关键限值、建立监控程序、建立纠偏措施、建立记录保持程序和建立验证程序。

4. 完成验证报告

具体工作包括：确认制定 HACCP 计划的科学依据、确认 CCP 点的控制情况、验证 HACCP 计划的实施情况。

5. 编制 HACCP 计划手册

具体内容包括：①封面（名称、版次、制定时间）；②工厂背景材料（厂名、厂址、注册编号等）；③厂长颁布令（厂长手签）；④工厂简介（附厂区平面图）；⑤工厂组织结构图；⑥HACCP 小组名单及职责；⑦产品加工说明；⑧产品加工工艺流程图；⑨危害分析工作单；⑩HACCP 计划表格；⑪验证报告；⑫记录空白表格；⑬培训计划；⑭培训记录：⑮SSOP 文本；⑯SSOP 有关记录。

二、HACCP 计划建立与实施步骤

以美国 FDA 推荐的 HACCP 计划为例，说明建立与实施 HACCP 计划的基本步骤。

（一）组成 HACCP 实施小组

1. 人员组成

组成 HACCP 小组是建立本企业 HACCP 计划的重要步骤。

小组应有下列人员组成：

①质量保证/质量控制专家；②工程师；③其他人员其他专家有买方、操作者、包装和销售等方面的专家。

应指派一名熟知 HACCP 技术的人为小组的组长，负责管理研究事宜。最为理想的情况是应从上述专家中挑选负责绘制流程图的人员。需要一名技术秘书在 HACCP 小组开会时做记录，技术秘书可以是上述专家之一。

HACCP 小组成员应具备的素质：

（1）能够利用逻辑方法评价在实施 HACCP 过程中获得的数据。

（2）能够有效分析，根本解决有关问题。

（3）具备较好的的交际能力，在小组内外及公司内部各阶段进行沟通。

（4）具备较好的领导能力。

2. 职责

掌握 HACCP 计划的研究范围；HACCP 小组的职责是制定 HACCP 计划；修改、验证 HACC 计划；监督 HACCP 计划实施；书写 SSOP 文本；对全体人员的培训；保存所有文件的记录等。

(二)产品描述

HACCP 小组建立之后,成员们首先要对产品进行描述,描述食品至少应包括的内容为:品名(包括商品名以及最终产品的形式)、加工流水线、食品的成分、加工方式(热处理、冷冻、盐渍或烟熏等)、保质期、包装形式、销售、贮存方式(冷冻或常温等)(如表 8-2)。

表 8-2　韩式泡菜终产品描述

产品名称	韩式泡菜
成分	叶菜类、茎菜类、果菜类等蔬菜
产品特性	化学特性:水分≤85%　食盐(以 NacL 计)≤7% 总酸(以乳酸计)≤2%　砷(以砷计)≤0.5 mg/kg 铅(以铅计)≤1.0 mg/kg 生物特性:大肠菌群近似值≤30 个/100g 致病菌　不得检出 物理特性:色泽:具有各种蔬菜各自应有的色泽 香气:具有本品特有的香气 滋味:纯正爽口 体态:整齐、规格大小一致、厚薄均匀、无杂质 质地:脆、嫩
产品的使用	开启直接食用或拌菜
包装方式	内包装:塑料袋、塑料盒 外包装:纸箱
贮存条件	0~5℃低温保存、贮存及运输
保质期	瓶装:9 个月 ，袋盒装:3 个月
销售地点	中国境内:分销、直销、普通人群
标签说明	产品名称:韩式泡菜 配料表(白菜、萝卜、洋葱、辣椒、糯米粉水、白糖、食盐、味素、甜蜜素、脱氢醋酸钠) 执行标准(SB/T10220) 卫生许可证号:(黑卫食证字(2007)第 230181-LDJ0015)
销售方法	低温销售
预期用途及消费对象	大众消费

(三)确定食品预期用途及消费者

产品的预期消费者是什么样的群体以及消费者将如何使用该产品,将直接影响到下一步的危害分析结果。首先要考虑的是该食品是否专门针对那些特殊的群体,他们可能易于生病或受到伤害,如老年人、体质虚弱者等特殊病人、婴儿或免疫系统受损害的人。预期用于公共机构、婴儿和特殊病人的食品较那些用于一般公众市场的食品应给予更大的关注;还要了解消费者将会如何使用他们的产品,会出现哪些错误的使用方法,这样的使用会给消费者的健康带来什么样的后果。即食食品、充分加热后食用的食品或其他作为原料使用的食品,因用途不同其危害分析结果和危害的控制方法也是不同的。在产品的标签中应明确注明某类人群不宜食用该产品，例如，单核细胞增生李斯特菌可导致流产，如果产品中可能带有该菌应在产品标签中注明："孕妇不宜食用"。

（四）绘制生产流程图

在危害分析之前，仔细审查所研究的产品及工艺并绘制流程图。生产流程图由HACCP人员确定。生产流程图是一张按序描述整个生产过程的流程图。流程图的格式是可随意选择的，没有规定的制图方式，但流程图要简单明了地描绘"原料—终产品"的每一个环节，并进行简明扼要的叙述，包括从原材料的选择、生产、分销、消费者的意见处理，都按顺序标明，还要有足够的技术数据进行分析。为便于危害分析，应在细致检验产品生产过程的基础上描绘流程图。（以根茎类泡菜生产为例，如图8－1）要确立一个完整的HACCP流程图，需获取以下信息资料（表8－3）：①所使用的所有原料、组分和包装材料的有关微生物、化学、物理的数据（配方的组成和必需的贮存条件等）；②厂房布置和设备布局；③整个生产过程中的时间、温度图；④液体和固体的流动条件；⑤产品返工或再循环产品的详细情况；⑥设备设计特性；⑦清洁和消毒操作步骤的有效性；⑧环境卫生；⑨工作人员路线；⑩交叉污染路线；⑪低风险隔离区；⑫卫生习惯；储运和发售条件（地点、时间和温度）；⑬消费者使用说明。

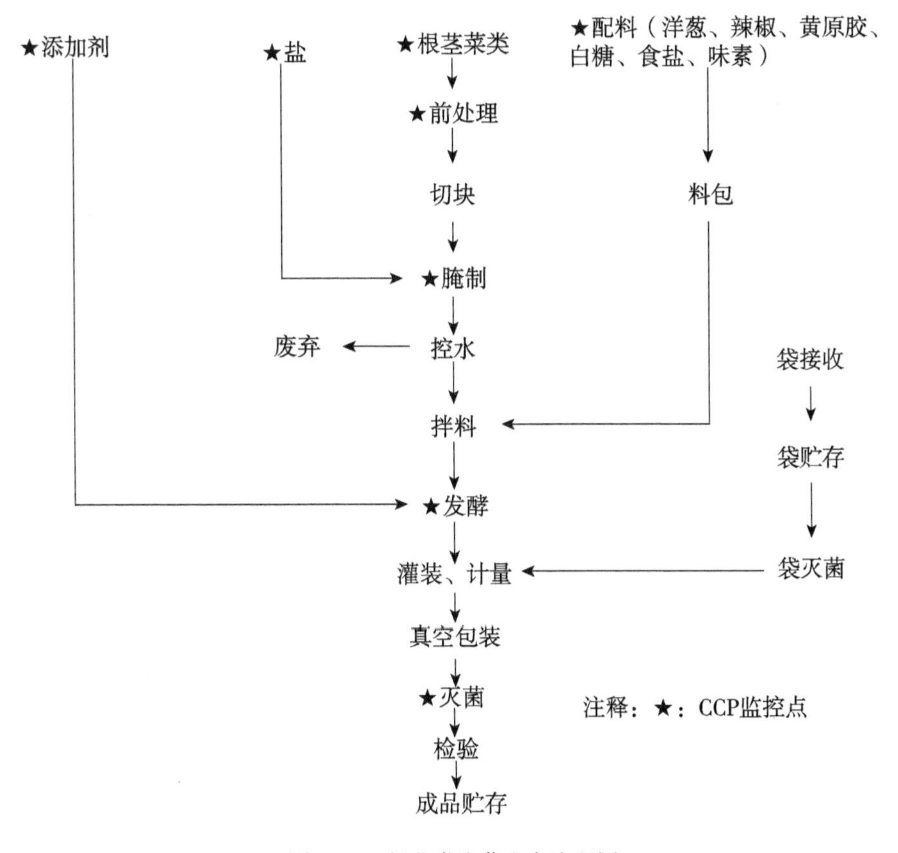

图8－1　根茎类泡菜生产流程图

表8-3 根茎类泡菜生产加工工艺说明

生产流程	使用设备	管理项目及基准值	有关加工工艺要求
原料的验收	原料库贮存	茎体有光泽、硬实、脆嫩、不萎蔫,外观无泥土及其他污染物;不糠和腐烂、无异味、无外来水分和机械损伤	根茎类的规格:(1)大小;(2)重量
前处理	刀具、容器、操作台	去掉叶、杂须	表面清洁,无肉眼可见杂质
切块	刀、菜板、操作台	切成方块状	规格(2~3cm)×(2~3cm)
腌制	塑料容器	盐度为10°Be,控制时间、温度	符合工艺要求
挤压	拍子、石板	压上拍子后加上石板	符合工艺要求
配料	搅拌机、粉碎机	各种调料粉碎后要质地均匀,按照工艺配方进行操作	
拌料	手工操作	人员、容器要符合食品卫生安全标准	(1)卫生符合SSOP要求;(2)从外层向内层抹料,涂抹均匀;(3)抹料量按照配方进行
发酵	发酵桶	发酵时间,控制室温	原池贮存
加防腐剂		符合GB 2760—2010	
装袋		人员,容器要符合食品卫生安全标准	符合食品卫生要求
真空包装	真空包装机	符合GB 18186—2000中5.2条感官要求	真空包装机计量准确、严密
打码	手工操作	数量与标签相符、箱要粘牢,检查瓶不漏油	检查数量与标签相符、打码日期准确无误,检查瓶不漏油,箱要粘牢
灭菌	夹层锅	巴氏杀菌	巴士灭菌:(1)水温:80~85℃;(2)时间:10min
检验	天平、显微镜、培养箱	净含量、菌落总数、大肠菌群	符合SB1020要求
成品贮存	小推车、冷库	轻拿轻放、低温避光	摆放整齐、离地10cm贮存、码放≤7层,轻拿轻放、标识清楚、准确

(五)现场验证生产流程图

流程图的精确性对危害分析的准确性和完整性是非常关键的。在流程图中列出的步骤必须在加工现场被验证。如果某一步骤被疏忽就有可能导致遗漏显著的安全危害。

HACCP小组必须通过在现场观察操作,确定他们制定的流程图与实际生产是否一致。HACCP小组还应考虑所有的加工工序及流程,包括班次不同造成的差异。通过这种深入调查,可以使每个小组成员对产品的加工过程有全面的了解。

(六)进行危害分析

HACCP小组成员需要进行思维风暴,提出自己的意见,通过讨论达成一致的意见。对加工过程的每一步骤(从流程图开始)进行危害分析,确定是何种危害,找出危害来源及预防措施,确定是否是关键控制点。

1. 识别潜在危害

HACCP 小组成员根据工艺流程图利用发散型的思维方式(思维风暴),对产品有关的各类危害进行全面、充分地思考和识别,确定危害的种类,找出危害的来源。可以利用参考资料(食品加工及卫生学方面的书籍、研究报告等)分析可能的潜在危害。

2. 分析潜在危害是否显著危害

显著性危害的确定需要符合两个条件:①从原理上讲有可能性(危害产生的可能性);②一旦发生,将对消费者造成不可接受的伤害(危害的严重性),例如含贝壳毒素的双贝壳类被消费者食用后,可能致病,而且一旦食用可能致死,贝壳毒素是显著危害。

敏感原料是指那些含有对人体有害的因素——安全危害,而这些危害又是在食品加工制作过程和消费者食用之前无法消除的。敏感原料的判断是根据敏感原料识别树来进行的(图 8-2)。

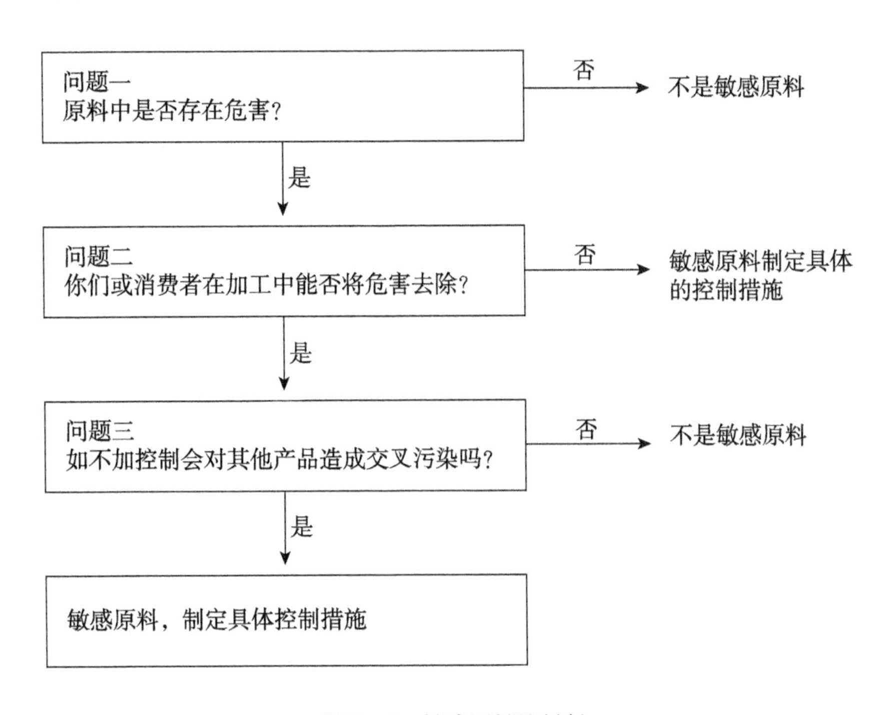

图 8-2 敏感原料的判断

3. 显著危害的预防措施

针对显著危害的预防控制措施是用于控制相应危害的措施和行动,通过这些措施应能预防、消除食品安全危害,或将其降低到可接受水平。例如拒收污染海区的双壳贝类原料来预防贝壳毒素危害;又如控制加热温度、时间预防病原体的残存;再如采用消毒方式防止病原体的污染等。

4. 绘制危害分析工作表

危害分析工作表是美国 FDA 推荐的一份较为适用的危害分析记录表格,通过该表格能顺利进行危害分析，确定关键控制点(表8－4)。

表8－4 危害分析工作单

原料/加工工序(1)	本原料/本工序被引入或增加的潜在危害(2)	潜在的危害是否显著?(是/否)(3)	对第(3)栏的判定依据(4)	能用于显著危害的控制措施是什么?(5)	该工序是不是关键控制点?(是/否)(6)
原料验收(蔬菜)	生物的危害:				
	化学的危害:				
	物理的危害:				

(七)确定关键控制点

关键控制点(CCP)是食品生产过程中的某一点、步骤或过程，通过对其实施控制，能预防、消除或最大程度地降低一个或几个危害。CCP的确定能够在该步骤实施相应的控制措施，能预防、消除食品安全危害或能将危害降低到可接受水平。联合国食品法典委员会(CAC)推荐通过CCP判断树确定关键控制点(CCP)，见图8－3。流程图中的各工艺步骤应使用判断树按次序进行判断，当对某一特定的工序步骤的危害及控制措施已进行判断后，

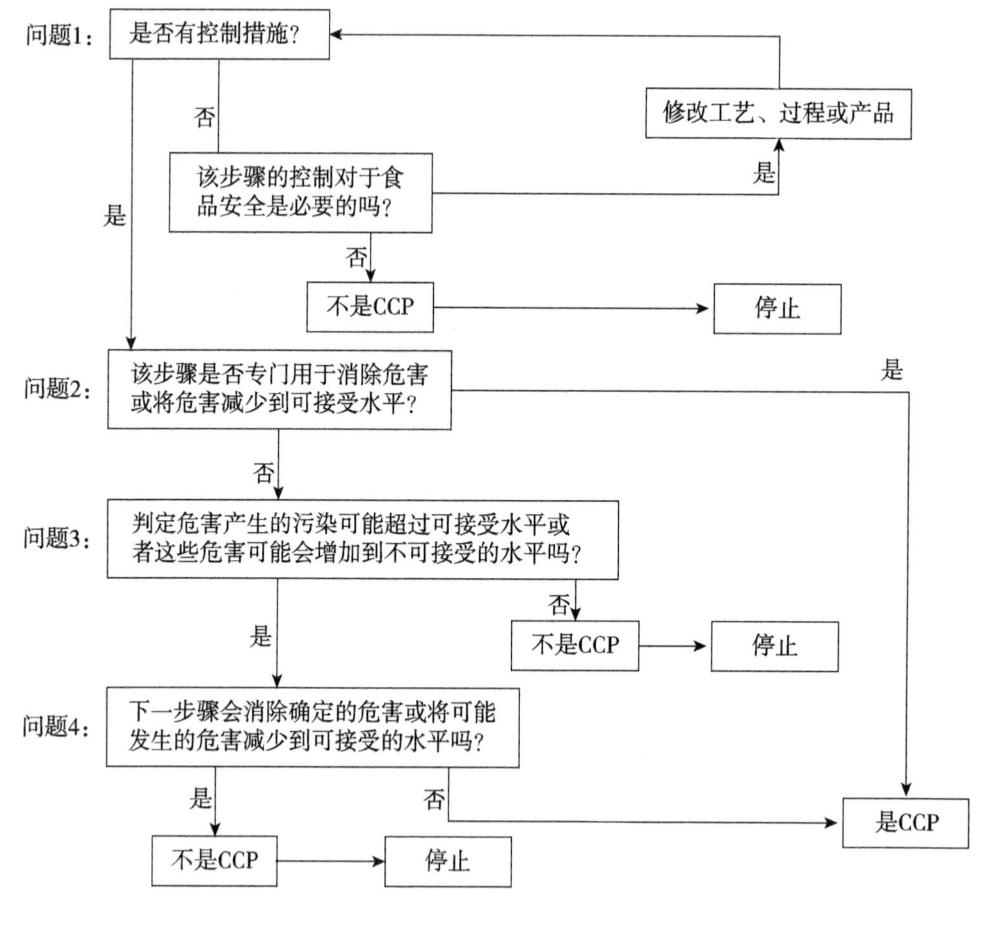

图8－3 CCP判断树

则需对下一步工艺步骤的危害及控制措施进行判断直至流程图中的所有工艺步骤都应用了判断树，通常要按图先后回答每一问题。

（八）确定关键限值

关键限值（CL）是在每一个 CCP 上所采取的，针对危害的预防控制措施必须达到的标准，是对 CCP 实施控制的绝对允许限值，是区分食品安全与不安全的分界点。每个关键控制点会有一项或多项控制措施确保预防、消除已确定的显著危害或将其减至可接受的水平。每一项控制措施要有一个或多个相应的关键限值。如工业上烹饪肉制品的关键限值是肉块的中心温度大于 70℃，时间至少 2 h。选择关键限值的原则是：快速、准确和方便，具有可操作性。在实际操作当中，多用一些物理的（如时间、温度、厚度、大小）、化学的（如 pH 值、水分活度、盐浓度）指标，而不要用一些费时费力又需要大量样品而且结果不稳定的微生物学限量或指标。将关键控制点、显著危害、关键限值填入 HACCP 计划表，如表 8－5。

表 8－5　餐饮食品加工制作过程常用的关键限值

关键控制点（CCP）	关键限值（CL）	关键控制点（CCP）	关键限值（CL）
原料验收	供应商出示的证书；查验原料的感官性状；冷冻、冷藏原料的温度	保温	温度、时间
烹调	温度、时间	冷冻及冷藏	温度、时间
冷却	温度、时间	工器具消毒（化学消毒）	消毒液浓度、消毒时间
回热	温度、时间	工器具消毒（物理消毒）	温度、时间

关键限值的确定应具有科学依据。正确的关键限值需要通过实验或从科学刊物、法律性标准、专家及科学研究等渠道收集信息，予以确定。HACCP 小组应对所选用的 CL 进行有效的验证，以确保所确定的 CL 能切实有效地预防和控制食品安全危害。验证的手段一般通过有针对性的取样分析测试和技术鉴定评估来实现。

当监控发现加工一旦偏离了关键限值，就要及时采取纠正措施。纠正措施要采取比关键限值更加严格的控制标准。操作限制（OL）是比关键限值（CL）更严格的限度，是由操作人员使用的、以降低偏离的风险的标准。操作限值的建立应考虑：①设备操作中操作值的正常波动；②避免超出关键限值；③质量原因等。

操作限值不能与关键限值相混淆。在实际加工过程中，当监控值违反操作限值时，需要进行加工调整。加工调整是为了使加工回到操作限值内而采取的措施，并不涉及产品返工或造成废品，只是消除发生偏离操作限值的原因，使加工回到操作限值。加工人员可以使用加工调整避免加工失控，并避免采取纠正措施，及早地发现失控的趋势并采取行动，可以防止产品返工或产品报废。只有监控值违反了关键限值时，才采取纠正措施。

（九）建立监控程序

监控程序是实施一个有计划的连续监测和观察，用于评估一个 CCP 是否受控，并为将来验证时使用。因此,它是 HACCP 计划的重要组成部分之一,是保证食品安全的关键措施。监控的目的为:①跟踪加工中的各项操作,及时发现可能偏离关键限值的趋势并迅速采取措施进行调整;②查明何时失控;③提供加工控制系统的书面文件。监控除了可以及时掌握关键控制点的受控情况外,日常积累的监控数据还可以作为了解体系运行状况的重要依据。

监控程序包括四个方面的内容:

1. 监控对象

在监控程序中要规定控制的目标,也就是监控对象。例如当温度是关键控制点,监控对象可能是冷冻贮存室的温度。

2. 监控方法

在监控方法中,要规定为达到控制目标所使用的方法以及仪器设备。选择的监控方法必须能检测 CCP 失控之处,监控结果是决定采取何种预防/控制措施的基础。监控方法必须能迅速提供结果,较好的监控方法是物理和化学测量方法,例如酸度(pH)、水分活度(Aw)、时间和温度等参数的测量,而且这些参数能与微生物控制有关。

3. 监控频率

在监控程序中应规定监控频率。监控可以是连续的,也可是非连续的。但监控频率必须能确保对 CCP 进行有效监控,只要有可能,尽量采用连续监控,连续监控对很多种物理和化学参数是可行的。监控仪器、设备可以产生连续的监控记录,但并不意味着已经对危害实行了控制。定期检查连续监控记录,必要时采取措施,这也是监控的一个组成部分。当出现 CL 偏离时,检查间隔的时间长短将直接影响到产品返工和损失的数量,因此,监控频率必须有利于产品的标志和可追溯性。缩短监控的时间间隔,对监控可能发生的关键限值和操作限值的偏离是很有效的一种手段。

针对非连续性监控的频率的确定,应考虑:(1)监控参数的变化程度,如果变化较大,应提高监控频率;(2)监控参数的正常值与关键限值相差多少;(3)如果超过关键限值,企业能承担多少产品作废的危险。

4. 监控人员

制定 HACCP 计划时,必须明确由谁监控以及监控责任。从事 CCP 监控的人员可以是:流水线上的人员、设备操作者、监督员、维修人员或质量保证人员。作业的现场人员进行监控是比较合适的,因为这些人在连续观察产品的生产和设备的过程中,更容易发现异常情况的发生。同时,HACCP 活动中有现场人员参与,有利于 HACCP 计划的理解和执行。CCP 监控人员必须:①接受过 CCP 监控技术的培训;②充分理解 CCP 监控的重要性;③在监控的方便岗位上作业;④能对监控活动提供准确报告;⑤能及时报告 CL 值偏离情况,以便迅速采取纠正措施。

监控人员的责任是及时记录监控结果,报告异常事件和 CL 值偏离情况,以便采取加工过程调整或纠正措施。所有 CCP 的有关记录必须有监控人员的签名。另外,在监控程序中应规定审核负责人,审核人员负责对监控记录进行审核,并在审核记录上签字。监控记录必须予以保存，它可以用来证明产品是在符合 HACCP 计划要求的条件下生产的，同时，为将来的验证提供必需的资料。将监控程序，按要求填入 HACCP 计划表中。

（十）建立纠偏措施

纠偏措施包括两方面内容：①纠正和消除偏离的原因，使关键控制点恢复控制，防止偏离再次发生。如有必要，调整加工工艺，修改 HACCP 体系。纠偏措施的目的是使关键控制点重新受控。纠偏措施既应考虑眼前需解决的问题，又要提供长期的解决办法。②隔离、评估发生偏离期间生产的产品，并进行处置。对在加工出现偏差时所生产的产品必须进行确认和隔离，并确定对这些产品的处理方法。

通过以下四个步骤可对产品进行处置或用于制定相应的纠偏措施计划：

第一步：根据专家的评估或物理的、化学的或微生物的测试，确定产品是否存在安全方面的危害。

第二步：根据第一步的评估，如产品不存在危害，可以解除隔离和扣留，放行出厂。

第三步：根据第一步的评估，如产品存在潜在的危害，则确定产品可否再加工。如果经过再加工，潜在的危害可以消除，并且确保再加工过程不产生新的危害，质量上与未返工产品一致，则可以采取这一措施。亦可直接将废次品制成要求较低的产品，如动物饲料，但新产品的加工过程必须能有效控制危害。

第四步：如果有潜在危害的产品不能按第三步进行处理，产品必须予以销毁。

在 HACCP 计划中，应该包含一份独立的文件，其中所有的偏离和相应的纠偏措施都必须进行记录，记录可以帮助企业确认再发生的问题和 HACCP 计划被修改的必要性。另外，纠正措施记录提供了产品处理的证明。

纠偏措施记录应包含以下内容：①产品确认（如产品描述，隔离扣留产品的数量）；②偏离的描述；③所采取的纠正措施包括受影响产品的最终处理；④采取纠正措施的负责人的姓名；⑤必要时要有评估的结果。

（十一）建立记录保持程序

准确的纪录保持是一个成功的 HACCP 计划的重要组成部分。记录提供关键限值得到满足或当被超过关键限值时应采取的适宜的纠偏行动。同样地，也提供了一个监控手段，这样可以调整加工，防止失去控制。HACCP 体系的记录有 4 方面内容：①HACCP 计划和用于制定计划的支持文件；②关键控制点监控的记录；③纠偏行动的记录；④验证活动的记录。

除上述 4 项记录外还应配有一些附加记录如，培训记录等。

具体记录为：HACCP 计划和支持性文件；产品描述和识别；生产流程图；危害分析；HACCP 审核表；确定关键限值的依据；验证关键限值；监控记录；纠偏措施；验证活动的结果；校准记录；清洁记录；产品的标志和可追溯记录；害虫控制记录；培训记录；供应商认可记录；产品回收记录；审核记录；HACCP 体系的修改记录。

所有的 HACCP 记录都应该包含如下信息：标题与文件控制号码；记录产生的日期；检查人员的签名；产品识别。如产品名称、批号、保质期；所用的材料和设备；关键限值；需采取的纠偏措施及其负责人;记录审核人签名。

(十二)建立验证程序

1. HACCP 计划的确认

确认是验证的必要内容,在 HACCP 计划正式实施前,要对计划的各个组成部分进行确认,确认是为了获得能表明包括产品说明、工艺流程图、危害分析、工艺流程图及危害分析签字、CCP 的确定、关键限值、监控程序、纠正措施程序、记录保存程序等诸要素行之有效的依据。其次,在一些因素产生变化时,需要执行确认程序。这些因素包括:原料、产品或加工的改变;验证数据出现相反的结果;重复出现的偏差;有关潜在危害或控制手段的新科学信息;生产线中观察到的新变化和新销售方式以及新的消费方式。确认包括对 HACCP 计划的各个部分,由危害分析到 CCP 验证对策做科学及技术上的复查。可采用科学数据、科学原理、专家意见、生产观察或检测等方法进行确认。确认应该由 HACCP 小组或经过培训或经验丰富的人员来完成。

2. CCP 的验证

CCP 制定验证活动是必要的,它能确保所应用的控制程序调整在适当的范围内操作,正确地发挥作用以控制食品的安全。CCP 的验证的内容为:监控设备的校准、校准记录的复查、针对性的取样检测和 CCP 记录的复查。

3. HACCP 系统的验证

HACCP 系统的验证就是检查 HACCP 计划所规定的各种控制措施是否被贯彻执行,每年至少进行一次系统验证;当产品或工艺过程发生显著改变、或系统发生故障时即应进行系统验证。验证的频率不是一成不变的,它会随着时间的推移而变。如果历次检查的发现表明过程在控制之内,能保证安全,则减少验证的频率,反之则要增加验证频率。检查发现异常则表明有必要重新进行 HACCP 计划的确认。审核是收集验证所需信息的一种有组织的过程,它对验证对象进行有系统的评价,包括现场观察和记录复查。

4. 执法机构强制性验证

在 HACCP 体系中,执法机构的主要作用是验证 HACCP 计划制定的是否适宜并且是否被贯彻执行。这种验证往往在工厂里现场执行,然而,验证的一些方面也有可能在其他适当的地方进行。执法机构执行的验证程序包括:对 SSOP 记录的复查、对 HACCP 计划和任何修改的复查、CCP 监控记录的复查、纠正措施记录的复查、验证记录的复查、随机抽样并分析等。国家认监委发布的,自 2002 年 5 月 1 日起施行的“食品生产企业危害分析与关键控制点(HACCP)管理体系认证管理规定”中,规定了出入境检验检疫机构根据有关规定对企业建立和实施的 HACCP 管理体系进行验证。

(十三)完成验证报告

当企业的 HACCP 计划制定完毕,并进行实际运行至少一个月后,由 HACCP 小组成员,按 HACCP 原理七进行验证,并以书面形式附在 HACCP 计划的后面。验证报告包括下述三个方面。

(1)确认获取 HACCP 计划行之有效的科学依据。

(2)CCP 点验证活动监控设备的校准、校准记录的复查、针对性的取样检测和 CCP 记录的复查。

(3)HACCP 系统的验证审核 HACCP 计划是否有效实施及对终产品进行检测。

美国 FDA 推荐的 HACCP 控制表见 8－6。

表 8－6　HACCP 控制表

工序	显著危害	控制措施	CCP	关键限值	监控				纠偏措施	验证措施	档案记录
					对象	方法	频率	监控者			
	生物危害: 化学危害: 物理危害:										

第六节　HACCP 与 GMP、SSOP 的关系

一、SSOP 与 HACCP 的关系

卫生标准操作程序(Sanitation Standard Operating Procedure,SSOP)是企业以 GMP 法规的要求为基础,根据企业的具体情况自己编写的书面计划,通过书面 SSOP 计划控制厂内卫生状况和操作并对其进行监测,以确保企业的卫生状况达到 GMP 的要求。SSOP 与良好生产规范的概念相近,但是它们分别详细描述了为确保卫生条件而必须开展的一系列的不同活动。实际上 SSOP 是 GMP 中最关键的基本卫生条件,也是在食品生产中实现 GMP 全面目标的卫生标准操作程序。1996 年美国农业部 FSIS 发布的法规中,要求肉禽产品生产企业在执行 HACCP 时,必须执行 SSOP,即把执行卫生标准操作程序作为改善其产品安全、执行 HACCP 的主要前提。就管理方面而言,GMP 指导 SSOP 的开展。SSOP 包括各种规定的说明,这些说明主要解释卫生操作前和卫生操作过程中预防产品直接污染的有关要素。SSOP 强调食品生产车间、环境、人员及与食品接触的器具、设备中可能存在的危害的预防以及清洗(洁)的措施。至少包括八项内容:①食品接触物表面接触的水(冰)的安全;②食品接触的表面(包括设备、手套、工作服)的清洁度;③防止发生交叉污染;④手的清洗与消毒,厕所设施的维护与卫生保持;⑤防止食品被污染物污染;⑥有毒化学物质的标记、贮存和使用;⑦雇员的健康与卫生控制;⑧虫害的防治。SSOP 是维持卫生状况的程序,一般与整个加工设施或一个区域有关,不仅仅限于某一特定的加工环节或关键控制点,一些危害可以通过 SSOP 得到较好的控制。但是需要注意,某一危害由 SSOP 控制并不代表该危害不重要,只是更适合。

HACCP 体系建立在实施 GMP 和 SSOP 的基础上,与产品或其加工过程中某个加工步

骤有关的危害由 HACCP 控制,与加工环境或人员有关的危害由 SSOP 控制。需要注意的是,某种危害是需要 HACCP 控制还是 SSOP 控制并没有明显的区分,例如对食品过敏源的控制,可以在 SSOP 中"与食品接触的表面卫生状况和清洁程序"及"标签"中加以控制,同时也可作为 CCP 进行控制。有了 SSOP,HACCP 就会更有效,因为它可以更好地把重点集中在与食品或加工有关的危害上,所以 SSOP 是 HACCP 的基石。

二、GMP 与 HACCP 的关系

GMP 和 HACCP 系统都是为保证食品安全和卫生而制定的一系列措施和规定。GMP 适用于所有相同类型产品的食品生产企业,而 HACCP 则依据食品生产厂及其生产过程不同而不同。GMP 体现了食品企业卫生质量管理的普遍原则,而 HACCP 则是针对每一个企业生产过程的特殊原则。HACCP 着重控制保证食品安全的关键控制点,而其他一般控制点由 GMP 控制。

GMP 的内容是全面的,它对食品生产过程中的各个环节各个方面都制定出具体的要求,是一个全面安全控制系统。HACCP 则突出对重点环节的控制,以点带面来保证整个食品加工过程中食品的安全。从 GMP 和 HACCP 各自特点来看,GMP 是对食品企业生产条件、生产工艺、生产行为和卫生管理提出的规范性要求,而 HACCP 则是动态的食品卫生管理方法;GMP 要求是硬性的、固定的,而 HACCP 是灵活的、可调的。

GMP 和 HACCP 在食品企业卫生管理中所起的作用是相辅相成的。通过 HACCP 系统,我们可以找出 GMP 要求中的关键点,通过运行 HACCP 系统,可以控制这些关键点达到标准要求。掌握 HACCP 的原理和方法还可以使监督人员、企业管理人员具备敏锐的判断力和危害评估能力,有助于 GMP 的制定和实施。GMP 是食品企业必须达到的生产条件和行为规范,企业只有在实施 GMP 规定的基础之上,才可使 HACCP 系统有效运行。控制 CCP 并不是孤立的,只控制这一点不可能保证食品的安全。缺乏基本卫生和生产条件的企业是无法开展 HACCP 工作的,所以说,GMP 是 HACCP 的基础,GMP 和 HACCP 对一个想确保产品卫生质量的企业来讲是缺一不可的。

总之,GMP 和 SSOP 是制定和实施 HACCP 计划的基础和前提条件。如果企业没有达到 GMP 法规的要求,没有制定和有效实施 SSOP,那么 HACCP 计划就是空中楼阁,就不能保证食品的安全。

思考题

1. 什么是 GMP? 它对食品生产企业的产品质量稳定有何意义?
2. 请概述食品企业 GMP 通则的主要内容。
3. 什么是 HACCP? 它是什么体系?
4. 简述 HACCP、GMP、SSOP 三者之间的关系。
5. 如何在食品企业中实施 HACCP?

参考文献

[1]李志杰．食品安全成为国内外关注的热点问题[J]．领导文萃，2007(10):15-19.

[2]金征宇,彭池方主编．食品加工安全控制[M]．北京:化学工业出版社，2014.

[3]刘为军,魏益民,郭波莉,魏帅．食品安全风险管理基本理论探析[J]．中国食物与营养,2011,17(7):8-10.

[4]宋明顺.质量管理学(第二版),科学出版社,2012.3;

[5]陆兆新.食品质量管理学(第二版),中国农业出版社,2016.8;

[6]杨霞.FMEA在食品质量安全管理中的应用[J].中州大学学报,2012,29(05):125-128.

[7]Theodoros H. Varzakas, Ioannis S. Arvanitoyannis. Application of Failure Mode and Effect Analysis(FMEA), Cause and Effect Analysis, and Pareto Diagram in Conjunction with HACCP to a Corn Curl Manufacturing Plant[J]. Critical Reviews in Food Science and Nutrition, 2007, 47(4).

[8]Tzu-Yun Wang, Hsin-I Hsiao, Wen-Chieh Sung. Quality function deployment modified for the food industry: An example of a granola bar[J]. Food Science & Nutrition, 2019, 7(5).

[9]翟丽.质量功能展开技术及其应用综述[J].管理工程学报,2000(01):52-60.

[10]李仲超.FMEA原理在危害分析中的应用[J].吉林农业,2011(06):276-277.

[11]陈兆新.食品质量管理学[M].中国农业出版社,2016.

[12]刁思杰.食品质量管理学[M].化学工业出版社,2013.

[13]冯叙桥,赵静.食品质量管理学[M].中国轻工出版社,1995.

[14]中华人民共和国机械工业部.质量管理中常用的统计工具[M].中华人民共和国机械工业部,1994.

[15]吴广臣,马兰,倪福莲,et al.食品质量检验[M].中国计量出版社,2006.

[16]刁恩杰.食品质量管理学[M].化学工业出版社,2013.

[17]陆兆新.食品质量管理学[M].中国农业出版社,2004.

[18]韩北忠,童华荣,杜双奎.食品感官评价[M].中国林业出版社,2016.

[19]中华人民共和国标准 GB/1.1—2009 《标准化工作导则》.

[20]中华人民共和国标准 GB19644—2010 《食品安全国家标准 乳粉》.

[21]中华人民共和国标准 GB2828—2012 《抽样计划》.

[22]中华人民共和国标准 GB/T23493—2009 《中式香肠》.

[23]陈宗道,刘金福,陈绍军．食品质量与安全管理(第3版)[M]．北京:中国农业大学出版社,2016.

[24]胡秋辉,王承明．食品标准与法规[M]．北京:中国计量出版社,2009.

[25]欧阳喜辉．食品质量安全认证指南[M]．北京:中国轻工业出版社,2003.

[26]陆兆新．食品质量管理学[M]．北京:中国农业出版社,2009.

[27]GB/T 19000—2016/ISO9000:2015[S]. IDT. 质量管理体系基础和术语．北京:中华人民共和国国家质量监督检验检疫总局,中国国家标准化管理委员会．

[28]GB/T 19001—2016/ISO9001:2015[S]. IDT. 质量管理体系要求．北京:中华人民共和国国家质量监督检验检疫总局,中国国家标准化管理委员会．

[29]http://wiki. mbalib. com/wiki/质量管理学．

[30]http://www. baike. com/wiki/统计质量管理．

[31]http://wiki. mbalib. com/wiki/全面质量管理．

[32]质量管理体系内部审核员培训教程,北京国通认证技术培训中心,2016.

[33]时晓宾. 基于GMP的食品质量与安全监控体系研究[D]. 河北科技大学,2013.

[34]李明彦. HACCP体系在冻煮龙虾仁生产中的应用研究[D]. 西北农林科技大学,2008.

[35]黄玲. HACCP在鱼油软胶囊生产中的应用[J]. 食品安全导刊,2018(Z1):84-86.

[36]徐颖,李宗芮,何晓霞,魏乃林,周长桥. 烤鸡腿肉生产加工过程HACCP体系模式的建立[J]. 食品研究与开发,2018,39(6):194-199.

[37]Minor T, Parrett M. The economic impact of the food and drug administrations final juice HACCP rule[J]. Food policy, 2017, 68: 206-213.

[38]DeBeer J, Nolte F, Lord C W, et al. Setting HACCP critical limits for the precooking CCP of commercially processed tuna[J]. Food Protection Trends, 2017, 37(3):176-188.

[39]夏延斌,钱和,蒋爱民,等,食品加工中的安全控制[M]. 北京:中国轻工出版社,2017.08.

[40]刘华楠,等. 食品质量与安全管理[M]. 北京:中国轻工出版社,2014.04.